火电厂作业
危险点分析及预控

燃料分册

华能玉环电厂 编

中国电力出版社
CHINA ELECTRIC POWER PRESS

内 容 提 要

为进一步提高火电厂的安全管理水平和员工的安全作业水平，华能玉环电厂组织编写了《火电厂作业危险点分析及预控》丛书，分为通用、锅炉、汽轮机、电气、燃料、热控、化学、环保等8个分册。

本书为燃料分册，包含燃料和除灰两部分内容，共收录典型作业88项。书中对每项作业的步骤进行分解，详细分析每个步骤的危险因素以及可能导致的后果，从发生事故的可能性、暴露于风险环境的频繁程度、发生事故产生的后果三个方面进行量化，评判出风险等级，在此基础上给出相应的控制措施。

本书内容来源于生产实际，具有较强的针对性、实用性和操作性，可用于指导现场作业的危险点查勘、工作票编制、安全交底等工作，适合火电厂从事安全、运行、维护、检修等工作的管理、技术人员阅读使用。

图书在版编目(CIP)数据

火电厂作业危险点分析及预控. 燃料分册/华能玉环电厂编. —北京：中国电力出版社，2016.6（2021.8重印）
ISBN 978-7-5123-9368-4

Ⅰ.①火… Ⅱ.①华… Ⅲ.①火电厂-燃料-安全管理
Ⅳ.①TM621.9

中国版本图书馆 CIP 数据核字(2016)第 111306 号

中国电力出版社出版、发行　　北京雁林吉兆印刷有限公司印刷　　各地新华书店经售
（北京市东城区北京站西街 19 号　100005　http://www.cepp.sgcc.com.cn）
2016 年 6 月第一版　　　　2021 年 8 月北京第三次印刷　　印数 3001—4000 册
880 毫米×1230 毫米　横 32 开本　12.875 印张　　368 千字　　定价 **38.00 元**

《火电厂作业危险点分析及预控》
编　委　会

主　　任	钟　明	李法众					
副 主 任	金　迪	张志挺	陈胜军	杨晓东			
委　　员	傅望安	李德友	钱荣财	潘　力	代洪军	常毅君	杨智健	罗福洪
	赵　阳	陈　杲						
主　　编	金　迪							
副 主 编	傅望安	李德友	罗福洪					
参编人员	韩　兵	陶克轩	慈学敏	郑卫东	何高祥	韦存忠	吴俊科	刘博阳
	张　鹏	熊加林	吾明良	王国友	钟天翔	韦玉华	张守文	蒋金忠
	谢　勇	孙文程	沈　扬	刘　健	郭志清	邵　帅	陈　炜	李捍华
	郑景富	毛国明	谭富娟	王　辉	贺申见	江艺雷	龚建良	江妙荣
	郑青勇	林　西	刘　洋					

前　言

　　为进一步推进和完善安全、健康、环境管理机制的形成，实现"零事故、零伤害、零污染"的目标，不断提升和转变员工的风险控制意识，华能玉环电厂按照本质安全型企业创建工作的安排，从运行操作、检修作业、巡回检查等方面组织开展作业危险点分析工作，对电厂典型作业进行安全、职业健康和环境等因素的分析，挖掘每一项作业潜在的危害因素，采取风险控制措施，消除或最大限度地减少事故的发生概率，预防事故发生。经过管理、技术、安全和操作人员的共同努力，华能玉环电厂共完成作业危险点分析717项，涵盖了火电厂生产的各个环节，并已在全厂全面推行，有效地提高了作业现场安全管理技能和管理水平，丰富了管理手段和方法，转变了员工安全行为，为建设"安全、高效、环保"国际一流电力企业提供了有力的支撑。

　　针对目前发电企业生产事故时有发生的情况，华能玉环电厂组织安监、设备管理、运行和检修技术人员，对作业危险点分析工作进行重新整理、分类，编写了这套《火电厂作业危险点分析及预控》丛书，分为通用、锅炉、汽轮机、电气、燃料、热控、化学、环保等8个分册。本书为燃料分册，包含燃料和除灰两部分内容，共收录典型作业88项。编写人员对每项作业的步骤进行分解，详细分析每个步骤的危险因素以及可能导致的后果，从发生事故的可能性、暴露于风险环境的频繁程度、发生事故产生的后果三个方面进行量化，评判出风险等级，在此基础上给出相应的控制措施。

本书的内容均来源于生产实际，具有较强的针对性、实用性和操作性，可用于指导现场作业危险点分析、工作票编制、安全交底等工作，确保危险点分析全面、控制措施得当，提高一线员工的安全作业水平，提升火电企业的整体安全管理水平。

　　由于编者水平有限，书中难免有疏漏或不足之处，敬请广大专家和读者不吝指正。

编　者

2016 年 4 月

风险等级划分表

序号	发生事故的可能性（L）		暴露于风险环境的频繁程度（E）		发生事故产生的后果（C）	
	可能性	分值	频繁程度	分值	产生的后果	分值
1	完全可以预料（1次/周）	10	连续暴露（＞2次/天）	10	10人以上死亡，特大设备事故	100
2	相当可能（1次/6个月）	6	每天工作时间内暴露（1次/天）	6	2～9人死亡，重大设备事故	40
3	可能，但不经常（1次/3年）	3	每周一次或偶然暴露	3	1人死亡，一般设备事故	15
4	可能性小，完全意外（1次/10年）	1	每月一次暴露	2	伤残（105个损工日以上），一类障碍	7
5	很不可能（1次/20年）	0.5	每年几次暴露	1	重伤（损工事件LWC），二类障碍	3
6	极不可能（1次/大于20年）	0.2	非常罕见地暴露（＜1次/年）	0.5	轻伤（医疗事件MTC、限工事件RWC），设备异常	1
7	实际上不可能	0.1				

总风险值（D）＝ $L \times E \times C$（最大D值为10000，最小D值为0.05）

D值	风险程度	风险等级
$D>320$	重大风险，禁止作业	5
$160<D\leqslant320$	高度风险，不能继续作业，制定管理方案及应急预案	4
$70<D\leqslant160$	显著风险，需要整改，编制管理方案	3
$20<D\leqslant70$	一般风险，需要注意	2
$D\leqslant20$	稍有风险，可以接受	1

目　录

一、燃料部分

1 斗轮机运行操作

主要作业风险:								
(1) 行走或上下楼梯时跌倒;				控制措施:				
(2) 被皮带卷入造成伤害				(1) 作业环境照明良好并携带手电筒;				
				(2) 戴好防护用具并扣好袖扣				

编号	作业步骤	危害因素	可能导致的后果	风险评价					控制措施
				L	E	C	D	风险程度	
一		斗轮机启动停操作							
1	斗轮机启停	启动设备及运行方式不清，误将检修设备启动	(1) 设备事故; (2) 人身伤害	6	3	7	126	3	(1) 对煤控下达的检查指令进行复诵; (2) 上、下楼梯时用手扶住栏杆; (3) 与皮带保持一定的距离，穿着合适的工作服，确定无人工作时方可启动; (4) 落煤筒检查好后及时关闭观察门; (5) 斗轮机停运后斗轮放在煤堆上，夹轨器夹紧
		上、下楼梯造成滑跌、坠落	人身伤害	6	10	1	60	2	
		照明不足造成绊倒、摔伤等	人身伤害	6	10	1	60	2	
		皮带启动时造成人员被卷入皮带	人身伤害	6	10	1	60	2	
		斗轮机被风吹动	设备事故	3	1	15	45	2	
		斗轮机与推煤机碰撞	(1) 设备事故; (2) 人身伤害	3	3	15	135	3	
二		运行中操作							
1	斗轮机运行中操作	斗轮吃煤太深，斗齿碰到三大块，造成斗轮不转或振动	设备事故	3	6	3	54	2	控制煤层深度，注意观察场地，及时控制回转动作

续表

编号	作业步骤	危害因素	可能导致的后果	风险评价					控制措施
				L	E	C	D	风险程度	
1	斗轮机运行中操作	取料时发现取上三大块及异物	设备事故	6	6	3	108	3	立即停运,汇报煤控取出,检查场地
		悬臂皮带接头翘皮、脱胶使皮带损伤	设备事故	3	6	3	54	2	堆取料时观察悬臂皮带状况,停运时现场检查
		维护、巡检人员上斗轮机	人身伤害	6	6	1	36	2	其他人员在斗轮机现场时停止相关操作,汇报煤控,询问并指出运行中禁止维护及消缺工作
		无关人员进入驾驶室	(1) 设备事故; (2) 人身伤害	3	2	15	90	3	严格执行规程,对无关人员劝阻并带离
		落煤管堵煤溢煤	设备事故	6	6	1	36	2	及时与煤控联系了解煤质,加强检查
		低层取料斗轮被塌方煤埋没	设备事故	6	6	3	108	3	停止操作,只能用大车后退出料堆再启动斗轮
		堆取料时超负荷作业,造成皮带过载或落煤筒满煤	设备事故	6	6	3	108	3	堆取料时根据情况与煤控联系降低卸煤量,取料时由司机控制保持正常的取料量
		堆料时煤堆与路基太近或堆上路基	设备事故	6	3	3	54	2	确认堆料预留空间,注意观察堆料位置
		堆取料时粉尘飞扬	(1) 设备事故; (2) 人身伤害	6	3	3	54	2	根据情况投用除尘,及时汇报煤控现场粉尘情况
		斗轮机与推煤机混合作业时发生碰撞	(1) 设备事故; (2) 人身伤害	3	3	15	135	3	启动前与煤控和推煤机司机联系,交代工作范围,运行中保证3m以上安全距离

编号	作业步骤	危害因素	可能导致的后果	风险评价					控制措施
				L	E	C	D	风险程度	
1	斗轮机运行中操作	运行中设备跳停或发生故障报警	(1) 设备事故；(2) 人身伤害	3	10	3	90	3	跳停或故障后经检查无误才可以重新启动设备，并记录故障或报警现象
三		以往发生的事件							
1	斗轮机运行中操作	拖链损坏	设备事故	6	6	3	108	3	及时清除拖链上积煤，拖链活动部分保持灵活
		堆取料时超负荷作业造成皮带过载或落煤筒满煤	设备事故	6	6	3	108	3	堆料时根据情况与煤控联系降低卸煤量，取料时由司机控制保持正常的取料量

2 斗轮机运行人员巡回检查

主要作业风险： (1) 行走或上下楼梯时跌倒； (2) 被皮带卷入造成伤害								控制措施： (1) 作业环境照明良好并携带手电筒； (2) 戴好防护用具并扣好袖扣

编号	作业步骤	危害因素	可能导致的后果	L	E	C	D	风险程度	控制措施
一			巡检前准备						
1	准备巡检工具	拿错或使用错误工具	(1) 人身伤害； (2) 设备故障	3	10	1	30	2	
2	检查手电筒电池和完好状况	照明不足造成绊倒、摔伤等	人身伤害	3	10	1	30	2	(1) 使用合适工具； (2) 加强沟通； (3) 交待安全注意事项； (4) 仔细核对钥匙编号； (5) 正确佩戴安全帽、安全帽、防尘口罩、耳塞、手套、工作鞋等； (6) 规范着装（穿长袖工作服，袖口、衣服扣好）； (7) 携带状况良好的通信工具；
3	准备通信设备	充电不足或信号不好影响及时通信	(1) 人身伤害； (2) 设备故障	3	10	3	90	3	
4	准备合适的防护用品如安全帽、防粉口罩、耳塞、手套、工作鞋	使用不充分或不合适防护品造成烫伤、化学伤害、滑跌绊跌、碰撞、落物伤害等	(1) 灼烫； (2) 其他伤害	3	10	3	90	3	
5	向值班负责人汇报巡检内容	(1) 不熟悉巡检路线或去向不明； (2) 准备不充分	伤害后得不到及时救援	3	10	3	90	3	

编号	作业步骤	危害因素	可能导致的后果	风险评价					控制措施
				L	E	C	D	风险程度	
6	值班负责人核实并批准，交代安全注意事项	(1) 不熟悉巡检路线或去向不明； (2) 准备不充分	伤害后得不到及时救援	1	10	3	30	2	(8) 携带手电筒，电源要充足，亮度要足够
二			巡检内容						
1	巡回检查	通过斗轮机悬臂皮带下面时可能被落下的煤块砸到	人身伤害	3	10	1	30	2	(1) 戴好安全帽，并快速通过； (2) 检查落煤筒时要站好位置，并用手抓住外面固定部分； (3) 检查时戴好口罩； (4) 与斗轮机保持安全距离，不能在轨道上行走； (5) 上、下楼梯时用手扶住栏杆； (6) 随身携带手电筒； (7) 发现漏油及时通知检修处理并清除油污； (8) 及时清除拖链上积煤，拖链活动部分保持灵活； (9) 保持大车清道器完好
		落煤筒检查时造成坠落	人身伤害	3	10	1	30	2	
		吸入粉尘	人身伤害	6	10	1	60	2	
		上、下垂直爬梯时造成滑跌、坠落	(1) 人身伤害； (2) 高处坠落	6	10	1	60	2	
		上、下楼梯造成滑跌、坠落	人身伤害	6	10	1	60	2	
		照明不足造成绊倒、摔伤等	人身伤害	6	10	1	60	2	
		液压系统漏油造成滑倒、摔伤	人身伤害	3	6	3	54	2	
		电缆损坏造成短路	(1) 触电； (2) 设备事故	1	2	40	80	3	
		轨道上有异物造成大车行走受阻	设备事故	10	6	1	60	2	

续表

编号	作业步骤	危害因素	可能导致的后果	风险评价					控制措施
				L	E	C	D	风险程度	
三			巡检路线						
1	巡回检查	上、下悬臂皮带垂直爬梯时造成滑跌、坠落	人身伤害	6	10	1	60	2	上、下楼梯时用手扶住栏杆
		通道上有煤块、煤泥水造成人员绊倒、摔伤	人身伤害	6	10	1	60	2	及时清理积煤、通过时注意脚下
		悬臂俯仰角度大时，人员通过易滑倒	人身伤害	6	10	1	60	2	通过时注意脚下，手扶栏杆
		回转平台积煤造成设备故障、人员滑倒	(1) 设备事故；(2) 人身伤害	6	10	1	60	2	及时清理积煤，保证回转部位设备的转动灵活、可靠
		变幅油站、斗轮油站渗油造成设备故障、人员滑倒	(1) 设备事故；(2) 人身伤害	6	10	1	60	2	及时清理积油、消除漏油点
		尾车分流挡板积煤卡死	设备事故	6	10	1	60	2	堆取料结束切换挡板一次，及时清理积煤、卡块
		斗轮机除尘水箱满水、漏水造成电线进水短路，人员滑倒	(1) 设备事故；(2) 人身伤害	3	3	15	135	3	关注水箱水位，保证各阀门正常投用
		斗轮机低压配电室漏电，造成设备故障、人员触电	(1) 设备事故；(2) 人身伤害	6	10	1	60	2	检查时与设备保持安全距离，注意表计指示灯是否正常
		拖链损坏漏电	(1) 设备事故；(2) 人身伤害	6	10	1	60	2	检查时与设备保持安全距离，注意拖链导轨及转动部位完整
		轨道不平，有异物损坏大车及行走轮	设备事故	6	10	1	60	2	加强检查，及时清理异物

编号	作业步骤	危害因素	可能导致的后果	风险评价					控制措施
				L	E	C	D	风险程度	
1	巡回检查	场地路基积煤，造成人员滑倒	人身伤害	6	10	1	60	2	保证照明正常，注意观察巡检路线的道路情况
		场地煤堆塌方	(1) 设备事故；(2) 人身伤害	1	6	15	90	3	大雨天气注意观察煤堆是否有塌方，人员尽量远离

3 加油车加油

主要作业风险： （1）车辆造成作业区域周围其他人员伤害； （2）车辆损坏； （3）柴油引起火灾、发生爆炸	控制措施： （1）特种车辆操作人员必须持证上岗； （2）车辆在作业前必须按规定对车辆进行检查并做好记录； （3）作业时要与带电设备保持距离； （4）作业时要保持设备和人员的安全距离，选择空间较大的地方，远离火源； （5）加油时戴上防护用品； （6）作业时现场有专人监护

编号	作业步骤	危害因素	可能导致的后果	风险评价					控制措施
				L	E	C	D	风险程度	
一			加油前准备						
1	整车进行全面检查	车辆带病作业	车辆损坏	3	6	15	270	4	车辆启动前按规定检查车辆并做好记录
二			作业过程						
1	厂区道路行驶	（1）车速过快； （2）车辆故障； （3）扬尘； （4）未按规定路线行驶； （5）驾驶员操作失误	（1）车辆伤害； （2）作业环境危； （3）道路设施损坏	3	6	15	270	4	（1）严格限速、限路线行驶； （2）严格按车辆管理规定执行； （3）定期检查保养
2	对车辆进行加油作业	（1）周围有火种或是危险源； （2）加油时漏油	（1）发生火灾； （2）人身伤害； （3）危及周围车辆和设备安全	1	6	40	240	4	（1）严禁在有火种地点周围加油； （2）加油时保持加油设备间密封性； （3）严禁在加油车周围动火作业； （4）有专人现场监护

编号	作业步骤	危害因素	可能导致的后果	L	E	C	D	风险程度	控制措施
三		完工恢复							
1	清理加油现场	(1) 现场残留有油迹; (2) 加油设备未密封完全	(1) 发生火灾; (2) 污染环境; (3) 危及周围车辆和设备安全	3	3	15	90	3	对设备加油情况仔细检查
2	对加油设备进行密封								
四		作业环境							
1	多车交会	(1) 视线不清; (2) 互相抢道	车辆伤害	3	10	1	30	2	严格执行操作规程
2	恶劣天气(大雾、大雨、台风)驾驶	(1) 视线不清; (2) 车辆故障	车辆伤害	3	1	15	45	2	(1) 台风季节停止作业; (2) 定期检查车况; (3) 限速行驶

4 煤仓间除尘器卫生清扫及油位检查

主要作业风险:	控制措施:
(1) 办理工作票; (2) 物体打击; (3) 机械伤害; (4) 粉尘环境; (5) 检修现场周围存在孔洞围栏不牢固造成人员跌落	(1) 穿戴好个人防护用品; (2) 专人监护

编号	作业步骤	危害因素	可能导致的后果	风险评价					控制措施
				L	*E*	*C*	*D*	风险程度	
一			检修前准备						
1	布置场地 (检修人员/工器具跌落)	(1) 检修现场周围吊孔围栏不牢固; (2) 检修工器具摆放不整齐	(1) 人身伤害; (2) 工器具损坏	1	5	7	35	2	(1) 检修开工前增设围栏并悬挂警示牌; (2) 对不牢固围栏加固; (3) 对检修现场设置定置图
2	安全交底	(1) 走错间隔; (2) 机械伤害; (3) 工器具遗漏; (4) 高处作业	(1) 人身伤害; (2) 设备损坏	1	2	10	20	1	(1) 作业前注意认真核对设备; (2) 严禁在转动设备上站立/跨越或行走/传递工器具; (3) 检修作业前及作业后注意工器具无误,防止遗留工器具在检修设备处
3	工具/材料准备	工具/材料选择不当	物体打击	1	2	10	20	2	(1) 选择合适的操作工器具; (2) 检查所用工器具必须完好; (3) 正确使用工器具

编号	作业步骤	危害因素	可能导致的后果	风险评价					控制措施
				L	E	C	D	风险程度	
二			检修过程						
1	设备清扫	(1) 触及其他带电部位; (2) 触碰转动机械	(1) 触电; (2) 设备损坏; (3) 人身伤害	1	3	15	45	3	(1) 清扫勿碰其他带电部位; (2) 使用绝缘垫; (3) 注意与周围转动机械保持一定的安全距离
2	结束工作	(1) 遗漏工器具; (2) 现场遗留检修杂物; (3) 不拆除临时用电; (4) 不结束工作票	(1) 触电; (2) 人身伤害	1	3	15	45	3	(1) 收齐检查工器具; (2) 清扫检修现场; (3) 拆除临时用电; (4) 结束工作票
三			作业环境					3	
1	粉尘环境	(1) 皮带、除尘器维护产生煤灰; (2) 皮带、除尘器泄漏产生煤灰; (3) 除铁器运行时散落/煤灰泄漏; (4) 煤灰清理不当; (5) 呼吸系统保护不当	职业危害,导致呼吸系统疾病或眼睛伤害如肺脏功能减低、鼻/喉发炎、皮炎	1	6	7	42	2	(1) 采取控制粉尘措施,加强日常维护; (2) 佩戴防尘口罩,呼吸器等; (3) 定期进行粉尘监测; (4) 定期体检; (5) 及时清扫地面,清理积灰

5 煤场异物清理

主要作业风险：	控制措施：
（1）机械伤害； （2）火灾； （3）坍塌； （4）溺水； （5）作业环境危害	（1）使用正确的工具； （2）不攀爬煤堆； （3）正确估计和场地作业车辆的安全距离； （4）做好安全措施

编号	作业步骤	危害因素	可能导致的后果	风险评价					控制措施
				L	*E*	*C*	*D*	风险程度	
一			作业前准备						
1	准备防护工具	没有采取必需的防护措施	人身伤害	1	10	3	30	2	必须佩带防尘口罩、耳塞，戴好手套
2	做好安全措施	没有采取必需的安全措施	（1）人身伤害； （2）发生溺水	1	10	3	30	2	（1）装设隔离护栏； （2）佩带安全用具
二			作业过程						
1	煤场垃圾清理	（1）煤场场地湿滑； （2）多台推煤机在场地作业； （3）煤堆松软坍塌	（1）人身伤害； （2）安全事故	3	10	15	450	5	（1）雨天不得在场地进行垃圾清理； （2）不得在车辆作业区域进行垃圾清理； （3）和煤堆保持安全距离，不得攀爬煤堆
2	煤泥沉淀池漂浮物打捞	（1）隔离围栏不牢固； （2）打捞姿势不正确	溺水等人身伤害	1	10	3	30	2	（1）对围栏进行定期维护； （2）用正确姿势进行打捞

续表

编号	作业步骤	危害因素	可能导致的后果	L	E	C	D	风险程度	控制措施
三			作业环境						
1	在粉尘环境中作业	(1) 斗轮机堆取料产生煤粉扬尘； (2) 推煤机推煤产生烟尘； (3) 呼吸系统保护不当	职业危害，导致呼吸系统疾病或眼睛伤害如肺脏功能减低、鼻/喉发炎、皮炎	3	10	7	210	4	(1) 采取控制粉尘措施，加强日常维护； (2) 佩戴防尘口罩、呼吸器等； (3) 定期体检

6 煤船清仓

主要作业风险：	控制措施：
（1）轨道有异物使大车卡住不动轧伤人； （2）钢丝绳断裂砸伤人； （3）抓斗脱落造成人身和设备损伤	（1）经常检查轨道并及时清理； （2）发现钢丝绳断股立即更换； （3）定期对抓斗进行检查

编号	作业步骤	危害因素	可能导致的后果	风险评价				风险程度	控制措施
				L	E	C	D		
一		清舱作业							
1	清仓指挥	意图不明配合不够默契	（1）人身伤害； （2）船体损伤	1	6	15	90	3	通信畅通，指挥正确
2	清仓作业	操作不当	人身伤害	3	3	15	135	3	同舱作业推耙机及抓斗碰撞船体
3	抓斗起升和降落	抓斗碰伤船体	（1）人身伤害； （2）船体损伤	3	3	15	135	3	通信畅通，视线清晰
二		以往发生的事件							
1	抓斗起升和降落	抓斗碰伤船体	船体损伤	1	3	15	45	2	正确操作方法，通信畅通
2	抓斗及吊具检查	吊具断丝伤手	人身伤害	1	6	15	90	3	做好防护措施，定期检查吊具

7 磨煤机石子煤排放

主要作业风险： （1）使用不充分或不合适防护用品造成烫伤、滑跌绊跌、碰撞、落物伤害等； （2）高处落物； （3）设备漏电								控制措施： （1）正确佩戴安全帽、防尘口罩、耳塞、手套、工作鞋等； （2）规范着装； （3）使用前验电

编号	作业步骤	危害因素	可能导致的后果	风险评价					控制措施
				L	E	C	D	风险程度	
一			准备工作						
1	准备合适的防护用品如安全帽、防尘口罩、耳塞、手套、工作鞋	（1）使用不充分或不合适防护用品造成烫伤、滑跌绊跌、碰撞、落物伤害等； （2）高处落物； （3）设备漏电	（1）灼烫； （2）其他伤害； （3）触电	6	3	3	54	2	（1）正确佩戴安全帽、防尘口罩、耳塞、手套、工作鞋等；规范着装； （2）注意安全，戴好安全帽； （3）使用前验电
2	准备合适的工器具（铁锹、铁棒、扫帚）	不使用工具，导致渣、石子煤掉地面	环境污染	6	6	1	36	2	规定作业完毕必须立即清扫干净现场
3	联系运石子煤车辆	（1）车辆未及时到位或联系不上； （2）石子煤倒在地上	（1）设备损坏； （2）环境污染	3	6	1	18	1	（1）要求必须保持通信畅通； （2）严禁将石子煤倒在地面

续表

编号	作业步骤	危害因素	可能导致的后果	风险评价					控制措施
				L	E	C	D	风险程度	
二		排放过程							
1	石子煤排放	（1）设备漏电； （2）设备漏气； （3）石子煤喷出； （4）未按规定时间排放造成堵料； （5）出现煤粉； （6）石子煤带火星； （7）误操作； （8）磨煤机异响； （9）上下门行程开关松脱	（1）触电； （2）设备事故； （3）物体打击； （4）灼烫； （5）设备损坏； （6）环境污染； （7）火灾； （8）人身伤害	3	10	3	90	3	（1）检查控制面板是否有破损，对裸露在外的电源线及时进行更换； （2）加强巡检； （3）保持安全距离； （4）按时排放
2	石子煤倒运	（1）叉车行驶速度过快； （2）叉车未按规定路线行驶； （3）磨煤机区域灯光不足，作业区域偏小； （4）叉运石子煤时与磨煤机设备发生碰撞	（1）设备损坏； （2）人身伤害	3	10	3	90	3	（1）严格按照规定的速度行驶； （2）提供足够的照明； （3）规定行驶路线
3	石子煤装车	（1）叉车前臂升起时，料斗脱落； （2）石子煤装车过满或倒运时洒落	（1）设备损害； （2）人身伤害； （3）设备损坏； （4）环境污染	3	10	3	90	3	（1）保持距离； （2）注意料斗位置； （3）严格按照规定装车

续表

编号	作业步骤	危害因素	可能导致的后果	风险评价					控制措施
				L	E	C	D	风险程度	
4	车辆作业	（1）倒车入渣仓接渣时发生碰撞； （2）车未停到指定放渣位置，导致渣放到地上； （3）未注意接渣的量，导致渣溢出车斗	（1）设备损坏； （2）车辆伤害； （3）环境污染	3	10	3	90	3	（1）安排人员对倒车作业进行安全监护； （2）对车辆未停到指定位置不予放渣； （3）注意观察放的量，并随时停掉
三		结束工作							
1	清扫卫生	（1）未将地面的落渣、石子煤清扫干净； （2）未将车身冲洗干净，导致沿途落渣； （3）冲洗作业完毕冲水管未摆放整齐，导致勾绊	（1）环境污染； （2）人身伤害	3	6	1	18	1	（1）作业完毕后第一时间将作业现场冲洗干净； （2）车辆装完启动前将车身打扫干净； （3）冲洗作业完毕将冲水管摆放整齐
2	拉走石子煤	（1）行驶速度过快，导致地面洒落； （2）灰渣车辆后锁钩未锁紧，导致沿途掉渣； （3）未按规定路线行驶	（1）环境污染； （2）车辆伤害； （3）设备损坏	6	6	1	36	2	（1）规定厂区内行驶速度； （2）装完渣后必须对后锁盖进行检查； （3）规定行驶路线
四		以往发生的事件							
1	拉走石子煤	沿途洒落较多	环境污染	6	6	1	36	2	（1）规定厂区内行驶速度； （2）装完渣后必须对后锁盖进行检查； （3）规定行驶路线

8 入厂煤采样

主要作业风险：	控制措施：
（1）碰撞运行设备造成设备损坏和人员伤害； （2）粉尘、噪声造成人员伤害； （3）设备带电造成人员伤害； （4）人机工程伤害	（1）与运行设备保持安全距离； （2）作业前必须按规定佩戴防尘口罩、耳塞； （3）作业时要与带电设备保持距离； （4）进行手工搬运培训

编号	作业步骤	危害因素	可能导致的后果	L	E	C	D	风险程度	控制措施
一		采样前准备							
1	准备采样桶及采样工具	没有准备采样所需的工具	无法采样并可能因用错工具造成人身和设备伤害	3	10	1	30	2	采样工具定点放置
2	准备防护用具	没有采取必需的防护措施	人身伤害	3	10	1	30	2	必须佩带防尘口罩、耳塞，戴好手套
二		采样作业							
1	人工采样	（1）采样工具不正确； （2）采样方式不正确	（1）机械伤害； （2）人身伤害	3	10	1	30	2	进行采样培训
2	搬运样桶	（1）样桶过重； （2）样桶不牢固； （3）手工搬运方法或搬运姿势不当	（1）人机工程伤害，如肌肉拉伤、腰部或背部肌肉损伤； （2）样桶损坏	1	10	1	10	1	（1）进行手工搬运培训； （2）用正确姿势搬运
3	吊运样桶	（1）吊运设备不牢固； （2）煤样装得太满	高处坠落或撒煤，造成人身伤害	1	10	3	30	2	

19

续表

编号	作业步骤	危害因素	可能导致的后果	风险评价					控制措施
				L	E	C	D	风险程度	
三			完工恢复						
1	清理采样现场	现场洒落煤样	妨碍设备运行并造成人身伤害	3	10	1	30	2	必须做到工完场清
2	清点采样工具	采样工具遗留在现场	影响下次采样操作	1	10	1	10	1	清点采样工具,带离采样现场
四			作业环境						
1	暴露在高噪声环境下作业	(1) 设备运行噪声(如皮带及机械设备等); (2) 没有佩戴合适听力防护用品如耳塞、耳罩等	职业危害,如听力下降,致聋	3	10	7	210	4	(1) 采取控制噪声措施,加强日常维护; (2) 佩戴耳塞
2	在粉尘环境中作业	(1) 皮带等转动设备产生煤粉扬尘; (2) 灰尘清理不当; (3) 呼吸系统保护不当	职业危害,导致呼吸系统疾病或眼睛伤害如肺脏功能减低、鼻/喉发炎、皮炎	3	10	7	210	4	(1) 采取控制粉尘措施,加强日常维护; (2) 佩戴防尘口罩、呼吸器等; (3) 定期体检; (4) 及时清扫地面,清理积灰

9　输煤程控操作

主要作业风险： （1）误启动皮带； （2）注意启动设备前的检查							控制措施： （1）精神集中； （2）认清设备； （3）了解设备情况

编号	作业步骤	危害因素	可能导致的后果	风险评价					控制措施
				L	E	C	D	风险程度	
一	操作前准备								
1	启动对象	工作对象不清楚	（1）人身伤害； （2）火灾； （3）设备异常或故障； （4）设备事故	3	10	3	90	3	（1）确认目的，防止弄错对象； （2）正确核对现场设备名称及标牌或系统图； （3）按规定执行操作监护
2	确定操作对象和核对设备运行方式	误操作其他设备							
3	现场人员的联系	了解设备情况		3	10	1	30	2	利用对讲机
4	通信联系	通信不畅或错误引起误操作、人员受到伤害时延误施救时间	扩大事故，加重人员伤害程度	3	10	1	30	2	携带可靠通信工具，操作时保持联系
二	输煤程控操作								
1	输煤程控操作	（1）认清设备； （2）误拉或误合开关导致设备异常断电或带电；	（1）设备事故； （2）其他人身伤害；	3	10	1	30	2	（1）确认正确设备位置、名称标牌； （2）谨防误碰或误启动；

续表

编号	作业步骤	危害因素	可能导致的后果	风险评价					控制措施
				L	E	C	D	风险程度	
1	输煤程控操作	（3）煤控运行方式调整； （4）设备运行前的状态； （5）要对设备操作的内容明确； （6）皮带和各设备的正常情况； （7）煤场各煤种的方位和总量； （8）斗轮机的正常情况	（3）三通情况； （4）皮带有否工作； （5）设备的好坏	3	10	1	30	2	（3）和巡检保持正常通信联系； （4）考虑好设备无法正常运行时的措施； （5）不得随意解除联锁装置； （6）不得随意屏蔽保护装置； （7）设备坏时立即通知检修处理； （8）注意煤仓煤位
三		作业环境							
1	室内潮湿	设备潮湿引起短路	（1）触电、电弧灼伤； （2）其他人身伤害； （3）设备事故	3	10	1	30	2	（1）操作前检查室内湿度，湿度过大应采取相应措施； （2）保持设备干燥

10 输煤码头解系缆绳

主要作业风险：	控制措施：
(1) 轨道有异物使大车卡住不动轧伤人； (2) 钢丝绳断裂砸伤人； (3) 抓斗脱落造成人身和设备损伤	(1) 经常检查轨道并及时清理； (2) 发现钢丝绳断股立即更换； (3) 定期对抓斗进行检查

编号	作业步骤	危害因素	可能导致的后果	风险评价					控制措施
				L	E	C	D	风险程度	
一	解系缆绳								
1	解系缆绳操作时	(1) 思想不集中； (2) 劈缆造成手轧伤； (3) 水手落海	(1) 人身伤害； (2) 淹溺	3	3	15	135	3	(1) 收放缆绳要快； (2) 工人"三件宝"安全帽、手套、救生衣不能少

11 输煤系统检查

主要作业风险：	控制措施：
(1) 高处坠落； (2) 触电； (3) 其他伤害； (4) 设备事故； (5) 作业环境危害； (6) 机械伤害	(1) 正确使用劳防用品； (2) 正确使用工具； (3) 做好安全措施

编号	作业步骤	危害因素	可能导致的后果	风险评价					控制措施
				L	E	C	D	风险程度	
一	作业前准备								
1	准备清卫工器具	(1) 工器具脱落； (2) 工器具选择不当	(1) 设备事故； (2) 其他伤害	1	2	1	2	1	(1) 检查所用的工器具必须完好； (2) 正确使用工器具
2	布置场地	(1) 工具摆放凌乱； (2) 对其他设备未做防护	(1) 设备事故； (2) 其他伤害	1	2	1	2	1	(1) 执行定制管理要求； (2) 进场前进行确认检查； (3) 做好防护隔离措施
二	作业过程								
1	输煤栈桥地面冲洗、清扫	(1) 工器具不符合要求； (2) 未做防护措施； (3) 雨天场地湿滑； (4) 冲洗地面及部分设备时未做防护措施	(1) 设备事故； (2) 其他伤害	1	2	1	2	1	(1) 施工前检查工器具； (2) 穿着符合要求； (3) 冲洗前做好防护措施； (4) 做好安全交底工作并加强现场监护工作

续表

编号	作业步骤	危害因素	可能导致的后果	风险评价					控制措施
				L	E	C	D	风险程度	
2	皮带沿线撬煤	（1）工器具不符合要求； （2）未做防护措施； （3）铁撬碰到拉绳，导致拉绳开关动作跳皮带机； （4）人员不小心碰到设备转动部位	（1）设备事故； （2）其他伤害； （3）机械伤害	1	2	1	2	1	（1）施工前检查工器具； （2）穿着符合要求； （3）做好安全交底工作并加强现场监护工作
3	清理拉紧装置重锤上部平台	未按规定和煤控室进行联系，安全措施未执行	（1）高处坠落； （2）设备事故； （3）其他伤害	1	1	1	1	1	（1）按规定和煤控室进行联系，安全措施执行后再上去清理； （2）现场有监护人
4	清理煤泥坑	煤泥坑内水位较高时	淹溺	1	2	1	2	1	现场有监护人
5	使用真空吸尘装置	专人正确使用	（1）触电； （2）设备事故	6	3	1	18	1	进行人员培训正确使用
6	清理皮带机头机尾	未按规定清理，工器具被设备绞进	（1）设备事故； （2）其他伤害	1	1	1	1	1	（1）皮带机停运时进行； （2）工器具检查
三	作业环境								
1	粉尘环境	（1）粉尘处理不当； （2）呼吸系统保护不当	作业环境危害	1	2	1	2	1	（1）正确使用劳动防护用品； （2）定期体检
2	噪声	设备运行产生噪声	作业环境危害	0.2	3	3	1.8	1	正确佩戴耳塞
四	以往发生的事件								
1	铁锹掉落煤仓	导致其他设备伤害	设备事故	1	2	1	2	1	（1）对铁锹进行加固； （2）作业前仔细检查工具； （3）对工作人员经常进行教育

12 推煤机推煤

主要作业风险：	控制措施：
（1）煤场场地夜间照明不够； （2）作业时无人现场指挥； （3）煤堆坍塌； （4）人身伤害； （5）车辆损坏	（1）夜间照明保持良好； （2）现场专人指挥； （3）遵守推煤机推煤作业规程

编号	作业步骤	危害因素	可能导致的后果	风险评价					控制措施
				L	E	C	D	风险程度	
一			推煤前准备						
1	按规定检查车辆并做好记录	车辆带病作业	（1）机械伤害； （2）人员伤害	3	6	15	270	4	车辆使用前必须对车辆进行检查并做好记录
二			推煤作业						
1	道路行驶	（1）不按规定路线行驶； （2）超速行驶	（1）损坏路面； （2）人身伤害	3	6	15	270	4	（1）驾驶员必须具备驾驶资格； （2）违章行驶进行考核
2	煤场场地推煤作业	（1）煤场场地照明不够； （2）作业时无人现场指挥； （3）爬坡角度超过规定角度； （4）陷入松软煤堆中； （5）煤堆坍塌	（1）车辆损坏； （2）人身事故	3	10	15	450	5	（1）煤场场地照明良好； （2）现场必须配专人指挥； （3）严格遵守推煤机场地作业规程

编号	作业步骤	危害因素	可能导致的后果	风险评价					控制措施
				L	E	C	D	风险程度	
三			完工恢复						
1	对车辆进行检查、清洗	未进行检查	影响下次推煤作业,可能造成车辆损坏或人身伤害	3	6	15	270	4	每次推煤结束,必须对车辆进行整车检查,发现问题及时处理,并对车辆进行清洗
四			作业环境						
1	在粉尘环境中作业	(1)推煤机推煤时产生煤粉烟尘; (2)斗轮机堆取料时产生煤粉扬尘; (3)呼吸系统保护不当	职业危害,导致呼吸系统疾病或眼睛伤害如肺脏功能减低、鼻/喉发炎、皮炎	3	10	7	210	4	(1)采取控制粉尘措施,加强日常维护; (2)佩戴防尘口罩、呼吸器等; (3)定期体检
2	恶劣天气(大雾、大雨、台风)驾驶	(1)视线不清; (2)车辆故障	车辆伤害	3	1	15	45	2	(1)台风季节停止作业; (2)定期检查车况; (3)限速行驶

13 卸船机吊运推耙机

主要作业风险： (1) 轨道有异物使大车卡住不动轧伤人； (2) 钢丝绳断裂砸伤人； (3) 抓斗脱落造成人身和设备损伤				控制措施： (1) 经常检查轨道并及时清理； (2) 发现钢丝绳断股立即更换； (3) 定期对抓斗进行检查					

编号	作业步骤	危害因素	可能导致的后果	风险评价					控制措施
				L	*E*	*C*	*D*	风险程度	
一	交接班检查								
1	轨道两旁有无异物、人员	容易使大车卡住不能动，大车轧伤人	人身伤害	3	10	1	30	2	(1) 经常检查轨道； (2) 发现钢丝绳断股立即更换； (3) 将抓斗放在地面或料斗上检查； (4) 上、下楼梯时用手扶住栏杆
2	检查钢丝绳断丝情况	钢丝绳断开砸伤人	人身伤害	3	10	1	30	2	
3	抓斗检查固定销	抓斗脱落	(1) 人身伤害； (2) 设备损伤	3	10	3	90	3	
4	机房油位及刹车片检查	抓斗失控下滑	(1) 人身伤害； (2) 设备损伤	3	10	3	90	3	
		上、下楼梯造成滑跌、坠落	人身伤害	3	10	3	90	3	
二	卸船机吊推耙机								
1	卸船机吊推耙机	不联系造成指挥不当	设备损伤	3	10	1	30	2	(1) 司机间保持通信联系； (2) 第一吊要静止 2min； (3) 吊具检查断丝情况
		吊具断丝伤手	人身伤害	3	10	3	90	3	
		吊具断造成推耙机跌落	设备损伤	3	10	3	90	3	

编号	作业步骤	危害因素	可能导致的后果	风险评价					控制措施
				L	E	C	D	风险程度	
三		以往发生的事件							
1	抓斗起升和降落	抓斗碰伤船体	船体损坏	3	10	1	30	2	正确操作方法，通信畅通
2	抓斗和吊具检查	吊具断丝伤手	人身伤害	3	10	3	90	3	做好防护措施，定期检查吊具

14 卸船机运行操作

主要作业风险：	控制措施：
(1) 轨道有异物使大车卡住不动轧伤人；	(1) 经常检查轨道并及时清理；
(2) 钢丝绳断裂砸伤人；	(2) 发现钢丝绳断股立即更换；
(3) 抓斗脱落造成人身和设备损伤	(3) 定期对抓斗进行检查

编号	作业步骤	危害因素	可能导致的后果	风险评价					控制措施
				L	*E*	*C*	*D*	风险程度	
一			交接班检查						
1	轨道两旁有无异物、人员	容易使大车卡住不能动，大车轧伤人	人身伤害	3	10	1	30	2	(1) 经常检查轨道； (2) 发现钢丝绳断股立即更换； (3) 将抓斗放在地面或料斗上检查； (4) 上、下楼梯时用手扶住栏杆
2	检查钢丝绳断丝情况	钢丝绳断开砸伤人	人身伤害	3	10	1	30	2	
3	抓斗检查固定销	抓斗脱落	(1) 人身伤害； (2) 设备损伤	3	10	3	90	3	
4	机房油位及刹车片检查	抓斗失控下滑	(1) 人身伤害； (2) 设备损伤	3	10	3	90	3	
		上、下楼梯造成滑跌、坠落	人身伤害	3	10	3	90	3	
二			卸船机卸煤操作						
1	卸船机卸煤操作	(1) 导致抓斗碰坏煤船及卸船机； (2) 导致撒煤至码头面，砸伤码头工作人员	(1) 人身伤害； (2) 设备损伤； (3) 人身伤害	3	10	3	90	3	(1) 保持充足的睡眠； (2) 正确的操作手法

续表

编号	作业步骤	危害因素	可能导致的后果	风险评价					控制措施
				L	E	C	D	风险程度	
三		以往发生的事件							
1	抓斗运行和吊具检查	(1) 抓斗碰伤船体; (2) 吊具断丝伤手	(1) 船体损坏; (2) 人身伤害	3	10	1	30	2	(1) 正确操作方法,通信畅通; (2) 做好防护措施,定期检查吊具

31

15 综合码头门机卸料

主要作业风险:	控制措施:
（1）因穿戴不合适劳动防护用品、不熟悉巡检路线导致巡检人员和其他人员伤害； （2）因通信不畅影响及时通信； （3）因上、下检查需要垂直爬梯引起高处坠落	（1）熟悉现场设备和巡检路线，知道发生危险后的撤退路线和处理办法和程序； （2）正确佩戴安全帽、防尘口罩、耳塞、手套、工作鞋等防护用品； （3）携带良好的通信工具和手电筒

编号	作业步骤	危害因素	可能导致的后果	风险评价					控制措施
				L	E	C	D	风险程度	
一			巡检前准备						
1	准备巡检工具	拿错或使用错误工具	（1）人身伤害； （2）设备故障	3	10	1	30	2	（1）使用合适工具； （2）加强沟通； （3）交待安全注意事项； （4）仔细核对钥匙编号； （5）正确佩戴安全帽、安全帽、防尘口罩、耳塞、手套、工作鞋等； （6）规范着装； （7）携带状况良好的通信工具；
2	准备合适的防护用品如安全帽、防粉口罩、耳塞、手套、工作鞋	使用不充分或不合适防护用品造成烫伤、化学伤害、滑跌绊跌、碰撞、落物伤害等	（1）灼烫； （2）其他伤害	3	10	3	90	3	
3	检查手电筒电池和完好状况	照明不足造成绊倒、摔伤等	人身伤害	3	10	1	30	2	
4	准备巡检钥匙	拿错钥匙而匆忙往返引起绊倒、摔伤等	人身伤害	3	10	1	30	2	
5	准备通信设备	充电不足或信号不好影响及时通信	（1）人身伤害； （2）设备故障	3	10	3	90	3	
6	向值班负责人汇报巡检内容	（1）不熟悉巡检路线或去向不明； （2）准备不充分	伤害后得不到及时救援	3	10	3	90	3	

编号	作业步骤	危害因素	可能导致的后果	风险评价					控制措施
				L	E	C	D	风险程度	
7	值班负责人核实并批准，交代安全注意事项	（1）不熟悉巡检路线或去向不明； （2）准备不充分	伤害后得不到及时救援	1	10	3	30	2	（8）携带手电筒，电源要充足，亮度要足够
二		巡检内容							
1	门机正常卸料	（1）不熟悉设备操作方法，导致人身伤害或使用错误工具； （2）照明不足造成绊倒、摔伤等； （3）充电不足或信号不好影响通信不畅或错误引起误操作； （4）直接跨越石灰石料皮带造成伤害； （5）吸入石灰石料粉尘； （6）石灰石料皮带启动时造成人员被卷入皮带； （7）石灰石料筒仓上、下楼梯造成滑跌、坠落； （8）调整石灰石料皮带跑偏时被卷入； （9）0号石灰石料皮带下面检查时可能被落下的石灰石料块砸到	人身伤害	3	6	3	54	2	（1）熟悉设备操作方法； （2）现场照明合理，有缺陷的及时处理； （3）携带状况良好的通信工具； （4）正确佩戴安全帽、防尘口罩、耳塞、手套、工作鞋等

续表

编号	作业步骤	危害因素	可能导致的后果	风险评价					控制措施
				L	E	C	D	风险程度	
1	门机正常卸料	(1) 除铁器不吸铁造成石灰石料皮带撕裂； (2) 除铁器通过石灰石料皮带中间通道时碰头； (3) 犁料器太紧划伤石灰石料皮带	设备损坏	3	6	3	54	2	(1) 石灰石料皮带运行前确保除铁器投入运行； (2) 设置防护栏和警示标识； (3) 定期检查，调整犁料器
2	装卸石膏操作	(1) 不联系造成指挥不当； (2) 设备噪声造成人身伤害	设备损坏	3	6	3	54	2	(1) 联系可靠； (2) 严禁无关人员进入工作现场； (3) 熟悉设备操作方法； (4) 现场照明合理，有缺陷的及时处理； (5) 携带状况良好的通信工具； (6) 正确佩戴安全帽、防尘口罩、耳塞、手套、工作鞋等
		0 号石灰石料皮带下面检查时与门机相碰	设备损坏	3	6	3	54	2	

16 燃脱电气检修人员巡检

主要作业风险：	控制措施：
（1）误碰皮带保护开关引起皮带跳停； （2）机械伤人； （3）跨越皮带； （4）巡视路滑，易摔跤； （5）巡视中误送电或误碰电，造成人身伤害	（1）巡检人员尽量与运行皮带保持一定距离，防止误碰保护开关； （2）与运行设备保持一定距离，防止机械伤人； （3）禁止从皮带上面跨越； （4）穿绝缘胶鞋，路滑处慢行； （5）巡视中禁止对挂牌工作设备上电，禁止手碰带电设备或柜内设备元器件

编号	作业步骤	危害因素	可能导致的后果	风险评价					控制措施
				L	E	C	D	风险程度	
一		巡检前准备						
1	制定巡检路线及巡检内容	（1）巡检线路有重复； （2）巡检路线有遗漏； （3）巡检内容不完善	设备事故	1	6	15	90	3	（1）班组成员共同制定巡检路线及巡检内容，保证无重复，无遗漏； （2）制定完后由电气专业审核，并经领导同意
2	准备巡检仪器	（1）无测振仪； （2）无测温仪； （3）无听棒； （4）无巡检记录本	设备事故	1	6	15	90	3	（1）对已有的巡检仪器需认真保管； （2）对没有的巡检仪器申报采购； （3）定期对仪器进行校验
3	熟悉巡检内容	（1）没有及时发现设备缺陷； （2）对已发生的设备缺陷无法认知	设备事故	1	6	7	42	2	（1）巡检人员需认真熟悉巡检内容； （2）专业对巡检人员进行现场指导

续表

编号	作业步骤	危害因素	可能导致的后果	风险评价					控制措施
				L	*E*	*C*	*D*	风险程度	
4	配带好个人防护用品	(1) 没有佩戴好安全帽； (2) 没有穿绝缘鞋； (3) 夜间巡检无照明设备； (4) 雨天巡检无防雨工具	人身伤害	1	5	7	35	2	(1) 认真佩戴好安全帽； (2) 巡检前穿好绝缘鞋； (3) 夜间巡检需佩戴照明工具； (4) 雨天巡检要穿防雨服
5	安全交底	(1) 走错间隔； (2) 机械伤害； (3) 工器具遗留； (4) 高处作业； (5) 起重伤害； (6) 火灾事故	(1) 人身伤害； (2) 设备损坏； (3) 火灾	1	2	10	20	1	(1) 作业前注意认真核对设备； (2) 严禁在转动设备上站立、跨越或行走，不得在设备或皮带上行走、跨越或传递工具； (3) 检修作业前及作业结束后，注意清点工器具无误，防止工器具遗留在所检修的设备内； (4) 高处作业必须佩带安全带； (5) 使用合格起重工器具，使用前认真检查起吊设备，严格按照操作规程操作； (6) 动火作业需办理动火票、作业时备好必要的消防设施，实施电、火焊作业时下方做好隔离措施
6	工具/材料准备	工具/材料选择不当	物体打击	1	2	10	20	2	(1) 选择合适的操作工器具； (2) 检查所用的工具必须完好； (3) 正确使用工器具

续表

编号	作业步骤	危害因素	可能导致的后果	风险评价					控制措施
				L	E	C	D	风险程度	
二		巡检内容							
1	皮带沿线巡检	(1) 误碰皮带保护开关引起皮带跳停； (2) 跨越皮带； (3) 误碰转动部位	(1) 人身伤害； (2) 设备故障	1	5	7	35	2	(1) 巡检人员尽量与运行皮带保持一定距离，防止误碰保护开关； (2) 与运行设备保持一定距离，防止机械伤人； (3) 禁止跨越皮带
2	转运站巡检	(1) 登高跌落或楼梯滑落； (2) 就地箱检查后没关门； (3) 没有发现柜内存在设备缺陷	(1) 人身伤害； (2) 设备故障	6	1	7	42	2	(1) 登高或攀爬时需穿防滑鞋，并有防范意识； (2) 巡检完设备需关好柜门； (3) 认真检查柜内设备有无缺陷
3	采样楼巡检	(1) 登高跌落或楼梯滑落； (2) 就地箱检查后没关门； (3) 没有发现柜内存在设备缺陷	(1) 人身伤害； (2) 设备故障	3	1	7	21	2	(1) 登高或攀爬时需穿防滑鞋，并有防范意识； (2) 巡检完设备需关好柜门； (3) 认真检查柜内设备有无缺陷
4	煤仓间巡检	(1) 登高跌落或楼梯滑落； (2) 就地箱检查后没关门； (3) 没有发现柜内存在设备缺陷	(1) 人身伤害； (2) 设备故障	3	2	1	6	1	(1) 登高或攀爬时需穿防滑鞋，并有防范意识； (2) 巡检完设备需关好柜门； (3) 认真检查柜内设备有无缺陷
三		巡检结束							
1	结束工作	(1) 遗漏工器具； (2) 现场遗留杂物； (3) 不遗漏巡检仪器	(1) 触电； (2) 人身伤害	1	3	15	45	2	(1) 收齐检查工器具； (2) 清扫检修现场； (3) 巡检完成需检查是否遗漏巡检仪器

续表

编号	作业步骤	危害因素	可能导致的后果	风险评价					控制措施
				L	E	C	D	风险程度	
四		作业环境							
1	粉尘环境	(1) 煤灰清理不当； (2) 呼吸系统保护不当	职业危害，导致呼吸系统疾病或眼睛伤害如肺脏功能减低、鼻/喉发炎、皮炎	1	6	7	42	2	(1) 采取控制粉尘措施，加强日常维护； (2) 佩戴防尘口罩、呼吸器等； (3) 定期进行粉尘监测； (4) 定期体检； (5) 及时清扫地面，清理积灰

17 燃料检修人员巡检

主要作业风险：	控制措施：
（1）因通信不畅、穿戴不合适劳动防护用品、不熟悉巡检路线导致巡检人员受伤； （2）因设备运行期间发生故障导致巡检人员受伤； （3）高处坠落	（1）办理工作票； （2）禁止站在吊件下

编号	作业步骤	危害因素	可能导致的后果	风险评价					控制措施
				L	E	C	D	风险程度	
一		巡检前准备							
1	准备巡检工具	拿错或使用错误工具	（1）人身伤害； （2）设备事故	0.5	10	1	5	1	（1）使用合适工具； （2）加强沟通； （3）交代安全注意事项； （4）仔细核对钥匙编号； （5）正确佩戴安全帽、防尘口罩、耳塞、手套、工作鞋等； （6）规范着装（穿长袖工作服，袖口扣好）； （7）携带状况良好的通信工具；
2	检查手电筒电池的完好状况	照明不足造成绊倒、摔伤等	人身伤害	0.5	10	1	5	1	
3	准备通信工具	充电不足或信号不好影响及时通信	（1）人身伤害； （2）设备故障	0.5	10	1	5	1	
4	准备合适的防护用品如安全帽、防尘口罩、耳塞、手套、工作鞋	使用不充分或不合适防护用品造成烫伤、碰撞、落物伤害等	（1）烫伤； （2）其他伤害	0.5	10	3	15	1	
5	向值班负责人汇报巡检内容	（1）不熟悉巡检路线或趋向不明； （2）准备不充分	伤害后得不到及时救援	0.2	10	1	2	1	

编号	作业步骤	危害因素	可能导致的后果	风险评价					控制措施
				L	E	C	D	风险程度	
6	值班负责人核实并批准，交代安全注意事项	（1）不熟悉巡检路线或趋向不明； （2）准备不充分	伤害后得不到及时救援	0.2	10	1	2	1	（8）携带手电筒，电源药充足，亮度足够
7	安全交底	走错间隔	人身伤害	0.5	2	10	10	1	作业前注意认真核对设备
二	巡检内容								
1	卸煤线巡检（卸船机）	（1）检查垂直爬梯引起绊跌、踩空、坠落等； （2）检查平台引起绊跌； （3）检查皮带时发生意外； （4）各类油类泄漏造成滑到； （5）上、下楼梯时踩空； （6）接触粉尘	（1）高处坠落； （2）人身伤害； （3）环境污染	0.2	10	7	14	1	（1）进入该区域观察是否泄漏； （2）上、下爬梯时抓牢、蹬稳，不得两人同蹬一梯； （3）行走时看清行走路； （4）不得正对或靠近泄漏点； （5）考虑好泄漏时撤离路线； （6）及时清理油污； （7）体表接触高温油体后及时用水清理，就医； （8）采取控制粉尘措施，加强日常维护； （9）佩戴防尘口罩、呼吸器等； （10）定期进行粉尘监测； （11）定期体检； （12）及时清扫，清理积灰
2	上仓线巡检	（1）检查垂直爬梯引起绊跌、踩空、坠落等；	（1）高处坠落； （2）人身伤害；	0.2	10	7	14	1	（1）进入该区域观察是否泄漏；

续表

编号	作业步骤	危害因素	可能导致的后果	风险评价					控制措施
				L	*E*	*C*	*D*	风险程度	
2	上仓线巡检	（2）检查平台引起绊跌； （3）检查皮带时发生意外； （4）各类油类泄漏造成滑到； （5）上、下楼梯时踩空； （6）接触粉尘	（3）环境污染	0.2	10	7	14	1	（2）上、下爬梯时抓牢、蹬稳，不得两人同蹬一梯； （3）行走时看清行走路； （4）不得正对或靠近泄漏点； （5）考虑好泄漏时撤离路线； （6）及时清理油污； （7）体表接触高温油体后及时用水清理，就医； （8）采取控制粉尘措施，加强日常维护； （9）佩戴防尘口罩、呼吸器等； （10）定期进行粉尘监测； （11）定期体检； （12）及时清扫，清理积灰
3	斗轮机巡检	（1）检查行走机构时因冲洗水未干造成滑到； （2）检查尾车改向滚筒时因路线原因引起滑倒； （3）检查平台引起绊跌； （4）检查中部料斗时煤粉飞进眼睛； （5）检查悬臂皮带时发生意外； （6）接触粉尘	（1）高处坠落； （2）人身伤害	0.2	10	7	14	1	（1）在巡检期间注意脚下的路况； （2）采取控制粉尘措施，加强日常维护； （3）佩戴防尘口罩、呼吸器等； （4）定期进行粉尘监测； （5）定期体检； （6）及时清扫，清理积灰

41

续表

编号	作业步骤	危害因素	可能导致的后果	风险评价					控制措施
				L	E	C	D	风险程度	
4	辅助设备巡检	（1）冲洗水未干造成滑倒； （2）检查煤泥坑时失足跌进坑内； （3）检查冲洗水喷淋泵失足掉进水里； （4）接触粉尘	人身伤害	0.1	10	7	7	1	（1）在巡检期间注意脚的路况； （2）采取控制粉尘措施，加强日常维护； （3）佩戴防尘口罩、呼吸器等； （4）定期进行粉尘监测； （5）定期体检； （6）及时清扫，清理积灰
三		作业环境							
1	粉尘环境	（1）粉尘处理不当； （2）呼吸系统保护不当； （3）遗留粉尘	职业危害	3	1	1	3	1	（1）采取控制粉尘措施，加强日常维护； （2）佩戴防尘口罩、呼吸器等； （3）定期体检； （4）及时清扫地面，清理积灰
2	噪声	旁边其他设备运行	职业危害	6	1	1	6	1	正确佩戴耳塞

18 输煤集控运行值班员巡检

主要作业风险：	控制措施：
（1）行走或上、下楼梯时跌倒；	（1）作业环境照明良好并携带手电筒；
（2）被皮带卷入造成伤害；	（2）做好防护措施，扣好袖扣；
（3）吸入粉尘造成人身伤害；	（3）正确佩戴防尘口罩；
（4）设备噪声造成人身伤害	（4）戴好防护耳塞

编号	作业步骤	危害因素	可能导致的后果	风险评价					控制措施
				L	E	C	D	风险程度	
一			巡检前准备						
1	准备巡检工具	拿错或使用错误工具	（1）人身伤害；（2）设备故障	3	10	1	30	2	（1）使用合适工具；（2）加强沟通；（3）交待安全注意事项；（4）仔细核对钥匙编号；（5）正确佩戴安全帽、安全帽、防尘口罩、耳塞、手套、工作鞋等；（6）规范着装；（7）携带状况良好的通信工具；
2	检查手电筒电池和完好状况	照明不足造成绊倒、摔伤等	人身伤害	3	10	1	30	2	
3	准备通信设备	充电不足或信号不好影响及时通信	（1）人身伤害；（2）设备故障	3	10	3	90	3	
4	准备合适的防护用品如安全帽、防粉口罩、耳塞、手套、工作鞋	使用不充分或不合适防护用品造成烫伤、化学伤害、滑跌绊跌、碰撞、落物伤害等	（1）灼烫；（2）其他伤害	3	10	3	90	3	
5	向值班负责人汇报巡检内容	（1）不熟悉巡检路线或去向不明；（2）准备不充分	伤害后得不到及时救援	3	10	3	90	3	

编号	作业步骤	危害因素	可能导致的后果	风险评价					控制措施
				L	*E*	*C*	*D*	风险程度	
6	值班负责人核实并批准，交代安全注意事项	(1) 不熟悉巡检路线或去向不明； (2) 准备不充分	伤害后得不到及时救援	1	10	3	30	2	(8) 携带手电筒，电源充足、亮度足够
二			巡检内容						
1	巡检交接班检查	C—01A/B皮带及斗轮机下面检查时可能被落下的煤块砸到	人身伤害	3	10	3	90	3	(1) 戴好安全帽； (2) 在卸船机抓斗抓煤时通过； (3) 检查落煤筒时要站在平台上； (4) 检查时戴好口罩； (5) 与斗轮机保持安全距离，不能在轨道上行走； (6) 随身携带手电筒
		落煤筒检查时造成坠落	人身伤害	1	10	7	70	3	
		吸入粉尘	人身伤害	10	10	1	100	3	
		斗轮机下面检查时与斗轮机相碰	人身伤害	3	10	3	90	3	
		上、下楼梯造成滑跌、坠落	人身伤害	3	10	3	90	3	
		照明不足造成绊倒、摔伤等	人身伤害	3	10	3	90	3	
2	皮带启动前检查	启动线路不清	设备事故	3	6	1	18	1	(1) 对煤控下达的检查指令进行复颂； (2) 上、下楼梯时用手扶住栏杆； (3) 与皮带保持一定的距离，穿着合适的工作服；
		上、下楼梯造成滑跌、坠落	人身伤害	3	10	3	90	3	
		照明不足造成绊倒、摔伤等	人身伤害	3	10	3	90	3	
		皮带启动时造成人员被卷入皮带	人身伤害	1	10	15	150	3	

续表

编号	作业步骤	危害因素	可能导致的后果	L	E	C	D	风险程度	控制措施
2	皮带启动前检查	落煤筒观察门未关好	环境污染	6	10	1	60	2	(4) 落煤筒检查好后及时关闭观察门
3	皮带运行时的检查	调整皮带跑偏时被卷入	机械伤害	1	6	3	18	1	调整跑偏时使用专用工具，站立姿势要正确
		上、下楼梯造成滑跌、坠落	人身伤害	3	10	3	90	3	上、下楼梯时用手扶住栏杆
		照明不足造成绊倒、摔伤等	人身伤害	3	10	3	90	3	随身携带手电筒
		直接跨越皮带造成伤害	机械伤害	3	6	7	126	3	跨越皮带要走人行天桥
		清除煤流中雷管不当造成伤害	(1) 爆炸；(2) 人身伤害	1	10	7	70	2	(1) 清除时必须先停运皮带；(2) 清除的雷管按规定进行处理
		清理煤流中"三块"不当时造成滑倒、摔伤	(1) 人身伤害；(2) 设备事故	3	10	1	30	2	(1) 清理时站立位置要稳固；(2) 双人清理时要配合好；(3) 清理的"三块"要慢慢放下，避免砸坏电缆桥架及皮带支架
		皮带撕裂	设备事故						(1) 定期检查清扫器固定是否牢固；(2) 定期检查除铁器励磁电压及励磁电流在正常范围内；(3) 定期检查落煤筒衬板
		吸入粉尘	人身伤害	10	10	1	100	3	检查时戴好口罩

续表

编号	作业步骤	危害因素	可能导致的后果	L	E	C	D	风险程度	控制措施
4	除尘器的就地操作及检查	未核对设备名称误操作	设备事故	1	6	1	6	1	操作前先将转换开关打至就地，并与煤控进行核对
		除尘器自燃、爆炸	(1) 设备事故；(2) 人身伤害	3	6	1	18	1	对除尘器进行定期测温及冲洗
		上、下垂直爬梯时造成滑跌、坠落	(1) 人身伤害；(2) 高处坠落	1	6	1	6	1	上、下爬梯时双手抓牢、登稳
		除尘器除尘效果差	(1) 人身伤害；(2) 环境污染	6	6	1	36	2	(1) 检查时正确佩戴口罩；(2) 除尘器定期清灰
5	除铁器的检查	除铁器卸铁时砸伤人	人身伤害	6	6	1	36	2	除铁器卸铁处加装防护罩或接铁装置
		除铁器不吸铁造成皮带撕裂	设备事故	1	5	3	15	1	定期检查除铁器励磁电压及励磁电流在正常范围内
		除铁器通过皮带中间通道时碰头	人身伤害	8	4	1	32	2	(1) 正确佩戴安全帽；(2) 保证除铁器警铃正常
6	犁煤器操作	犁煤器太紧划伤皮带	设备事故	1	6	3	18	1	(1) 加强监盘，发现犁煤器落下时皮带电流偏大立即抬起，并通知巡检就地检查；(2) 皮带启动前对犁煤器进行全面检查
三			巡检路线						
1	人员巡检	上、下楼梯时滑倒	人身伤害	3	10	3	90	3	上、下楼梯时用手扶住栏杆
2	设备运行时检查	人员碰到转动设备	人身伤害	6	6	1	36	2	与转动设备保持安全距离

编号	作业步骤	危害因素	可能导致的后果	风险评价					控制措施
				L	E	C	D	风险程度	
四	以往发生的事件								
1	除尘器运行	除尘器自燃	设备事故	1	6	3	18	1	对除尘器进行定期测温及冲洗
2	皮带机运行	皮带撕裂	设备事故	1	6	3	18	1	（1）定期检查清扫器固定是否牢固； （2）定期检查除铁器励磁电压及励磁电流在正常范围内； （3）定期检查落煤筒衬板

19　输煤皮带

主要作业风险：	控制措施：
（1）行走或上、下楼梯时跌倒； （2）被皮带卷入造成伤害； （3）吸入粉尘造成人身伤害； （4）设备噪声造成人身伤害	（1）作业环境照明良好并携带手电筒； （2）做好防护措施，扣好袖扣； （3）正确佩戴防尘口罩； （4）戴好防护耳塞

编号	作业步骤	危害因素	可能导致的后果	风险评价					控制措施
				L	E	C	D	风险程度	
一			巡检前准备						
1	准备巡检工具	拿错或使用错误工具	（1）人身伤害； （2）设备故障	3	10	1	30	2	
2	检查手电筒电池和完好状况	照明不足造成绊倒、摔伤等	人身伤害	3	10	1	30	2	
3	准备通信设备	充电不足或信号不好影响及时通信	（1）人身伤害； （2）设备故障	3	10	3	90	3	（1）使用合适工具； （2）加强沟通； （3）交待安全注意事项； （4）仔细核对钥匙编号； （5）正确佩戴安全帽、防尘口罩、耳塞、手套、工作鞋等； （6）规范着装； （7）携带状况良好的通信工具；
4	准备合适的防护用品如安全帽、防粉口罩、耳塞、手套、工作鞋	使用不充分或不合适防护用品造成烫伤、化学伤害、滑跌绊跌、碰撞、落物伤害等	（1）灼烫； （2）其他伤害	3	10	3	90	3	
5	向值班负责人汇报巡检内容	（1）不熟悉巡检路线或去向不明； （2）准备不充分	伤害后得不到及时救援	3	10	3	90	3	

编号	作业步骤	危害因素	可能导致的后果	风险评价					控制措施
				L	E	C	D	风险程度	
6	值班负责人核实并批准，交代安全注意事项	(1) 不熟悉巡检路线或去向不明； (2) 准备不充分	伤害后得不到及时救援	1	10	3	30	2	(8) 携带手电筒，电源要充足，亮度要足够
二	巡检内容								
1	巡检交接班检查	C-01A/B皮带及斗轮机下面检查时可能被落下的煤块砸到	人身伤害	3	10	3	90	3	(1) 戴好安全帽； (2) 在卸船机抓斗抓煤时通过； (3) 检查落煤筒时要站在平台上检查时戴好口罩； (4) 与斗轮机保持安全距离，不能在轨道上行走； (5) 随身携带手电筒
		落煤筒检查时造成坠落	人身伤害	1	10	7	70	3	
		吸入粉尘	人身伤害	10	10	1	100	3	
		斗轮机下面检查时与斗轮机相碰	人身伤害	3	10	3	90	3	
		上、下楼梯造成滑跌、坠落	人身伤害	3	10	3	90	3	
		照明不足造成绊倒、摔伤等	人身伤害	3	10	3	90	3	
2	皮带启动前检查	启动线路不清	设备事故	3	6	1	18	1	(1) 对煤控下达的检查指令进行复颂； (2) 上、下楼梯时用手扶住栏杆；
		上、下楼梯造成滑跌、坠落	人身伤害	3	10	3	90	3	
		照明不足造成绊倒、摔伤等	人身伤害	3	10	3	90	3	

编号	作业步骤	危害因素	可能导致的后果	风险评价					控制措施
				L	E	C	D	风险程度	
2	皮带启动前检查	皮带启动时造成人员被卷入皮带	人身伤害	1	10	15	150	3	（3）与皮带保持一定的距离，穿着合适的工作服； （4）落煤筒检查好后及时关闭观察门
		落煤筒观察门未关好	环境污染	6	10	1	60	2	
3	皮带运行时的检查	调整皮带跑偏时被卷入	机械伤害	1	6	3	18	1	调整跑偏时使用专用工具，站立姿势要正确
		上、下楼梯造成滑跌、坠落	人身伤害	3	10	3	90	3	上、下楼梯时用手扶住栏杆
		照明不足造成绊倒、摔伤等	人身伤害	3	10	3	90	3	随身携带手电筒
		直接跨越皮带造成伤害	机械伤害	3	6	7	126	3	跨越皮带要走人行天桥
		清除煤流中雷管不当造成伤害	（1）爆炸； （2）人身伤害	1	10	7	70	2	（1）清除时必须先停运皮带； （2）清除的雷管按规定进行处理
		清理煤流中"三块"不当时造成滑倒、摔伤	（1）人身伤害； （2）设备事故	3	10	1	30	2	（1）清理时站立位置要稳固； （2）双人清理时要配合好； （3）清理的"三块"要慢慢放下，避免砸坏电缆桥架及皮带支架
		皮带撕裂	设备事故	1	6	3	18	1	（1）定期检查清扫器固定是否牢固； （2）定期检查除铁器励磁电压及励磁电流在正常范围内； （3）定期检查落煤筒衬板
		吸入粉尘	人身伤害	10	10	1	100	3	检查时戴好口罩

续表

编号	作业步骤	危害因素	可能导致的后果	风险评价					控制措施
				L	*E*	*C*	*D*	风险程度	
4	除尘器的就地操作及检查	未核对设备名称误操作	设备事故	1	6	1	6	1	操作前先将转换开关打至就地，并与煤控进行核对
		除尘器自燃、爆炸	(1) 设备事故；(2) 人身伤害	3	6	1	18	1	对除尘器进行定期测温及冲洗
		上、下垂直爬梯时造成滑跌、坠落	(1) 人身伤害；(2) 高处坠落	1	6	1	6	1	上、下爬梯时双手抓牢、登稳
		除尘器除尘效果差	(1) 人身伤害；(2) 环境污染	6	6	1	36	2	(1) 检查时正确佩戴口罩；(2) 除尘器定期清灰
5	除铁器的检查	除铁器卸铁时砸伤人	人身伤害	1	0.5	3	1.5	1	除铁器卸铁处加装防护罩或接铁装置
		除铁器不吸铁造成皮带撕裂	设备事故	1	6	3	18	1	定期检查除铁器励磁电压及励磁电流在正常范围内
		除铁器通过皮带中间通道时碰头	人身伤害	0.5	0.5	1	0.25	1	(1) 正确佩戴安全帽；(2) 保证除铁器警铃正常
6	犁煤器操作	犁煤器太紧划伤皮带	设备事故	1	6	3	18	1	(1) 加强监盘，发现犁煤器落下时皮带电流偏大立即抬起，并通知巡检就地检查；(2) 皮带启动前对犁煤器进行全面检查
三		巡检路线							
1		上、下楼梯时滑倒	人身伤害	3	10	3	90	3	上、下楼梯时用手扶住栏杆

51

续表

编号	作业步骤	危害因素	可能导致的后果	风险评价					控制措施
				L	E	C	D	风险程度	
四		以往发生的事件							
1	除尘器运行	除尘器自燃	设备事故	1	6	3	18	1	对除尘器进行定期测温及冲洗
2	皮带机运行	皮带撕裂	设备事故	1	6	3	18	1	（1）定期检查清扫器固定是否牢固； （2）定期检查除铁器励磁电压及励磁电流在正常范围内； （3）定期检查落煤筒衬板

20 卸船机巡检

主要作业风险：	控制措施：
（1）轨道有异物使大车卡住不动轧伤人； （2）钢丝绳断裂砸伤人； （3）抓斗脱落造成人身和设备损伤	（1）经常检查轨道并及时清理； （2）发现钢丝绳断股立即更换； （3）定期对抓斗进行检查

编号	作业步骤	危害因素	可能导致的后果	风险评价					控制措施
				L	E	C	D	风险程度	
一			交接班检查						
1	轨道两旁有无异物、人员	容易使大车卡住不能动，大车轧伤人	人身伤害	3	10	1	30	2	（1）经常检查轨道； （2）发现钢丝绳断股立即更换； （3）将抓斗放在地面或料斗上检查； （4）上、下楼梯时用手扶住栏杆
2	检查钢丝绳断丝情况	钢丝绳断开砸伤人	人身伤害	3	10	1	30	2	
3	抓斗检查固定销	抓斗脱落	（1）人身伤害； （2）设备损伤	3	10	3	90	3	
4	机房油位及刹车片检查	抓斗失控下滑	（1）人身伤害； （2）设备损伤	3	10	3	90	3	
5	检查路线	上、下楼梯造成滑跌、坠落	人身伤害	3	10	3	90	3	
二			巡回检查						
1	卸船机巡回检查	（1）撒煤至码头面，砸伤码头工作人员； （2）吊具断丝伤手；	人身伤害	3	10	3	90	3	（1）工人"三件宝"安全帽、手套、救生衣不能少； （2）通信畅通，指挥正确；

续表

编号	作业步骤	危害因素	可能导致的后果	风险评价					控制措施
				L	*E*	*C*	*D*	风险程度	
1	卸船机巡回检查	（3）台风将人刮倒	人身伤害	3	10	3	90	3	（3）收放缆绳要快； （4）吊具检查断丝情况； （5）保持充足的睡眠
三		以往发生的事件							
1	抓斗起升和降落	抓斗碰伤船体	船体损伤	1	3	15	45	2	正确操作方法，通信畅通
2	抓斗及吊具检查	吊具断丝伤手	人身伤害	1	6	15	90	3	做好防护措施，定期检查吊具

21 带式除铁器检修

<table>
<tr>
<td colspan="6">
主要作业风险：
（1）因切断电源时拉错开关、走错间隔或误送电，验电时误判无电或触及其他有电部位时造成触电、电弧灼伤和其他人身伤害和设备事故；
（2）工作班成员工作任务不清或检修内容不清；
（3）动火作业气割、气焊造成火灾、化学爆炸和其他人身伤害；
（4）检修时未使用合格电动工器具；
（5）检修现场未增设围栏；
（6）登高作业爬梯滑落造成人身伤害；
（7）起重吊装未按要求作业
</td>
<td colspan="2">
控制措施：
（1）办理工作票、确认转运站带式除铁器 380V MCC 开关在检修位置并挂"禁止合闸，有人工作"标示牌、在转运站带式除铁器就地控制柜进线总空气开关上桩头电缆验电、在转运站带式除铁器本体处挂"在此工作"标示牌；
（2）检修期间进入现场作业前，要检查运行所做的各项安全措施是否有变动（如设备状态有否改变、若改变后安全措施能否满足要求）；
（3）与转动或有高速转动部位保持安全距离；
（4）施工中需要使用的工具、手持电动工具等必须进行认真检查，漏电保护器试验完好；
（5）检修现场与其他设备用围栏隔离；
（6）登高爬梯作业时穿绝缘防滑鞋，穿戴好个人防护用品；
（7）起重机械驾驶员必须持证上岗，其他作业人员必须参加起重作业培训，设置隔离围栏，戴防护手套和安全帽，起重臂下严禁站人
</td>
</tr>
<tr>
<td rowspan="2">编号</td>
<td rowspan="2">作业步骤</td>
<td rowspan="2">危害因素</td>
<td rowspan="2">可能导致的后果</td>
<td colspan="5">风险评价</td>
<td rowspan="2">控制措施</td>
</tr>
<tr>
<td>L</td>
<td>E</td>
<td>C</td>
<td>D</td>
<td>风险程度</td>
</tr>
<tr>
<td>一</td>
<td colspan="3" align="center">检修前准备</td>
<td></td>
<td></td>
<td></td>
<td></td>
<td></td>
<td></td>
</tr>
<tr>
<td>1</td>
<td>切断电源</td>
<td>（1）拉错开关、走错间隔或误送电导致设备带电或误动；
（2）分闸时引起着火</td>
<td>（1）触电、电弧灼伤；
（2）火灾；
（3）设备事故</td>
<td>1</td>
<td>6</td>
<td>15</td>
<td>90</td>
<td>3</td>
<td>（1）办理工作票，确认执行安全措施；
（2）双人共同确认检修开关、验电和挂警示牌；
（3）使用个人防护用品，如绝缘手套、绝缘鞋、面罩；</td>
</tr>
</table>

续表

编号	作业步骤	危害因素	可能导致的后果	L	E	C	D	风险程度	控制措施
1	切断电源	（3）误碰其他有电部位产生电弧	（1）触电、电弧灼伤； （2）火灾； （3）设备事故	1	6	15	90	3	（4）检修除尘器本体处悬挂"在此工作"标示牌； （5）与运行人员至检修现场共同办理工作票签发
2	检修前验电	（1）误判无电； （2）使用错误或破损的验电设备； （3）触及其他有电部位	（1）触电、电弧灼伤； （2）火灾	1	6	15	90	3	（1）与运行人员共同确认除尘器MCC开关、除尘器就地控制箱内电源进线开关在检修位置、正确验电； （2）戴绝缘手套、穿绝缘鞋和防电弧服； （3）按带电要求操作
3	临时用电	（1）电源、电压等级和接线方式不符要求； （2）负荷过载； （3）电动工器具漏电危害人身	（1）触电； （2）火灾	1	6	7	42	2	（1）检查电源； （2）验电； （3）对工器具做定期试验
4	安全交底	（1）走错间隔； （2）机械伤害； （3）工器具遗留； （4）高处作业； （5）起重伤害； （6）火灾事故	（1）人身伤害； （2）设备损坏； （3）火灾	1	2	10	20	1	（1）作业前注意认真核对设备； （2）严禁在转动设备上站立、跨越或行走，不得在设备或皮带上行走、跨越或传递工具； （3）检修作业前及作业结束后，注意清点工器具无误，防止工器具遗留在所检修的设备内；

编号	作业步骤	危害因素	可能导致的后果	L	E	C	D	风险程度	控制措施
4	安全交底	(1) 走错间隔； (2) 机械伤害； (3) 工器具遗留； (4) 高处作业； (5) 起重伤害； (6) 火灾事故	(1) 人身伤害； (2) 设备损坏； (3) 火灾	1	2	10	20	1	(4) 高处作业必须佩带安全带； (5) 使用合格起重工器具，使用前认真检查起吊设备，严格按照操作规程操作； (6) 动火作业需办理动火票、作业时备好必要的消防设施，实施电、火焊作业时下方做好隔离措施
5	工具/材料准备	工具/材料选择不当	物体打击	1	2	10	20	2	(1) 选择合适的操作工器具； (2) 检查所用的工具必须完好； (3) 正确使用工器具
二	检修过程								
1	就地控制箱检修	(1) 柜内元器件因接线桩松动发热； (2) 柜内积灰严重； (3) 粉尘污染	(1) 人身伤害； (2) 设备故障； (3) 人体触电	6	2	3	36	2	(1) 柜内元器件无发热烧伤痕迹等损坏，接线可靠，无松脱； (2) 柜内清扫积灰； (3) 清扫积灰应佩戴好个人防护用品
2	除铁器检修移动（使用电动葫芦起吊除铁器）	(1) 开关绝缘不良或损坏； (2) 吊钩和卡扣损坏脱扣砸人； (3) 钢丝绳毛刺或断裂； (4) 电动葫芦手操器失灵； (5) 起吊物重心不稳或绑扎不当；	(1) 机械伤害； (2) 触电； (3) 设备损坏	3	3	7	63	2	(1) 使用前检查电动葫芦手操器动作正常、钢丝绳吊等； (2) 戴防护手套、戴安全帽； (3) 吊物必须捆绑牢固，保持重心稳定； (4) 设专人指挥起吊，避免吊物下站人；

续表

编号	作业步骤	危害因素	可能导致的后果	风险评价					控制措施
				L	E	C	D	风险程度	
2	除铁器检修移动（使用电动葫芦起吊除铁器）	（6）物件过重超载；（7）除铁器线圈与其他设备连接件未全部拆除	（1）机械伤害；（2）触电；（3）设备损坏	3	3	7	63	2	（5）设置隔离措施；（6）确认被吊除铁器实际重量；（7）起吊前专人检查确认除铁器已完全脱开
3	仪表校验、继电器整定值、动作值检查、测试	（1）仪表拆除时混乱；（2）仪表、继电器整定未按要求整定	（1）人身伤害；（2）设备故障	1	1	3	3	1	（1）仪表拆除校验时及时做好标记；（2）仪表、继电器整定按文件包要求（电压、电流）整定，不得随意更改参数
4	皮带电动机部分检修	（1）拆除电动机移位不符合要求；（2）恢复皮带电机工作前未试转	（1）人身伤害；（2）设备故障	1	1	3	3	1	（1）电动机移位时应合理安排人员，放置电动机应考虑露天下雨等防护措施；（2）除铁器工作票终结前试转皮带电动机转向准确
三	恢复检验								
1	结束工作	（1）遗漏工器具；（2）现场遗留检修杂物；（3）不拆除临时用电；（4）不结束工作票	（1）触电；（2）人身伤害	6	3	1	18	1	（1）收齐检查工器具；（2）清扫检修现场；（3）拆除临时用电；（4）结束工作票

续表

编号	作业步骤	危害因素	可能导致的后果	风险评价					控制措施
				L	E	C	D	风险程度	
四		作业环境							
1	粉尘环境	(1) 灰尘清理不当； (2) 呼吸系统保护不当	职业危害，导致呼吸系统疾病或眼睛伤害如肺脏功能减低、鼻/喉发炎、皮炎	1	6	7	42	2	(1) 佩戴防尘口罩、呼吸器等； (2) 定期进行粉尘监测； (3) 定期体检； (4) 及时清扫地面，清理积灰
五		以往发生的事件							
1	信号回路接线松动	设备报警	设备故障	6	1	1	6	1	认真仔细紧固所有接线

22 电磁除铁器更换硅胶

主要作业风险：	控制措施：
（1）因切断电源时拉错开关、走错间隔或误送电，验电时误判无电或触及其他有电部位时造成触电、电弧灼伤和其他人身伤害和设备事故； （2）工作班成员工作任务不清或检修内容不清； （3）登高作业爬梯滑落造成人身伤害	（1）办理工作票、确认转运站除尘器开关在检修位置并挂"禁止合闸，有人工作"标示牌、在转运站除尘器就地控制柜进线总空气开关上桩头电缆验电、在转运站除尘器本体处挂"在此工作"标示牌； （2）检修期间进入现场作业前，要检查运行所做的各项安全措施是否有变动（如设备状态有否改变、若改变后安全措施能否满足要求）； （3）与转动或有高速转动部位保持安全距离； （4）施工中需要使用的工具、手持电动工具等必须进行认真检查，漏电保护器试验完好； （5）登高爬梯作业时穿绝缘防滑鞋，穿戴好个人防护用品

编号	作业步骤	危害因素	可能导致的后果	风险评价					控制措施
				L	E	C	D	风险程度	
一		检修前准备							
1	切断电源	（1）拉错开关、走错间隔或误送电导致设备带电或误动； （2）分闸时引起着火； （3）误碰其他有电部位产生电弧	（1）触电、电弧灼伤； （2）火灾； （3）设备事故	1	6	15	90	3	（1）办理工作票，确认执行安全措施； （2）双人共同确认检修开关、验电和挂警示牌； （3）使用个人防护用品，如绝缘手套、绝缘鞋、面罩； （4）检修除尘器本体处悬挂"在此工作"标示牌； （5）与运行人员至检修现场共同办理工作票签发

续表

编号	作业步骤	危害因素	可能导致的后果	风险评价					控制措施
				L	E	C	D	风险程度	
2	检修前验电	（1）误判无电； （2）使用错误或破损的验电设备； （3）触及其他有电部位	（1）触电、电弧灼伤； （2）火灾	1	6	15	90	3	（1）与运行人员共同确认除尘器MCC开关、除尘器就地控制箱内电源进线开关在检修位置、正确验电； （2）戴绝缘手套、穿绝缘鞋和防电弧服； （3）按带电要求操作
3	临时用电	（1）电源、电压等级和接线方式不符要求； （2）负荷过载； （3）电动工器具漏电危害人身	（1）触电； （2）火灾	1	6	7	42	2	（1）检查电源； （2）验电； （3）对工器具做定期试验
4	安全交底	（1）走错间隔； （2）机械伤害； （3）工器具遗留； （4）高处作业； （5）起重伤害； （6）火灾事故	（1）人身伤害； （2）设备损坏； （3）火灾	1	2	10	20	1	（1）作业前注意认真核对设备； （2）严禁在转动设备上站立、跨越或行走，不得在设备或皮带上行走、跨越或传递工具； （3）检修作业前及作业结束后，注意清点工器具无误，防止工器具遗留在所检修的设备内； （4）高处作业必须佩带安全带； （5）使用合格起重工器具，使用前认真检查起吊设备，严格按照操作规程操作； （6）动火作业需办理动火票、作业时备好必要的消防设施，实施电、火焊作业时下方做好隔离措施

编号	作业步骤	危害因素	可能导致的后果	风险评价					控制措施
				L	E	C	D	风险程度	
5	工具/材料准备	工具/材料选择不当	物体打击	1	2	10	20	2	(1) 选择合适的操作工器具； (2) 检查所用的工具必须完好； (3) 正确使用工器具
二				检修过程					
1	就地控制箱检修	(1) 柜内元器件因接线桩松动发热； (2) 柜内积灰严重； (3) 粉尘污染	(1) 人身伤害； (2) 设备故障； (3) 人体触电	6	2	3	36	2	(1) 柜内元器件无发热烧伤痕迹等损坏，接线可靠，无松脱； (2) 柜内清扫积灰； (3) 清扫积灰应佩戴好个人防护用品
2	除尘器检修移动（使用手拉葫芦）	(1) 手拉葫芦卡涩和链条断裂； (2) 吊钩和卡扣损坏脱扣砸人； (3) 钢丝绳毛刺或断裂； (4) 手拉葫芦卡涩引起失灵； (5) 起吊物重心不稳或绑扎不当； (6) 物件过重超载； (7) 除尘器线圈与其他设备连接件未全部拆除	(1) 机械伤害； (2) 触电； (3) 设备损坏	3	3	7	63	2	(1) 使用前检查手拉葫芦手操正常、链条、吊扣等； (2) 戴防护手套、戴安全帽； (3) 吊物必须捆绑牢固，保持重心稳定； (4) 设专人指挥起吊，避免吊物下站人； (5) 设置隔离措施； (6) 确认被吊除尘器实际重量； (7) 起吊前专人检查确认除尘器已完全脱开

编号	作业步骤	危害因素	可能导致的后果	风险评价					控制措施
				L	E	C	D	风险程度	
三		恢复检验							
1	结束工作	(1) 遗漏工器具; (2) 现场遗留检修杂物; (3) 不拆除临时用电; (4) 不结束工作票	(1) 触电; (2) 人身伤害	6	3	1	18	1	(1) 收齐检查工器具; (2) 清扫检修现场; (3) 拆除临时用电; (4) 结束工作票
四		作业环境							
1	粉尘环境	(1) 灰尘清理不当; (2) 呼吸系统保护不当	职业危害,导致呼吸系统疾病或眼睛伤害如肺脏功能减低、鼻/喉发炎、皮炎	1	6	7	42	2	(1) 佩戴防尘口罩、呼吸器等; (2) 定期进行粉尘监测; (3) 定期体检; (4) 及时清扫地面,清理积灰
五		以往发生的事件							
1	信号回路接线松动	设备报警	设备故障	6	1	1	6	1	认真仔细紧固所有接线

63

23 盘式除铁器检修

主要作业风险：	控制措施：
（1）因切断电源时拉错开关、走错间隔或误送电，验电时误判无电或触及其他有电部位时造成触电、电弧灼伤和其他人身伤害和设备事故； （2）工作班成员工作任务不清或检修内容不清； （3）动火作业气割、气焊造成火灾、化学爆炸和其他人身伤害； （4）检修时未使用合格电动工器具； （5）检修现场未增设围栏； （6）登高作业爬梯滑落造成人身伤害； （7）起重吊装未按要求作业	（1）办理工作票、确认转运站盘式除铁器 380V MCC 开关在检修位置并挂"禁止合闸，有人工作"标示牌、在转运站盘式除铁器就地控制柜进线总空气开关上桩头电缆验电、在转运站盘式除铁器本体处挂"在此工作"标示牌； （2）检修期间进入现场作业前，要检查运行所做的各项安全措施是否有变动（如设备状态有否改变、若改变后安全措施能否满足要求）； （3）与转动或有高速转动部位保持安全距离； （4）施工中需要使用的工具、手持电动工具等必须进行认真检查，漏电保护器试验完好； （5）检修现场与其他设备用围栏隔离； （6）登高爬梯作业时穿绝缘防滑鞋，穿戴好个人防护用品； （7）起重机械驾驶员必须持证上岗，其他作业人员必须参加起重作业培训，设置隔离围栏，戴防护手套和安全帽，起重臂下严禁站人

编号	作业步骤	危害因素	可能导致的后果	风险评价					控制措施
				L	E	C	D	风险程度	
一	检修前准备								
1	切断电源	（1）拉错开关、走错间隔或误送电导致设备带电或误动； （2）分闸时引起着火；	（1）触电、电弧灼伤； （2）火灾； （3）设备事故	1	6	15	90	3	（1）办理工作票，确认执行安全措施； （2）双人共同确认检修开关、验电和挂警示牌； （3）使用个人防护用品，如绝缘手套、绝缘鞋、面罩；

编号	作业步骤	危害因素	可能导致的后果	风险评价					控制措施
				L	E	C	D	风险程度	
1	切断电源	（3）误碰其他有电部位产生电弧	（1）触电、电弧灼伤； （2）火灾； （3）设备事故	1	6	15	90	3	（4）检修除尘器本体处悬挂"在此工作"标示牌； （5）与运行人员至检修现场共同办理工作票签发
2	检修前验电	（1）误判无电； （2）使用错误或破损的验电设备； （3）触及其他有电部位	（1）触电、电弧灼伤； （2）火灾	1	6	15	90	3	（1）与运行人员共同确认除尘器MCC开关、除尘器就地控制箱内电源进线开关在检修位置、正确验电； （2）戴绝缘手套、穿绝缘鞋和防电弧服； （3）按带电要求操作
3	临时用电	（1）电源、电压等级和接线方式不符要求； （2）负荷过载； （3）电动工器具漏电危害人身	（1）触电； （2）火灾	1	6	7	42	2	（1）检查电源； （2）验电； （3）对工器具做定期试验
4	安全交底	（1）走错间隔； （2）机械伤害； （3）工器具遗留； （4）高处作业； （5）起重伤害； （6）火灾事故	（1）人身伤害； （2）设备损坏； （3）火灾	1	2	10	20	1	（1）作业前注意认真核对设备； （2）严禁在转动设备上站立、跨越或行走，不得在设备或皮带上行走、跨越或传递工具； （3）检修作业前及作业结束后，注意清点工器具无误，防止工器具遗留在所检修的设备内； （4）高处作业必须佩带安全带；

续表

编号	作业步骤	危害因素	可能导致的后果	L	E	C	D	风险程度	控制措施
4	安全交底	(1) 走错间隔； (2) 机械伤害； (3) 工器具遗留； (4) 高处作业； (5) 起重伤害； (6) 火灾事故	(1) 人身伤害； (2) 设备损坏； (3) 火灾	1	2	10	20	1	(5) 使用合格起重工器具，使用前认真检查起吊设备，严格按照操作规程操作； (6) 动火作业需办理动火票、作业时备好必要的消防设施，实施电、火焊作业时下方做好隔离措施
5	工具/材料准备	工具/材料选择不当	物体打击	1	2	10	20	2	(1) 选择合适的操作工器具； (2) 检查所用的工具必须完好； (3) 正确使用工器具
二		检修过程							
1	就地控制箱检修	(1) 柜内元器件因接线桩松动发热； (2) 柜内积灰严重； (3) 粉尘污染	(1) 人身伤害； (2) 设备故障； (3) 人体触电	6	2	3	36	2	(1) 柜内元器件无发热烧伤痕迹等损坏，接线可靠，无松脱； (2) 柜内清扫积灰； (3) 清扫积灰应佩戴好个人防护用品
2	除铁器检修移动（使用手拉葫芦）	(1) 手拉葫芦卡涩和链条断裂； (2) 吊钩和卡扣损坏脱扣砸人； (3) 钢丝绳毛刺或断裂； (4) 手拉葫芦卡涩引起失灵；	(1) 机械伤害； (2) 触电； (3) 设备损坏	3	3	7	63	2	(1) 使用前检查手拉葫芦手操正常、链条、吊扣等； (2) 戴防护手套、戴安全帽； (3) 吊物必须捆绑牢固，保持重心稳定； (4) 设专人指挥起吊，避免吊物下站人；

编号	作业步骤	危害因素	可能导致的后果	风险评价					控制措施
				L	E	C	D	风险程度	
2	除铁器检修移动（使用手拉葫芦）	（5）起吊物重心不稳或绑扎不当； （6）物件过重超载； （7）除铁器线圈与其他设备连接件未全部拆除	（1）机械伤害； （2）触电； （3）设备损坏	3	3	7	63	2	（5）设置隔离措施； （6）确认被吊除铁器实际重量； （7）起吊前专人检查确认除铁器已完全脱开
3	仪表校验、继电器整定值、动作值检查、测试	（1）仪表拆除时混乱； （2）仪表、继电器整定未按要求整定	（1）人身伤害； （2）设备故障	1	1	3	3	1	（1）仪表拆除校验时及时做好标记； （2）仪表、继电器整定按文件包要求（电压、电流）整定，不得随意更改参数
4	行车电动机部分检修	（1）拆除电动机移位不符合要求； （2）恢复皮带电动机工作前未试转	（1）人身伤害； （2）设备故障	1	1	3	3	1	（1）电动机移位时应合理安排人员，放置电动机应考虑露天下雨等防护措施； （2）除铁器工作票终结前试转行车电动机转向准确
三	恢复检验								
1	结束工作	（1）遗漏工器具； （2）现场遗留检修杂物； （3）不拆除临时用电； （4）不结束工作票	（1）触电； （2）人身伤害	6	3	1	18	1	（1）收齐检查工器具； （2）清扫检修现场； （3）拆除临时用电； （4）结束工作票

编号	作业步骤	危害因素	可能导致的后果	风险评价					控制措施
				L	E	C	D	风险程度	
四	作业环境								
1	粉尘环境	(1) 灰尘清理不当； (2) 呼吸系统保护不当	职业危害，导致呼吸系统疾病或眼睛伤害如肺脏功能减低、鼻/喉发炎、皮炎	1	6	7	42	2	(1) 佩戴防尘口罩、呼吸器等； (2) 定期进行粉尘监测； (3) 定期体检； (4) 及时清扫地面，清理积灰
五	以往发生的事件								
1	信号回路接线松动	设备报警	设备故障	6	1	1	6	1	认真仔细紧固所有接线

24 输煤区域除铁器检修

主要作业风险：	控制措施：
（1）动火作业气割、气焊造成火灾、化学爆炸和其他人身伤害； （2）起重伤害； （3）机械伤害； （4）高处坠落	（1）办理工作票； （2）吊装前检查吊装器具、禁止站在吊件下； （3）如动火需开动火工作票、使用阻燃垫布、专人监护

编号	作业步骤	危害因素	可能导致的后果	风险评价					控制措施
				L	E	C	D	风险程度	
一		检修前准备							
1	办理工作票	（1）无票作业； （2）措施未执行	（1）人身伤害； （2）设备事故	1	0.5	1	0.5	1	（1）办理工作票，确认并执行安全措施； （2）双人共同确认检修设备隔离、挂警示牌
2	临时用电	（1）电源、电压等级和接线方式不符合要求； （2）负荷过载	（1）触电； （2）火灾	0.5	2	1	1	1	（1）检查电源； （2）验电
3	动火作业（气割、气焊）	（1）附近有易燃易爆气体或易燃物； （2）气管老化、漏气、打结，未使用氧气减压器和乙炔回火阀； （3）气管与钢瓶接口没有固定；	（1）火灾； （2）化学爆炸； （3）人身伤害	1	2	1	2	1	（1）办理动火作业票，执行安全措施，监护人到位； （2）作业人员必须参加动火作业培训； （3）检查气管有无破损，使用氧气减压器和乙炔回火阀；

编号	作业步骤	危害因素	可能导致的后果	风险评价					控制措施
				L	E	C	D	风险程度	
3	动火作业（气割、气焊）	（4）气体钢瓶没有固定； （5）乙炔气瓶与氧气钢瓶距离太近； （6）没有使用阻燃垫； （7）割碴飞溅，没有使用阻燃垫； （8）没有穿戴或使用不合适的工作服、防护鞋、防护眼镜和面罩等； （9）交叉作业或登高作业	（1）火灾； （2）化学爆炸； （3）人身伤害	1	2	1	2	1	（4）氧气瓶、乙炔瓶垂直放置并固定，距离不小于8m； （5）做好防火隔离措施，如使用阻燃垫和警示标识，准备灭火器等； （6）穿戴合适工作服、防护鞋、防护眼镜、面罩和安全带等； （7）交叉作业及时沟通和设置警示
4	安全交底	（1）走错间隔； （2）机械伤害； （3）工器具遗留； （4）高处作业； （5）起重伤害； （6）火灾事故	（1）人身伤害； （2）设备损坏； （3）火灾	0.5	2	10	10	1	（1）作业前注意认真核对设备； （2）严禁在转动设备上站立、跨越或行走，不得在皮带上跨越、行走或传递工具； （3）检修作业前及作业结束后，注意清点工器具无误，防止工器具遗留在所检修的设备内； （4）高处作业必须佩带安全带； （5）使用合格起重工器具，使用前认真检查起吊设备，严格按照操作规程操作； （6）动火作业需办理动火票、作业时备好必要的消防设施，实施电、火焊作业时下方做好隔离措施

编号	作业步骤	危害因素	可能导致的后果	风险评价					控制措施
				L	E	C	D	风险程度	
5	准备工具/材料	工具/材料选择不当	物体打击	1	2	10	20	2	（1）选择合适的操作工器具； （2）检查所用的工具必须完好； （3）正确使用工器具
二			检修						
1	除铁器钢丝绳更换	（1）起重作业； （2）落物伤人； （3）接临时照明； （4）接触粉尘； （5）设备滑落； （6）搭设脚手架	（1）触电； （2）设备损坏； （3）人身伤害； （4）机械伤害	3	1	3	9	1	（1）使用前检查手摇机构、钢丝绳吊扣等； （2）戴防护手套、戴安全帽； （3）吊物必须捆绑牢固，保持重心稳定； （4）设专人指挥起吊，避免吊物下站人； （5）设置隔离措施； （6）采取控制粉尘措施，加强日常维护； （7）佩戴防尘口罩、呼吸器等； （8）定期进行粉尘监测； （9）定期体检； （10）及时清扫，清理积灰； （11）按标准搭设脚手架，验收合格后使用； （12）脚手架牢固，能够承受其上人和物的重量； （13）脚手架所用材料符合要求，无虫蛀和机械损伤

编号	作业步骤	危害因素	可能导致的后果	风险评价					控制措施
				L	E	C	D	风险程度	
2	带式除铁器更换皮带	(1) 起重作业; (2) 接触粉尘; (3) 设备滑落; (4) 搭设脚手架	(1) 设备损坏; (2) 人身伤害; (3) 触电; (4) 机械伤害	1	1	3	3	1	(1) 使用前检查手摇机构、钢丝绳吊扣等; (2) 戴防护手套、戴安全帽; (3) 吊物必须捆绑牢固,保持重心稳定; (4) 设专人指挥起吊,避免吊物下站人; (5) 设置隔离措施; (6) 按标准搭设脚手架,验收合格后使用; (7) 脚手架牢固,能够承受其上人和物的重量; (8) 脚手架所用材料符合要求,无虫蛀和机械损伤; (9) 采取控制粉尘措施,加强日常维护; (10) 佩戴防尘口罩、呼吸器等; (11) 定期进行粉尘监测; (12) 定期体检; (13) 及时清扫,清理积灰
3	带式除铁器滚筒检修	(1) 搭设脚手架; (2) 起重作业; (3) 接触粉尘; (4) 设备滑落	(1) 人身伤害; (2) 设备损坏; (3) 机械伤害	1	1	3	3	1	(1) 按标准搭设脚手架,验收合格后使用; (2) 脚手架牢固,能够承受其上人和物的重量;

编号	作业步骤	危害因素	可能导致的后果	风险评价					控制措施
				L	E	C	D	风险程度	
3	带式除铁器滚筒检修	(1) 搭设脚手架； (2) 起重作业； (3) 接触粉尘； (4) 设备滑落	(1) 人身伤害； (2) 设备损坏； (3) 机械伤害	1	1	3	3	1	(3) 脚手架所用材料符合要求，无虫蛀和机械损伤； (4) 工作人员没有妨碍高处作业的病症； (5) 使用合格的安全带，且将安全带挂在腰部以上牢固的物件上； (6) 在高处改变作业位置时，安全带不能解除或采用双绳安全带； (7) 使用前检查手摇机构、钢丝绳吊扣等； (8) 戴防护手套、戴安全帽； (9) 吊物必须捆绑牢固，保持重心稳定； (10) 设专人指挥起吊，避免吊物下站人； (11) 设置隔离措施； (12) 佩戴防尘口罩、呼吸器等
4	带式除铁器驱动装置检修	(1) 起重作业； (2) 落物伤人； (3) 清洗； (4) 接触粉尘； (5) 设备滑落； (6) 高处作业	(1) 人身伤害； (2) 设备损坏； (3) 机械伤害； (4) 中毒	1	1	3	3	1	(1) 使用前检查手摇机构、钢丝绳吊扣等； (2) 戴防护手套、戴安全帽； (3) 吊物必须捆绑牢固，保持重心稳定； (4) 设专人指挥起吊，避免吊物下站人；

续表

编号	作业步骤	危害因素	可能导致的后果	风险评价					控制措施
				L	E	C	D	风险程度	
4	带式除铁器驱动装置检修	(1) 起重作业； (2) 落物伤人； (3) 清洗； (4) 接触粉尘； (5) 设备滑落； (6) 高处作业	(1) 人身伤害； (2) 设备损坏； (3) 机械伤害； (4) 中毒	1	1	3	3	1	(5) 设置隔离措施； (6) 采取控制粉尘措施，加强日常维护； (7) 佩戴防尘口罩、呼吸器等； (8) 定期进行粉尘监测； (9) 定期体检； (10) 及时清扫，清理积灰； (11) 戴呼吸器； (12) 准备灭火器
5	带式除铁器恢复	(1) 起重作业； (2) 落物伤人； (3) 接触粉尘； (4) 设备滑落； (5) 高处作业； (6) 架设脚手架	(1) 人身伤害； (2) 设备损坏； (3) 机械伤害	1	1	3	3	1	(1) 使用前检查手摇机构、钢丝绳吊扣等； (2) 戴防护手套、戴安全帽； (3) 吊物必须捆绑牢固，保持重心稳定； (4) 设专人指挥起吊，避免吊物下站人； (5) 设置隔离措施； (6) 采取控制粉尘措施，加强日常维护； (7) 佩戴防尘口罩、呼吸器等； (8) 定期进行粉尘监测； (9) 定期体检； (10) 及时清扫，清理积灰；

编号	作业步骤	危害因素	可能导致的后果	风险评价					控制措施
				L	E	C	D	风险程度	
5	带式除铁器恢复	(1) 起重作业； (2) 落物伤人； (3) 接触粉尘； (4) 设备滑落； (5) 高处作业； (6) 架设脚手架	(1) 人身伤害； (2) 设备损坏； (3) 机械伤害	1	1	3	3	1	(11) 按标准搭设脚手架，验收合格后使用； (12) 脚手架牢固，能够承受其上人和物的重量； (13) 脚手架所用材料符合要求，无虫蛀和机械损伤； (14) 工作人员没有妨碍高处作业的病症； (15) 使用合格的安全带，且将安全带挂在腰部以上牢固的物件上； (16) 在高处改变作业位置时，安全带不能解除或采用双绳安全带
6	台式除铁器恢复	(1) 起重作业； (2) 落物伤人； (3) 接触粉尘； (4) 设备滑落； (5) 高处作业； (6) 架设脚手架	(1) 人身伤害； (2) 设备损坏； (3) 机械伤害	1	1	3	3	1	(1) 使用前检查手摇机构、钢丝绳吊扣等； (2) 戴防护手套、戴安全帽； (3) 吊物必须捆绑牢固，保持重心稳定； (4) 设专人指挥起吊，避免吊物下站人； (5) 设置隔离措施； (6) 采取控制粉尘措施、加强日常维护； (7) 佩戴防尘口罩、呼吸器等； (8) 定期进行粉尘监测；

编号	作业步骤	危害因素	可能导致的后果	风险评价					控制措施
				L	E	C	D	风险程度	
6	台式除铁器恢复	(1) 起重作业； (2) 落物伤人； (3) 接触粉尘； (4) 设备滑落； (5) 高处作业； (6) 架设脚手架	(1) 人身伤害； (2) 设备损坏； (3) 机械伤害	1	1	3	3	1	(9) 定期体检； (10) 及时清扫，清理积灰； (11) 按标准搭设脚手架，验收合格后使用； (12) 脚手架牢固，能够承受其上人和物的重量； (13) 脚手架所用材料符合要求，无虫蛀和机械损伤； (14) 工作人员没有妨碍高处作业的病症； (15) 使用合格的安全带，且将安全带挂在腰部以上牢固的物件上； (16) 在高处改变作业位置时，安全带不能解除或采用双绳安全带
三	完工恢复								
1	检修工作结束	(1) 遗漏工器具； (2) 现场遗留检修杂物； (3) 不拆除临时用电	(1) 触电； (2) 人身伤害	1	1	3	3	1	(1) 收齐检查工器具； (2) 清扫检修现场； (3) 拆除临时用电
2	除铁器试用	(1) 工作票未交给运行值班员； (2) 现场没专人监护	(1) 人身伤害； (2) 设备故障	1	1	3	3	1	(1) 押回工作票； (2) 现场有专人检查
3	工作完工	不结束工作票		0.5	1	3	1.5	1	结束工作票

编号	作业步骤	危害因素	可能导致的后果	风险评价					控制措施
				L	E	C	D	风险程度	
四		作业环境							
1	粉尘环境	（1）粉尘处理不当； （2）呼吸系统保护不当； （3）遗留粉尘	职业危害	0.2	3	3	1.8	1	（1）采取控制粉尘措施，加强日常维护； （2）佩戴防尘口罩、呼吸器等； （3）定期体检； （4）及时清扫地面，清理积灰
2	噪声	旁边其他设备运行	职业危害	0.2	3	3	1.8	1	正确佩戴耳塞

25　输煤区域除铁器清扫

主要作业风险：	控制措施：
(1) 办理工作票；	(1) 穿戴好个人防护用品；
(2) 物体打击；	(2) 专人监护
(3) 机械伤害；	
(4) 粉尘环境；	
(5) 检修现场周围存在孔洞围栏不牢固造成人员跌落	

编号	作业步骤	危害因素	可能导致的后果	风险评价					控制措施
				L	E	C	D	风险程度	
一			检修前准备						
1	布置场地（检修人员/工器具跌落）	(1) 检修现场周围吊孔围栏不牢固； (2) 检修工器具摆放不整齐	(1) 人身伤害； (2) 工器具损坏	1	5	7	35	2	(1) 检修开工前增设围栏并悬挂警示牌； (2) 对不牢固围栏加固； (3) 对检修现场设置定置图
2	安全交底	(1) 走错间隔； (2) 机械伤害； (3) 工器具遗漏； (4) 高处作业	(1) 人身伤害； (2) 设备损坏	1	2	10	20	1	(1) 作业前注意认真核对设备； (2) 严禁在转动设备上站立/跨越或行走/传递工器具； (3) 检修作业前及作业后注意工器具无误，防止遗留工器具在检修设备处
3	工具/材料准备	工具/材料选择不当	物体打击	1	2	10	20	2	(1) 选择合适的操作工器具； (2) 检查所用工器具必须完好； (3) 正确使用工器具

编号	作业步骤	危害因素	可能导致的后果	风险评价					控制措施
				L	E	C	D	风险程度	
二			检修过程						
1	除铁器清扫	（1）触及其他带电部位； （2）触碰转动机械	（1）触电； （2）设备损坏						（1）戴绝缘手套； （2）注意与周围转动机械保持一定的安全距离
2	测量电机温度振动	（1）触及其他带电部位； （2）触碰转动机械	（1）触电； （2）设备损坏； （3）人身伤害	1	3	15	45	3	（1）测量时戴绝缘手套； （2）使用绝缘垫； （3）注意与周围转动机械保持一定的安全距离
3	结束工作	（1）遗漏工器具； （2）现场遗留检修杂物； （3）不拆除临时用电； （4）不结束工作票	（1）触电； （2）人身伤害	1	3	15	45	3	（1）收齐检查工器具； （2）清扫检修现场； （3）拆除临时用电； （4）结束工作票
三			作业环境						
1	粉尘环境	（1）皮带、除尘器维护产生煤灰； （2）皮带、除尘器泄漏产生煤灰； （3）除铁器运行时散落/煤灰泄漏； （4）煤灰清理不当； （5）呼吸系统保护不当	职业危害，导致呼吸系统疾病或眼睛伤害如肺脏功能减低、鼻/喉发炎、皮炎	1	6	7	42	2	（1）采取控制粉尘措施，加强日常维护； （2）佩戴防尘口罩、呼吸器等； （3）定期进行粉尘监测； （4）定期体检； （5）及时清扫地面，清理积灰

26　斗轮机变形支架调整

主要作业风险：	控制措施：
(1) 办理工作票； (2) 物体打击； (3) 机械伤害； (4) 粉尘环境； (5) 检修现场周围存在孔洞围栏不牢固造成人员跌落	(1) 穿戴好个人防护用品； (2) 专人监护

编号	作业步骤	危害因素	可能导致的后果	风险评价 L	E	C	D	风险程度	控制措施
一			检修前准备						
1	布置场地（检修人员/工器具跌落）	(1) 检修现场周围吊孔围栏不牢固； (2) 检修工器具摆放不整齐	(1) 人身伤害； (2) 工器具损坏	1	5	7	35	2	(1) 检修开工前增设围栏并悬挂警示牌； (2) 对不牢固围栏加固； (3) 对检修现场设置定置图
2	安全交底	(1) 走错间隔； (2) 机械伤害； (3) 工器具遗漏； (4) 高处作业	(1) 人身伤害； (2) 设备损坏	1	2	10	20	1	(1) 作业前注意认真核对设备； (2) 严禁在转动设备上站立/跨越或行走/传递工器具； (3) 检修作业前及作业后注意工器具无误，防止遗留工器具在检修设备处
3	工具/材料准备	工具/材料选择不当	物体打击	1	2	10	20	2	(1) 选择合适的操作工器具； (2) 检查所用工器具必须完好； (3) 正确使用工器具

编号	作业步骤	危害因素	可能导致的后果	风险评价					控制措施
				L	E	C	D	风险程度	
二		检修过程							
1	变形支架调整	(1) 触及其他带电部位； (2) 触碰转动机械	(1) 触电； (2) 设备损坏； (3) 人身伤害	1	3	15	45	3	(1) 测量时戴绝缘手套； (2) 注意与周围转动机械保持一定的安全距离
2	结束工作	(1) 遗漏工器具； (2) 现场遗留检修杂物； (3) 不拆除临时用电； (4) 不结束工作票	(1) 触电； (2) 人身伤害	1	3	15	45	3	(1) 收齐检查工器具； (2) 清扫检修现场； (3) 拆除临时用电； (4) 结束工作票
三		作业环境							
1	粉尘环境	(1) 皮带、除尘器维护产生煤灰； (2) 皮带、除尘器泄漏产生煤灰； (3) 除铁器运行时散落/煤灰泄漏； (4) 煤灰清理不当； (5) 呼吸系统保护不当	职业危害，导致呼吸系统疾病或眼睛伤害如肺脏功能减低、鼻/喉发炎、皮炎	1	6	7	42	2	(1) 采取控制粉尘措施，加强日常维护； (2) 佩戴防尘口罩、呼吸器等； (3) 定期进行粉尘监测； (4) 定期体检； (5) 及时清扫地面，清理积灰

27　斗轮机风速仪更换

主要作业风险：	控制措施：
（1）办理工作票；	（1）穿戴好个人防护用品；
（2）工作班成员工作任务不清或检修内容不清；	（2）专人监护；
（3）机械伤害；	（3）与转动或有高速转动部位保持安全距离；
（4）粉尘环境；	（4）检修现场与其他带电间隔用围栏隔离
（5）检修现场未增设围栏	

编号	作业步骤	危害因素	可能导致的后果	风险评价					控制措施
				L	E	C	D	风险程度	
一			检修前准备						
1	切断电源	（1）拉错开关、走错间隔或误送电导致设备带电或误动； （2）分闸时引起着火； （3）误碰其他有电部位产生电弧	（1）触电、电弧灼伤； （2）火灾； （3）设备事故	1	6	15	90	3	（1）办理工作票，确认并执行安全措施； （2）双人共同确认检修开关、验电和挂警示牌； （3）使用个人防护用品，如绝缘手套、绝缘鞋、面罩； （4）检修开关本体处悬挂"在此工作"标示牌； （5）与运行人员至检修现场共同办理工作票签发
2	检修前验电	（1）误判无电； （2）使用错误或破损的验电设备； （3）触及其他有电部位	（1）触电、电弧灼伤； （2）火灾	1	6	15	90	3	（1）与运行人员共同确认开关或设备位置、正确验电； （2）戴绝缘手套、穿绝缘鞋和防电弧服； （3）按带电要求操作

编号	作业步骤	危害因素	可能导致的后果	风险评价					控制措施
				L	E	C	D	风险程度	
3	临时用电	（1）电源、电压等级和接线方式不符要求； （2）负荷过载； （3）电动工器具漏电危害人身	（1）触电； （2）火灾	1	6	7	42	2	（1）检查电源； （2）验电； （3）对工器具做定期试验
4	安全交底	（1）走错间隔； （2）机械伤害； （3）工器具遗留； （4）高处作业； （5）起重伤害； （6）火灾事故	（1）人身伤害； （2）设备损坏； （3）火灾	1	2	10	20	1	（1）作业前注意认真核对设备； （2）严禁在转动设备上站立、跨越或行走，不得在设备或皮带上行走、跨越或传递工具； （3）检修作业前及作业结束后，注意清点工器具无误，防止工器具遗留在所检修的设备内； （4）高处作业必须佩带安全带； （5）使用合格起重工器具，使用前认真检查起吊设备，严格按照操作规程操作； （6）动火作业需办理动火票、作业时备好必要的消防设施，实施电、火焊作业时下方做好隔离措施
5	工具/材料准备	工具/材料选择不当	物体打击	1	2	10	20	2	（1）选择合适的操作工器具； （2）检查所用的工具必须完好； （3）正确使用工器具

续表

编号	作业步骤	危害因素	可能导致的后果	风险评价					控制措施
				L	E	C	D	风险程度	
二		检修过程							
1	保持联系	(1) 与煤控运行人员保持联系; (2) 与工作组成员保持联系	(1) 人身伤害; (2) 设备故障	6	2	3	36	2	(1) 正确佩戴个人防护用品; (2) 对工器具做定期试验
三		恢复检验							
1	结束工作	(1) 遗漏工器具; (2) 现场遗留检修杂物; (3) 不拆除临时用电; (4) 不结束工作票	(1) 触电; (2) 人身伤害	3	3	15	135	3	(1) 收齐检查工器具; (2) 清扫检修现场; (3) 拆除临时用电; (4) 结束工作票
四		作业环境							
1	粉尘环境	(1) 灰尘清理不当; (2) 呼吸系统保护不当	职业危害,导致呼吸系统疾病或眼睛伤害如肺脏功能减低、鼻/喉发炎、皮炎	1	6	7	42	2	(1) 佩戴防尘口罩、呼吸器等; (2) 定期进行粉尘监测; (3) 定期体检; (4) 及时清扫地面,清理积灰

28 斗轮机检修

主要作业风险：	控制措施：
(1) 动火作业气割、气焊造成火灾、化学爆炸和其他人身伤害； (2) 起重伤害； (3) 中毒及窒息； (4) 机械伤害； (5) 高处坠落	(1) 办理工作票； (2) 吊装前检查吊装器具、禁止站在吊件下； (3) 如动火需开动火工作票、使用阻燃垫布、专人监护

编号	作业步骤	危害因素	可能导致的后果	风险评价					控制措施
				L	E	C	D	风险程度	
一	检修前准备								
1	办理工作票	(1) 无票作业； (2) 措施未执行	(1) 人身伤害； (2) 设备事故	1	0.5	1	0.5	1	(1) 办理工作票，确认执行安全措施； (2) 双人共同确认检修设备隔离、挂警示牌
2	临时用电	(1) 电源、电压等级和接线方式不符要求； (2) 负荷过载	(1) 触电； (2) 火灾	0.5	2	1	1	1	(1) 检查电源； (2) 验电
3	动火作业（气割、气焊）	(1) 附近有易燃易爆气体或易燃物； (2) 气管老化、漏气、打结，未使用氧气减压器和乙炔回火阀； (3) 气管与钢瓶接口没有固定；	(1) 火灾； (2) 化学爆炸； (3) 人身伤害	1	2	1	2	1	(1) 办理动火作业票，执行安全措施，监护人到位； (2) 作业人员必须参加动火作业培训； (3) 检查气管有无破损，使用氧气减压器和乙炔回火阀；

续表

编号	作业步骤	危害因素	可能导致的后果	风险评价					控制措施
				L	E	C	D	风险程度	
3	动火作业（气割、气焊）	(4) 气体钢瓶没有固定； (5) 乙炔气瓶与氧气钢瓶距离太近； (6) 没有使用阻燃垫； (7) 割碴飞溅，没有使用阻燃垫； (8) 没有穿戴或使用不合适的工作服、防护鞋、防护眼镜和面罩等； (9) 交叉作业或登高作业	(1) 火灾； (2) 化学爆炸； (3) 人身伤害	1	2	1	2	1	(4) 氧气瓶、乙炔瓶垂直放置并固定，距离不小于 8m； (5) 做好防火隔离措施，如使用阻燃垫和警示标识，准备灭火器等； (6) 穿戴合适工作服、防护鞋、防护眼镜、面罩和安全带等； (7) 交叉作业及时沟通和设置警示
4	安全交底	(1) 走错间隔； (2) 机械伤害； (3) 工器具遗留； (4) 高处作业； (5) 起重伤害； (6) 火灾事故	(1) 人身伤害； (2) 设备损坏； (3) 火灾	0.5	2	10	10	1	(1) 作业前注意认真核对设备； (2) 严禁在转动设备上站立、跨越或行走，不得在皮带上跨越、行走或传递工具； (3) 检修作业前及作业结束后，注意清点工器具无误，防止工器具遗留在所检修的设备内； (4) 高处作业必须佩带安全带； (5) 使用合格起重工器具，使用前认真检查起吊设备，严格按照操作规程操作； (6) 动火作业需办理动火票、作业时备好必要的消防设施，实施电、火焊作业时下方做好隔离措施

编号	作业步骤	危害因素	可能导致的后果	风险评价					控制措施
				L	E	C	D	风险程度	
5	准备工具/材料	工具/材料选择不当	物体打击	1	2	10	20	2	(1) 选择合适的操作工器具; (2) 检查所用的工具必须完好; (3) 正确使用工器具
二		检修							
1	大车行走减速箱检修	因标记不清造成安装错误引起设备损坏	设备故障	0.5	1	3	1.5	1	(1) 检查核实; (2) 做好相应标识记号
1.1	使用葫芦起吊齿轮箱	(1) 吊钩和卡扣损坏脱扣砸人; (2) 钢丝绳毛刺或断裂; (3) 手摇机构故障; (4) 起吊物重心不稳或绑扎不当; (5) 物件过重超载	(1) 机械伤害; (2) 设备故障	0.5	1	3	1.5	1	(1) 使用前检查手摇机构、钢丝绳吊扣等; (2) 戴防护手套、戴安全帽; (3) 吊物必须捆绑牢固,保持重心稳定; (4) 设专人指挥起吊,避免吊物下站人; (5) 设置隔离措施
1.2	拆底座垫片	垫片丢失或错用引起中心误差大、振动大	设备故障	0.5	1	3	1.5	1	(1) 检查核实; (2) 做好底座垫片记录
1.3	卸靠背轮	(1) 动火作业(电焊、气割); (2) 靠背轮滑脱	(1) 触电、火灾; (2) 人身伤害	0.5	1	3	1.5	1	(1) 办理动火作业票,执行安全措施,监护人到位,准备灭火器、使用阻燃垫布; (2) 按电焊或气割作业规程作业

编号	作业步骤	危害因素	可能导致的后果	风险评价					控制措施
				L	E	C	D	风险程度	
1.4	卸端盖	(1) 敲击端盖; (2) 端盖滑脱伤脚	(1) 人身伤害; (2) 设备损坏	0.5	1	3	1.5	1	(1) 穿防护鞋、戴手套; (2) 使用专用工具
1.5	使用电动葫芦起吊大、小齿轮	(1) 开关绝缘不良或损坏; (2) 吊钩和卡扣损坏脱扣砸人; (3) 钢丝绳毛刺或断裂; (4) 手摇机构故障; (5) 起吊物重心不稳或绑扎不当; (6) 物件过重超载	(1) 机械伤害; (2) 触电	0.5	1	3	1.5	1	(1) 使用前检查手摇机构、钢丝绳吊扣等; (2) 戴防护手套、戴安全帽; (3) 吊物必须捆绑牢固,保持重心稳定; (4) 设专人指挥起吊,避免吊物下站人; (5) 设置隔离措施
1.6	卸轴承	(1) 动火作业; (2) 被高温轴承烫伤	(1) 灼伤; (2) 火灾	0.5	1	3	1.5	1	(1) 穿防护鞋; (2) 戴阻燃布手套; (3) 准备灭火器、使用阻燃垫布; (4) 使用专用工具
1.7	清洗	(1) 接触有毒清洗剂; (2) 清洗剂易燃易爆	(1) 中毒; (2) 火灾	0.5	1	3	1.5	1	(1) 戴呼吸器; (2) 准备灭火器
2	大车行走机构检修	因标记不清造成安装错误引起设备损坏	设备故障	0.5	1	7	3.5	1	(1) 检查核实; (2) 做好相应标识记号
2.1	大车行走主、从动轮检修	(1) 轴承检查; (2) 密封件检查; (3) 起重作业;	(1) 设备故障; (2) 人身伤害; (3) 火灾	0.5	1	7	3.5	1	(1) 使用前检查手摇机构、钢丝绳吊扣等; (2) 戴防护手套、戴安全帽;

编号	作业步骤	危害因素	可能导致的后果	风险评价					控制措施
				L	E	C	D	风险程度	
2.1	大车行走主、从动轮检修	(4) 动火作业； (5) 未使用专用工具	(1) 设备故障； (2) 人身伤害； (3) 火灾	0.5	1	7	3.5	1	(3) 吊物必须捆绑牢固，保持重心稳定； (4) 设专人指挥起吊，避免吊物下站人； (5) 设置隔离措施； (6) 办理动火作业票，执行安全措施，监护人到位、准备灭火器、使用阻燃垫布； (7) 按电焊或气割作业规程作业； (8) 穿防护鞋，戴手套； (9) 使用专用工具
2.2	轨道清扫器、阻进器、缓冲器、锚定装置等轨道附件检查	(1) 起重作业； (2) 动火作业； (3) 未使用专用工具； (4) 设备滑脱伤脚	(1) 设备故障； (2) 人身伤害； (3) 火灾	0.5	1	3	1.5	1	(1) 使用前检查手摇机构、钢丝绳吊扣等； (2) 戴防护手套、戴安全帽； (3) 吊物必须捆绑牢固，保持重心稳定； (4) 设专人指挥起吊，避免吊物下站人； (5) 设置隔离措施； (6) 办理动火作业票，执行安全措施，监护人到位、准备灭火器、使用阻燃垫布； (7) 按电焊或气割作业规程作业； (8) 穿防护鞋，戴手套； (9) 使用专用工具

编号	作业步骤	危害因素	可能导致的后果	风险评价					控制措施
				L	E	C	D	风险程度	
2.3	大车行走平衡梁检查	(1) 起重作业； (2) 动火作业； (3) 未使用专用工具； (4) 设备滑脱伤脚	(1) 设备故障； (2) 人身伤害； (3) 火灾	0.5	1	7	3.5	1	(1) 使用前检查手摇机构、钢丝绳吊扣等； (2) 戴防护手套、戴安全帽； (3) 吊物必须捆绑牢固，保持重心稳定； (4) 设专人指挥起吊，避免吊物下站人； (5) 设置隔离措施； (6) 办理动火作业票，执行安全措施，监护人到位、准备灭火器、使用阻燃垫布； (7) 按电焊或气割作业规程作业； (8) 穿防护鞋、戴手套； (9) 使用专用工具
3	斗轮机回转机构检查	(1) 因标记不清造成安装错误引起设备损坏； (2) 起重作业； (3) 动火作业； (4) 未使用专用工具； (5) 设备滑脱伤脚	(1) 设备故障； (2) 人身伤害； (3) 火灾； (4) 机械伤害	0.5	1	15	7.5	1	(1) 检查核实； (2) 做好相应标识记号； (3) 使用前检查手摇机构、钢丝绳吊扣等； (4) 戴防护手套、戴安全帽； (5) 吊物必须捆绑牢固，保持重心稳定； (6) 设专人指挥起吊，避免吊物下站人； (7) 设置隔离措施；

编号	作业步骤	危害因素	可能导致的后果	风险评价					控制措施
				L	E	C	D	风险程度	
3	斗轮机回转机构检查	(1) 因标记不清造成安装错误引起设备损坏； (2) 起重作业； (3) 动火作业； (4) 未使用专用工具； (5) 设备滑脱伤脚	(1) 设备故障； (2) 人身伤害； (3) 火灾； (4) 机械伤害	0.5	1	15	7.5	1	(8) 办理动火作业票，执行安全措施，监护人到位、准备灭火器、使用阻燃垫布； (9) 按电焊或气割作业规程作业； (10) 穿防护鞋，戴手套； (11) 使用专用工具
3.1	回转机构减速箱卸端盖	(1) 敲击端盖； (2) 端盖滑脱伤脚	(1) 人身伤害； (2) 设备损坏	0.5	1	7	3.5	1	(1) 穿防护鞋，戴手套； (2) 使用专用工具
3.2	使用电动葫芦起吊大、小齿轮	(1) 开关绝缘不良或损坏； (2) 吊钩和卡扣损坏脱扣砸人； (3) 钢丝绳毛刺或断裂； (4) 手摇机构故障； (5) 起吊物重心不稳或绑扎不当； (6) 物件过重超载	(1) 机械伤害； (2) 触电	0.5	1	3	1.5	1	(1) 使用前检查手摇机构、钢丝绳吊扣等； (2) 戴防护手套、戴安全帽； (3) 吊物必须捆绑牢固，保持重心稳定； (4) 设专人指挥起吊，避免吊物下站人； (5) 设置隔离措施
3.3	卸轴承	(1) 动火作业； (2) 被高温轴承烫伤	(1) 灼伤； (2) 火灾	0.5	1	3	1.5	1	(1) 穿防护鞋； (2) 戴阻燃布手套； (3) 准备灭火器、使用阻燃垫布； (4) 使用专用工具

续表

编号	作业步骤	危害因素	可能导致的后果	L	E	C	D	风险程度	控制措施
3.4	清洗	(1) 接触有毒清洗剂； (2) 清洗剂易燃易爆	(1) 中毒； (2) 火灾	0.5	1	3	1.5	1	(1) 戴呼吸器； (2) 准备灭火器
4	斗轮机斗轮检修	(1) 动火作业； (2) 起重作业； (3) 接触粉尘； (4) 落物伤人； (5) 设备滑落	(1) 火灾； (2) 机械伤害； (3) 人身伤害； (4) 触电； (5) 设备损坏	0.5	1	1	0.5	1	(1) 使用前检查手摇机构、钢丝绳吊扣等； (2) 戴防护手套、戴安全帽； (3) 吊物必须捆绑牢固，保持重心稳定； (4) 设专人指挥起吊，避免吊物下站人； (5) 设置隔离措施； (6) 办理动火作业票，执行安全措施，监护人到位、准备灭火器、使用阻燃垫布； (7) 按电焊或气割作业规程作业； (8) 采取控制粉尘措施，加强日常维护； (9) 佩戴防尘口罩、呼吸器等； (10) 定期进行粉尘监测； (11) 定期体检； (12) 及时清扫，清理积灰
5	悬臂皮带机架及托辊检修	(1) 动火作业； (2) 起重作业； (3) 落物伤人	(1) 触电； (2) 火灾； (3) 设备损坏	0.5	1	7	3.5	1	(1) 使用前检查手摇机构、钢丝绳吊扣等； (2) 戴防护手套、戴安全帽；

编号	作业步骤	危害因素	可能导致的后果	风险评价					控制措施
				L	E	C	D	风险程度	
5	悬臂皮带机架及托辊检修	(4) 接临时照明； (5) 接触粉尘； (6) 设备滑落； (7) 搭设脚手架	(4) 人身伤害； (5) 机械伤害	0.5	1	7	3.5	1	(3) 吊物必须捆绑牢固，保持重心稳定； (4) 设专人指挥起吊，避免吊物下站人； (5) 设置隔离措施； (6) 办理动火作业票，执行安全措施，监护人到位、准备灭火器、使用阻燃垫布； (7) 按电焊或气割作业规程作业； (8) 采取控制粉尘措施，加强日常维护； (9) 佩戴防尘口罩、呼吸器等； (10) 定期进行粉尘监测； (11) 定期体检； (12) 及时清扫，清理积灰； (13) 按标准搭设脚手架，验收合格后使用； (14) 脚手架牢固，能够承受其上人和物的重量； (15) 脚手架所用材料符合要求，无虫蛀和机械损伤； (16) 工作人员没有妨碍高处作业的病症； (17) 使用合格的安全带，且将安全带挂在腰部以上牢固的物件上； (18) 在高处改变作业位置时，安全带不能解除或采用双绳安全带

编号	作业步骤	危害因素	可能导致的后果	风险评价					控制措施
				L	E	C	D	风险程度	
6	悬臂皮带拉紧装置检修	(1) 搭设脚手架; (2) 起重作业; (3) 接触粉尘; (4) 设备滑落	(1) 人身伤害; (2) 设备损坏; (3) 机械伤害	1	1	7	7	1	(1) 按标准搭设脚手架,验收合格后使用; (2) 脚手架牢固,能够承受其上人和物的重量; (3) 脚手架所用材料符合要求,无虫蛀和机械损伤; (4) 工作人员没有妨碍高处作业的病症; (5) 使用合格的安全带,且将安全带挂在腰部以上牢固的物件上; (6) 在高处改变作业位置时,安全带不能解除或采用双绳安全带; (7) 使用前检查手摇机构、钢丝绳吊扣等; (8) 戴防护手套、戴安全帽; (9) 吊物必须捆绑牢固,保持重心稳定; (10) 设专人指挥起吊,避免吊物下站人; (11) 设置隔离措施
7	悬臂皮带驱动装置检修	(1) 起重作业; (2) 落物伤人; (3) 清洗;	(1) 人身伤害; (2) 设备损坏; (3) 机械伤害; (4) 中毒	0.5	1	1	0.5	1	(1) 使用前检查手摇机构、钢丝绳吊扣等; (2) 戴防护手套、戴安全帽;

续表

编号	作业步骤	危害因素	可能导致的后果	风险评价					控制措施
				L	E	C	D	风险程度	
7	悬臂皮带驱动装置检修	(4) 接触粉尘; (5) 设备滑落; (6) 未使用专用工具	(1) 人身伤害; (2) 设备损坏; (3) 机械伤害; (4) 中毒	0.5	1	1	0.5	1	(3) 吊物必须捆绑牢固,保持重心稳定; (4) 设专人指挥起吊,避免吊物下站人; (5) 设置隔离措施; (6) 采取控制粉尘措施,加强日常维护; (7) 佩戴防尘口罩、呼吸器等; (8) 定期进行粉尘监测; (9) 定期体检; (10) 及时清扫,清理积灰; (11) 戴呼吸器; (12) 准备灭火器; (13) 使用专用工具
8	俯仰机构检修	(1) 动火作业; (2) 接触粉尘; (3) 高处作业	(1) 火灾; (2) 人身伤害; (3) 机械伤害	0.5	1	3	1.5	1	(1) 办理动火作业票,执行安全措施,监护人到位、准备灭火器、使用阻燃垫布; (2) 按电焊或气割作业规程作业; (3) 采取控制粉尘措施,加强日常维护; (4) 佩戴防尘口罩、呼吸器等; (5) 定期进行粉尘监测; (6) 定期体检; (7) 及时清扫,清理积灰;

编号	作业步骤	危害因素	可能导致的后果	风险评价					控制措施
				L	E	C	D	风险程度	
8	俯仰机构检修	(1) 动火作业; (2) 接触粉尘; (3) 高处作业	(1) 火灾; (2) 人身伤害; (3) 机械伤害	0.5	1	3	1.5	1	(8) 工作人员没有妨碍高处作业的病症; (9) 使用合格的安全带,且将安全带挂在腰部以上牢固的物件上; (10) 在高处改变作业位置时,安全带不能解除或采用双绳安全带
9	斗轮机中部料斗检修	(1) 动火作业; (2) 落物伤人; (3) 接临时照明; (4) 接触粉尘; (5) 设备滑落	(1) 设备故障; (2) 人身伤害; (3) 火灾; (4) 机械伤害	0.5	1	1	0.5	1	(1) 办理动火作业票,执行安全措施,监护人到位、准备灭火器、使用阻燃垫布; (2) 按电焊或气割作业规程作业; (3) 采取控制粉尘措施,加强日常维护; (4) 佩戴防尘口罩、呼吸器等; (5) 定期进行粉尘监测; (6) 定期体检; (7) 及时清扫,清理积灰
10	斗轮机尾车皮带机架及托辊压带滚筒检修	(1) 动火作业; (2) 起重作业; (3) 落物伤人; (4) 接临时照明; (5) 接触粉尘; (6) 设备滑落; (7) 高处作业	(1) 触电; (2) 火灾; (3) 设备损坏; (4) 人身伤害; (5) 机械伤害	0.5	1	1	0.5	1	(1) 使用前检查手摇机构、钢丝绳吊扣等; (2) 戴防护手套、戴安全帽; (3) 吊物必须捆绑牢固,保持重心稳定; (4) 设专人指挥起吊,避免吊物下站人;

编号	作业步骤	危害因素	可能导致的后果	风险评价					控制措施
				L	E	C	D	风险程度	
10	斗轮机尾车皮带机架及托辊压带滚筒检修	(1) 动火作业； (2) 起重作业； (3) 落物伤人； (4) 接临时照明； (5) 接触粉尘； (6) 设备滑落； (7) 高处作业	(1) 触电； (2) 火灾； (3) 设备损坏； (4) 人身伤害； (5) 机械伤害	0.5	1	1	0.5	1	(5) 设置隔离措施； (6) 办理动火作业票，执行安全措施，监护人到位，准备灭火器、使用阻燃垫布； (7) 按电焊或气割作业规程作业； (8) 采取控制粉尘措施，加强日常维护； (9) 佩戴防尘口罩、呼吸器等； (10) 定期进行粉尘监测； (11) 定期体检； (12) 及时清扫，清理积灰； (13) 工作人员没有妨碍高处作业的病症； (14) 使用合格的安全带，且将安全带挂在腰部以上牢固的物件上； (15) 在高处改变作业位置时，安全带不能解除或采用双绳安全带
11	斗轮机行走机构组装	(1) 起重作业； (2) 落物伤人	(1) 人身伤害； (2) 设备损坏； (3) 机械伤害	0.5	1	7	3.5	1	(1) 使用前检查手摇机构、钢丝绳吊扣等； (2) 戴防护手套、戴安全帽； (3) 吊物必须捆绑牢固，保持重心稳定； (4) 设专人指挥起吊，避免吊物下站人； (5) 设置隔离措施

编号	作业步骤	危害因素	可能导致的后果	风险评价					控制措施
				L	E	C	D	风险程度	
12	斗轮机回转机构组装	(1) 起重作业； (2) 落物伤人； (3) 动火作业	(1) 设备故障； (2) 人身伤害； (3) 火灾	0.5	1	7	3.5	1	(1) 使用前检查手摇机构、钢丝绳吊扣等； (2) 戴防护手套、戴安全帽； (3) 吊物必须捆绑牢固，保持重心稳定； (4) 设专人指挥起吊，避免吊物下站人； (5) 设置隔离措施； (6) 办理动火作业票，执行安全措施，监护人到位、准备灭火器、使用阻燃垫布； (7) 按电焊或气割作业规程作业
13	斗轮机斗轮恢复	(1) 起重作业； (2) 落物伤人； (3) 动火作业	(1) 设备故障； (2) 人身伤害； (3) 火灾	0.5	1	3	1.5	1	(1) 使用前检查手摇机构、钢丝绳吊扣等； (2) 戴防护手套、戴安全帽； (3) 吊物必须捆绑牢固，保持重心稳定； (4) 设专人指挥起吊，避免吊物下站人； (5) 设置隔离措施； (6) 办理动火作业票，执行安全措施，监护人到位、准备灭火器、使用阻燃垫布； (7) 按电焊或气割作业规程作业

续表

编号	作业步骤	危害因素	可能导致的后果	风险评价					控制措施
				L	E	C	D	风险程度	
14	悬臂皮带驱动装置组装	(1) 起重作业； (2) 落物伤人； (3) 接触粉尘； (4) 设备滑落	(1) 人身伤害； (2) 设备损坏； (3) 机械伤害	0.5	1	1	0.5	1	(1) 使用前检查手摇机构、钢丝绳吊扣等； (2) 戴防护手套、戴安全帽； (3) 吊物必须捆绑牢固，保持重心稳定； (4) 设专人指挥起吊，避免吊物下站人； (5) 设置隔离措施； (6) 采取控制粉尘措施，加强日常维护； (7) 佩戴防尘口罩、呼吸器等； (8) 定期进行粉尘监测； (9) 定期体检； (10) 及时清扫，清理积灰
15	驱动装置就位	(1) 开关绝缘不良或损坏； (2) 吊钩和卡扣损坏脱扣砸人； (3) 钢丝绳毛刺或断裂； (4) 手摇机构故障； (5) 起吊物重心不稳或绑扎不当； (6) 物件过重超载	(1) 机械伤害； (2) 触电	0.5	1	1	0.5	1	(1) 使用前检查手摇机构、钢丝绳吊扣等； (2) 戴防护手套、戴安全帽； (3) 吊物必须捆绑牢固，保持重心稳定； (4) 设专人指挥起吊，避免吊物下站人； (5) 设置隔离措施

续表

编号	作业步骤	危害因素	可能导致的后果	风险评价					控制措施
				L	E	C	D	风险程度	
三		完工恢复							
1	检修工作结束	(1) 遗漏工器具; (2) 现场遗留检修杂物; (3) 不拆除临时用电	(1) 触电; (2) 人身伤害	0.5	1	1	0.5	1	(1) 收齐检查工器具; (2) 清扫检修现场; (3) 拆除临时用电
2	斗轮机试运行	(1) 工作票未交给运行值班员; (2) 现场没专人监护	(1) 人身伤害; (2) 设备故障	0.5	1	7	3.5	1	(1) 押回工作票; (2) 现场有专人检查
3	工作完工	不结束工作票		0.5	1	1	0.5	1	结束工作票
四		作业环境							
1	粉尘	(1) 粉尘处理不当; (2) 呼吸系统保护不当; (3) 遗留粉尘	职业危害	0.2	1	3	0.6	1	(1) 采取控制粉尘措施,加强日常维护; (2) 佩戴防尘口罩、呼吸器等; (3) 定期体检; (4) 及时清扫地面,清理积灰

29　斗轮机拖链加固防护罩

主要作业风险：	控制措施：
（1）办理工作票； （2）物体打击； （3）机械伤害； （4）粉尘环境； （5）检修现场周围存在孔洞围栏不牢固造成人员跌落	（1）穿戴好个人防护用品； （2）专人监护

编号	作业步骤	危害因素	可能导致的后果	风险评价					控制措施
				L	E	C	D	风险程度	
一			检修前准备						
1	布置场地（检修人员/工器具跌落）	检修现场周围吊孔围栏不牢固；检修工器具摆放不整齐	（1）人身伤害；（2）工器具损坏	1	5	7	35	2	（1）检修开工前增设围栏并悬挂警示牌；（2）对不牢固围栏加固；（3）对检修现场设置定置图
2	安全交底	（1）走错间隔；（2）机械伤害；（3）工器具遗漏；（4）高处作业	（1）人身伤害；（2）设备损坏	1	2	10	20	1	（1）作业前注意认真核对设备；（2）严禁在转动设备上站立/跨越或行走/传递工器具；（3）检修作业前及作业后注意工器具无误，防止遗留工器具在检修设备处
3	工具/材料准备	工具/材料选择不当	物体打击	1	2	10	20	2	（1）选择合适的操作工器具；（2）检查所用工器具必须完好；（3）正确使用工器具

编号	作业步骤	危害因素	可能导致的后果	风险评价					控制措施
				L	E	C	D	风险程度	
二			检修过程						
1	防护罩加固	(1) 触及其他带电部位； (2) 触碰转动机械； (3) 防护罩脱落	(1) 触电； (2) 设备损坏； (3) 人身伤害	1	3	15	45	3	(1) 测量时戴绝缘手套； (2) 注意与周围转动机械保持一定的安全距离； (3) 加固防护罩，拧紧螺栓
2	结束工作	(1) 遗漏工器具； (2) 现场遗留检修杂物； (3) 不拆除临时用电； (4) 不结束工作票	(1) 触电； (2) 人身伤害	1	3	15	45	3	(1) 收齐检查工器具； (2) 清扫检修现场； (3) 拆除临时用电； (4) 结束工作票
三			作业环境					3	
1	粉尘环境	(1) 皮带、除尘器维护产生煤灰； (2) 皮带、除尘器泄漏产生煤灰； (3) 除铁器运行时散落/煤灰泄漏； (4) 煤灰清理不当； (5) 呼吸系统保护不当	职业危害，导致呼吸系统疾病或眼睛伤害如肺脏功能减低、鼻/喉发炎、皮炎	1	6	7	42	2	(1) 采取控制粉尘措施，加强日常维护； (2) 佩戴防尘口罩、呼吸器等； (3) 定期进行粉尘监测； (4) 定期体检； (5) 及时清扫地面，清理积灰

30 堵煤开关增加防护罩

主要作业风险：	控制措施：
（1）办理工作票； （2）物体打击； （3）机械伤害； （4）粉尘环境； （5）检修现场周围存在孔洞围栏不牢固造成人员跌落	（1）穿戴好个人防护用品； （2）专人监护

编号	作业步骤	危害因素	可能导致的后果	风险评价					控制措施
				L	E	C	D	风险程度	
一			检修前准备						
1	布置场地（检修人员/工器具跌落）	（1）检修现场周围吊孔围栏不牢固； （2）检修工器具摆放不整齐	（1）人身伤害； （2）工器具损坏	1	5	7	35	2	（1）检修开工前增设围栏并悬挂警示牌； （2）对不牢固围栏加固； （3）对检修现场设置定置图
2	安全交底	（1）走错间隔； （2）机械伤害； （3）工器具遗漏； （4）高处作业	（1）人身伤害； （2）设备损坏	1	2	10	20	1	（1）作业前注意认真核对设备； （2）严禁在转动设备上站立/跨越或行走/传递工器具； （3）检修作业前及作业后注意工器具无误，防止遗留工器具在检修设备处
3	工具/材料准备	工具/材料选择不当	物体打击	1	2	10	20	2	（1）选择合适的操作工器具； （2）检查所用工器具必须完好； （3）正确使用工器具

编号	作业步骤	危害因素	可能导致的后果	L	E	C	D	风险程度	控制措施
二		检修过程							
1	检修过程	拆接固定螺母	(1) 操作不当; (2) 支架侧翻	1	2	1	2	1	(1) 选择合适工器具; (2) 拆接前固定好支架
		拆接控制电缆	(1) 电源线裸露,触电; (2) 接线错误,设备事故	3	2	1	6	1	(1) 专人监护; (2) 加强技能
2	结束工作	(1) 遗漏工器具; (2) 现场遗留检修杂物; (3) 不拆除临时用电; (4) 不结束工作票	(1) 触电; (2) 人身伤害	1	3	15	45	3	(1) 收齐检查工器具; (2) 清扫检修现场; (3) 拆除临时用电; (4) 结束工作票
三		作业环境							
1	粉尘环境	(1) 皮带、除尘器维护产生煤灰; (2) 皮带、除尘器泄漏产生煤灰; (3) 除铁器运行时散落/煤灰泄漏; (4) 煤灰清理不当; (5) 呼吸系统保护不当	职业危害,导致呼吸系统疾病或眼睛伤害如肺脏功能减低、鼻/喉发炎、皮炎	1	6	7	42	2	(1) 采取控制粉尘措施,加强日常维护; (2) 佩戴防尘口罩、呼吸器等; (3) 定期进行粉尘监测; (4) 定期体检; (5) 及时清扫地面,清理积灰

31 输煤滚检修

<table>
<tr>
<td colspan="2">主要作业风险：
（1）动火作业气割、气焊造成火灾、化学爆炸和其他人身伤害；
（2）起重伤害；
（3）中毒与窒息；
（4）机械伤害；
（5）高处坠落</td>
<td colspan="2">控制措施：
（1）办理工作票；
（2）吊装前检查吊装器具、禁止站在吊件下；
（3）如动火需开动火工作票、使用阻燃垫布、专人监护</td>
</tr>
</table>

编号	作业步骤	危害因素	可能导致的后果	L	E	C	D	风险程度	控制措施
一		检修前准备							
1	办理工作票	（1）无票作业； （2）措施未执行	（1）人身伤害； （2）设备事故	1	0.5	1	0.5	1	（1）办理工作票，确认执行安全措施； （2）双人共同确认检修设备隔离、挂警示牌
2	临时用电	（1）电源、电压等级和接线方式不符要求； （2）负荷过载	（1）触电； （2）火灾	0.5	2	1	1	1	（1）检查电源； （2）验电
3	动火作业（气割、气焊）	（1）附近有易燃易爆气体或易燃物； （2）气管老化、漏气、打结，未使用氧气减压器和乙炔回火阀； （3）气管与钢瓶接口没有固定；	（1）火灾； （2）化学爆炸； （3）人身伤害	1	2	1	2	1	（1）办理动火作业票，执行安全措施，监护人到位； （2）作业人员必须参加动火作业培训； （3）检查气管有无破损，使用氧气减压器和乙炔回火阀；

续表

编号	作业步骤	危害因素	可能导致的后果	L	E	C	D	风险程度	控制措施
						风险评价			
3	动火作业（气割、气焊）	（4）气体钢瓶没有固定； （5）乙炔气瓶与氧气钢瓶距离太近； （6）没有使用阻燃垫； （7）割碴飞溅，没有使用阻燃垫； （8）没有穿戴或使用不合适的工作服、防护鞋、防护眼镜和面罩等； （9）交叉作业或登高作业	（1）火灾； （2）化学爆炸； （3）人身伤害	1	2	1	2	1	（4）氧气瓶、乙炔瓶垂直放置并固定，距离不小于8m； （5）做好防火隔离措施，如使用阻燃垫和警示标识，准备灭火器等； （6）穿戴合适工作服、防护鞋、防护眼镜、面罩和安全带等； （7）交叉作业及时沟通和设置警示
4	安全交底	（1）走错间隔； （2）机械伤害； （3）工器具遗留； （4）高处作业； （5）起重伤害； （6）火灾事故	（1）人身伤害； （2）设备损坏； （3）火灾	0.5	2	10	10	1	（1）作业前注意认真核对设备； （2）严禁在转动设备上站立、跨越或行走，不得在皮带上跨越、行走或传递工具； （3）检修作业前及作业结束后，注意清点工器具无误，防止工器具遗留在所检修的设备内； （4）高处作业必须佩带安全带； （5）使用合格起重工器具，使用前认真检查起吊设备，严格按照操作规程操作； （6）动火作业需办理动火票、作业时备好必要的消防设施，实施电、火焊作业时下方做好隔离措施

续表

编号	作业步骤	危害因素	可能导致的后果	L	E	C	D	风险程度	控制措施
5	准备工具/材料	工具/材料选择不当	物体打击	1	2	10	20	2	(1) 选择合适的操作工器具； (2) 检查所用的工具必须完好； (3) 正确使用工器具
二			检修						
1	滚轴筛电机检修	(1) 接触粉尘； (2) 起重作业； (3) 动火作业； (4) 设备滑落； (5) 接临时照明； (6) 落物伤人	(1) 人身伤害； (2) 火灾； (3) 触电； (4) 设备损坏； (5) 机械伤害	0.5	2	1	1	1	(1) 采取控制粉尘措施，加强日常维护； (2) 佩戴防尘口罩、呼吸器等； (3) 定期进行粉尘监测； (4) 定期体检； (5) 及时清扫，清理积灰； (6) 使用前检查手摇机构、钢丝绳吊扣等； (7) 戴防护手套、戴安全帽； (8) 吊物必须捆绑牢固，保持重心稳定； (9) 设专人指挥起吊，避免吊物下站人； (10) 设置隔离措施； (11) 办理动火作业票，执行安全措施，监护人到位、准备灭火器、使用阻燃垫布； (12) 按电焊或气割作业规程作业
2	滚轴筛本体检修	(1) 接触粉尘； (2) 起重作业；	(1) 设备损坏； (2) 人身伤害；	0.5	1	1	0.5	1	(1) 采取控制粉尘措施，加强日常维护；

续表

编号	作业步骤	危害因素	可能导致的后果	风险评价					控制措施
				L	E	C	D	风险程度	
2	滚轴筛本体检修	(3) 动火作业； (4) 设备滑落； (5) 接临时照明； (6) 落物伤人	(3) 触电； (4) 火灾； (5) 机械伤害	0.5	1	1	0.5	1	(2) 佩戴防尘口罩、呼吸器等； (3) 定期进行粉尘监测； (4) 定期体检； (5) 及时清扫，清理积灰； (6) 使用前检查手摇机构、钢丝绳吊扣等； (7) 戴防护手套、戴安全帽； (8) 吊物必须捆绑牢固，保持重心稳定； (9) 设专人指挥起吊，避免吊物下站人； (10) 设置隔离措施； (11) 办理动火作业票，执行安全措施，监护人到位、准备灭火器、使用阻燃垫布； (12) 按电焊或气割作业规程作业
3	滚轴筛筛轴检修	(1) 接触粉尘； (2) 高处作业； (3) 起重作业； (4) 动火作业； (5) 设备滑落； (6) 接临时照明； (7) 落物伤人	(1) 人身伤害； (2) 火灾； (3) 触电； (4) 设备损坏； (5) 机械伤害	1	0.5	7	3.5	1	(1) 采取控制粉尘措施，加强日常维护； (2) 佩戴防尘口罩、呼吸器等； (3) 定期进行粉尘监测； (4) 定期体检； (5) 及时清扫，清理积灰； (6) 工作人员没有妨碍高处作业的病症；

编号	作业步骤	危害因素	可能导致的后果	风险评价					控制措施
				L	E	C	D	风险程度	
3	滚轴筛筛轴检修	(1) 接触粉尘; (2) 高处作业; (3) 起重作业; (4) 动火作业; (5) 设备滑落; (6) 接临时照明; (7) 落物伤人	(1) 人身伤害; (2) 火灾; (3) 触电; (4) 设备损坏; (5) 机械伤害	1	0.5	7	3.5	1	(7) 使用合格的安全带,且将安全带挂在腰部以上牢固的物件上; (8) 在高处改变作业位置时,安全带不能解除或采用双绳安全带; (9) 检修现场必须戴好安全帽并系紧帽带; (10) 使用前检查手摇机构、钢丝绳吊扣等; (11) 戴防护手套、戴安全帽; (12) 吊物必须捆绑牢固,保持重心稳定; (13) 设专人指挥起吊,避免吊物下站人; (14) 设置隔离措施; (15) 办理动火作业票,执行安全措施,监护人到位、准备灭火器、使用阻燃垫布; (16) 按电焊或气割作业规程作业
4	滚轴筛电机恢复	(1) 接触粉尘; (2) 起重作业; (3) 设备滑落; (4) 接临时照明; (5) 落物伤人	(1) 人身伤害; (2) 设备损坏; (3) 机械伤害; (4) 触电	0.5	2	1	1	1	(1) 采取控制粉尘措施,加强日常维护; (2) 佩戴防尘口罩、呼吸器等; (3) 定期进行粉尘监测; (4) 定期体检;

编号	作业步骤	危害因素	可能导致的后果	风险评价					控制措施
				L	E	C	D	风险程度	
4	滚轴筛电机恢复	(1) 接触粉尘； (2) 起重作业； (3) 设备滑落； (4) 接临时照明； (5) 落物伤人	(1) 人身伤害； (2) 设备损坏； (3) 机械伤害； (4) 触电	0.5	2	1	1	1	(5) 及时清扫，清理积灰； (6) 使用前检查手摇机构、钢丝绳吊扣等； (7) 戴防护手套、戴安全帽； (8) 吊物必须捆绑牢固，保持重心稳定； (9) 设专人指挥起吊，避免吊物下站人； (10) 设置隔离措施
5	滚轴筛本体恢复	(1) 接触粉尘； (2) 起重作业； (3) 设备滑落； (4) 接临时照明； (5) 落物伤人	(1) 人身伤害； (2) 设备损坏； (3) 机械伤害； (4) 触电	0.5	1	1	0.5	1	(1) 采取控制粉尘措施，加强日常维护； (2) 佩戴防尘口罩、呼吸器等； (3) 定期进行粉尘监测； (4) 定期体检； (5) 及时清扫，清理积灰； (6) 使用前检查手摇机构、钢丝绳吊扣等； (7) 戴防护手套、戴安全帽； (8) 吊物必须捆绑牢固，保持重心稳定； (9) 设专人指挥起吊，避免吊物下站人； (10) 设置隔离措施

编号	作业步骤	危害因素	可能导致的后果	风险评价 L	E	C	D	风险程度	控制措施
6	滚轴筛筛轴恢复	(1) 接触粉尘； (2) 高处作业； (3) 起重作业； (4) 设备滑落； (5) 接临时照明； (6) 落物伤人	(1) 人身伤害； (2) 设备损坏； (3) 机械伤害； (4) 触电	1	0.5	7	3.5	1	(1) 采取控制粉尘措施，加强日常维护； (2) 佩戴防尘口罩、呼吸器等； (3) 定期进行粉尘监测； (4) 定期体检； (5) 及时清扫，清理积灰； (6) 工作人员没有妨碍高处作业的病症； (7) 使用合格的安全带，且将安全带挂在腰部以上牢固的物件上； (8) 在高处改变作业位置时，安全带不能解除或采用双绳安全带； (9) 检修现场必须戴好安全帽并系紧帽带； (10) 使用前检查手摇机构、钢丝绳吊扣等； (11) 戴防护手套、戴安全帽； (12) 吊物必须捆绑牢固，保持重心稳定； (13) 设专人指挥起吊，避免吊物下站人； (14) 设置隔离措施
三		完工恢复							
1	检修工作结束	(1) 遗漏工器具；	(1) 触电；	0.5	1	1	0.5	1	(1) 收齐检查工器具；

续表

编号	作业步骤	危害因素	可能导致的后果	风险评价					控制措施
				L	E	C	D	风险程度	
1	检修工作结束	(2) 现场遗留检修杂物； (3) 不拆除临时用电	(2) 人身伤害	0.5	1	1	0.5	1	(2) 清扫检修现场； (3) 拆除临时用电
2	碎煤机试运行	(1) 工作票未交给运行值班员； (2) 现场没专人监护	(1) 人身伤害； (2) 设备故障	0.5	1	7	3.5	1	(1) 押回工作票； (2) 现场有专人检查
3	工作完工	不结束工作票		0.5	1	1	0.5	1	结束工作票
四	作业环境								
1	粉尘环境	(1) 粉尘处理不当； (2) 呼吸系统保护不当； (3) 遗留粉尘	职业危害	0.2	3	3	1.8	1	(1) 采取控制粉尘措施，加强日常维护； (2) 佩戴防尘口罩、呼吸器等； (3) 定期体检； (4) 及时清扫地面，清理积灰
2	噪声	旁边其他设备运行	职业危害	0.2	3	3	1.8	1	正确佩戴耳塞

32 落煤管、锁气器检修

主要作业风险：	控制措施：
（1）动火作业气割、气焊造成火灾、化学爆炸和其他人身伤害；	（1）办理工作票；
（2）起重伤害；	（2）吊装前检查吊装器具、禁止站在吊件下；
（3）窒息；	（3）如动火需开动火工作票、使用阻燃垫布、专人监护
（4）机械伤害；	
（5）高处坠落	

编号	作业步骤	危害因素	可能导致的后果	风险评价					控制措施
				L	E	C	D	风险程度	
一		检修前准备							
1	办理工作票	（1）无票作业； （2）措施未执行	（1）人身伤害； （2）设备事故	1	0.5	1	0.5	1	（1）办理工作票，确认执行安全措施； （2）双人共同确认检修设备隔离、挂警示牌
2	临时用电	（1）电源、电压等级和接线方式不符合要求； （2）负荷过载	（1）触电； （2）火灾	0.5	2	1	1	1	（1）检查电源； （2）验电
3	动火作业（气割、气焊）	（1）附近有易燃易爆气体或易燃物； （2）气管老化、漏气、打结，未使用氧气减压器和乙炔回火阀； （3）气管与钢瓶接口没有固定； （4）气体钢瓶没有固定； （5）乙炔气瓶与氧气钢瓶距离太近；	（1）火灾； （2）化学爆炸； （3）人身伤害	1	2	1	2	1	（1）办理动火作业票，执行安全措施，监护人到位； （2）作业人员必须参加动火作业培训； （3）检查气管有无破损，使用氧气减压器和乙炔回火阀； （4）氧气瓶、乙炔瓶垂直放置并固定，距离不小于8m； （5）做好防火隔离措施，如使用阻燃垫和警示标识，准备灭火器等；

续表

编号	作业步骤	危害因素	可能导致的后果	风险评价					控制措施
				L	E	C	D	风险程度	
3	动火作业（气割、气焊）	（6）没有使用阻燃垫； （7）割碴飞溅，没有使用阻燃垫； （8）没有穿戴或使用不合适的工作服、防护鞋、防护眼镜和面罩等； （9）交叉作业或登高作业	（1）火灾； （2）化学爆炸； （3）人身伤害	1	2	1	2	1	（6）穿戴合适工作服、防护鞋、防护眼镜、面罩和安全带等； （7）交叉作业及时沟通和设置警示
4	安全交底	（1）走错间隔； （2）机械伤害； （3）工器具遗留； （4）高处作业； （5）起重伤害； （6）火灾事故	（1）人身伤害； （2）设备损坏； （3）火灾	0.5	2	10	10	1	（1）作业前注意认真核对设备； （2）严禁在转动设备上站立、跨越或行走，不得在皮带上跨越、行走或传递工具； （3）检修作业前及作业结束后，注意清点工器具无误，防止工器具遗留在所检修的设备内； （4）高处作业必须佩带安全带； （5）使用合格起重工器具，使用前认真检查起吊设备，严格按照操作规程操作； （6）动火作业需办理动火票、作业时备好必要的消防设施，实施电、火焊作业时下方做好隔离措施

编号	作业步骤	危害因素	可能导致的后果	风险评价					控制措施
				L	*E*	*C*	*D*	风险程度	
5	准备工具/材料	工具/材料选择不当	物体打击	1	2	10	20	2	(1) 选择合适的操作工器具； (2) 检查所用的工具必须完好； (3) 正确使用工器具
二	检修								
1	落煤管检修	(1) 动火作业； (2) 落物伤人； (3) 接临时照明； (4) 接触粉尘； (5) 设备滑落； (6) 起重作业； (7) 搭设脚手架； (8) 高处作业	(1) 触电； (2) 火灾； (3) 设备损坏； (4) 人身伤害； (5) 机械伤害	0.5	2	3	3	1	(1) 使用前检查手摇机构、钢丝绳吊扣等； (2) 戴防护手套、戴安全帽； (3) 吊物必须捆绑牢固，保持重心稳定； (4) 设专人指挥起吊，避免吊物下站人； (5) 设置隔离措施； (6) 办理动火作业票，执行安全措施，监护人到位、准备灭火器、使用阻燃垫布； (7) 按电焊或气割作业规程作业； (8) 采取控制粉尘措施，加强日常维护； (9) 佩戴防尘口罩、呼吸器等； (10) 定期进行粉尘监测； (11) 定期体检； (12) 及时清扫，清理积灰； (13) 按标准搭设脚手架，验收合格后使用；

编号	作业步骤	危害因素	可能导致的后果	L	E	C	D	风险程度	控制措施
1	落煤管检修	(1) 动火作业； (2) 落物伤人； (3) 接临时照明； (4) 接触粉尘； (5) 设备滑落； (6) 起重作业； (7) 搭设脚手架； (8) 高处作业	(1) 触电； (2) 火灾； (3) 设备损坏； (4) 人身伤害； (5) 机械伤害	0.5	2	3	3	1	(14) 脚手架牢固，能够承受其上人和物的重量； (15) 脚手架所用材料符合要求，无虫蛀和机械损伤； (16) 工作人员没有妨碍高处作业的病症； (17) 使用合格的安全带，且将安全带挂在腰部以上牢固的物件上； (18) 在高处改变作业位置时，安全带不能解除或采用双绳安全带
2	锁气器检修	(1) 起重作业； (2) 搭设脚手架； (3) 接触粉尘； (4) 设备滑落； (5) 动火作业； (6) 接临时照明； (7) 高处作业	(1) 设备损坏； (2) 人身伤害； (3) 触电； (4) 机械伤害； (5) 火灾	0.5	2	3	3	1	(1) 使用前检查手摇机构、钢丝绳吊扣等； (2) 戴防护手套、戴安全帽； (3) 吊物必须捆绑牢固，保持重心稳定； (4) 设专人指挥起吊，避免吊物下站人； (5) 设置隔离措施； (6) 办理动火作业票，执行安全措施，监护人到位、准备灭火器、使用阻燃垫布； (7) 按电焊或气割作业规程作业； (8) 按标准搭设脚手架，验收合格后使用；

编号	作业步骤	危害因素	可能导致的后果	风险评价					控制措施
				L	E	C	D	风险程度	
2	锁气器检修	(1) 起重作业； (2) 搭设脚手架； (3) 接触粉尘； (4) 设备滑落； (5) 动火作业； (6) 接临时照明； (7) 高处作业	(1) 设备损坏； (2) 人身伤害； (3) 触电； (4) 机械伤害； (5) 火灾	0.5	2	3	3	1	(9) 脚手架牢固，能够承受其上人和物的重量； (10) 脚手架所用材料符合要求，无虫蛀和机械损伤； (11) 工作人员没有妨碍高处作业的病症； (12) 使用合格的安全带，且将安全带挂在腰部以上牢固的物件上； (13) 在高处改变作业位置时，安全带不能解除或采用双绳安全带
3	落煤管恢复	(1) 动火作业； (2) 落物伤人； (3) 接临时照明； (4) 接触粉尘； (5) 设备滑落； (6) 起重作业； (7) 搭设脚手架； (8) 高处作业	(1) 触电； (2) 火灾； (3) 设备损坏； (4) 人身伤害； (5) 机械伤害	0.5	2	3	3	1	(1) 使用前检查手摇机构、钢丝绳吊扣等； (2) 戴防护手套、戴安全帽； (3) 吊物必须捆绑牢固，保持重心稳定； (4) 设专人指挥起吊，避免吊物下站人； (5) 设置隔离措施； (6) 办理动火作业票，执行安全措施，监护人到位、准备灭火器、使用阻燃垫布； (7) 按电焊或气割作业规程作业； (8) 采取控制粉尘措施，加强日常维护；

编号	作业步骤	危害因素	可能导致的后果	风险评价					控制措施
				L	*E*	*C*	*D*	风险程度	
3	落煤管恢复	(1) 动火作业; (2) 落物伤人; (3) 接临时照明; (4) 接触粉尘; (5) 设备滑落; (6) 起重作业; (7) 搭设脚手架; (8) 高处作业	(1) 触电; (2) 火灾; (3) 设备损坏; (4) 人身伤害; (5) 机械伤害	0.5	2	3	3	1	(9) 佩戴防尘口罩、呼吸器等; (10) 定期进行粉尘监测; (11) 定期体检; (12) 及时清扫,清理积灰; (13) 按标准搭设脚手架,验收合格后使用; (14) 脚手架牢固,能够承受其上人和物的重量; (15) 脚手架所用材料符合要求,无虫蛀和机械损伤; (16) 工作人员没有妨碍高处作业的病症; (17) 使用合格的安全带,且将安全带挂在腰部以上牢固的物件上; (18) 在高处改变作业位置时,安全带不能解除或采用双绳安全带
4	锁气器恢复	(1) 起重作业; (2) 搭设脚手架; (3) 接触粉尘; (4) 设备滑落; (5) 动火作业; (6) 接临时照明; (7) 高处作业	(1) 设备损坏; (2) 人身伤害; (3) 触电; (4) 机械伤害; (5) 火灾	0.5	2	3	3	1	(1) 使用前检查手摇机构、钢丝绳吊扣等; (2) 戴防护手套、戴安全帽; (3) 吊物必须捆绑牢固,保持重心稳定; (4) 设专人指挥起吊,避免吊物下站人; (5) 设置隔离措施;

续表

编号	作业步骤	危害因素	可能导致的后果	风险评价					控制措施
				L	E	C	D	风险程度	
4	锁气器恢复	(1) 起重作业； (2) 搭设脚手架； (3) 接触粉尘； (4) 设备滑落； (5) 动火作业； (6) 接临时照明； (7) 高处作业	(1) 设备损坏； (2) 人身伤害； (3) 触电； (4) 机械伤害； (5) 火灾	0.5	2	3	3	1	(6) 办理动火作业票，执行安全措施，监护人到位、准备灭火器、使用阻燃垫布； (7) 按电焊或气割作业规程作业； (8) 按标准搭设脚手架，验收合格后使用； (9) 脚手架牢固，能够承受其上人和物的重量； (10) 脚手架所用材料符合要求，无虫蛀和机械损伤； (11) 工作人员没有妨碍高处作业的病症； (12) 使用合格的安全带，且将安全带挂在腰部以上牢固的物件上； (13) 在高处改变作业位置时，安全带不能解除或采用双绳安全带
三									完工恢复
1	检修工作结束	(1) 遗漏工器具； (2) 现场遗留检修杂物； (3) 不拆除临时用电	(1) 触电； (2) 人身伤害	0.5	2	1	1	1	(1) 收齐检查工器具； (2) 清扫检修现场； (3) 拆除临时用电
2	落煤管、锁气器试用	(1) 工作票未交给运行值班员； (2) 现场没专人监护	(1) 人身伤害； (2) 设备故障	0.5	2	3	3	1	(1) 押回工作票； (2) 现场有专人检查

编号	作业步骤	危害因素	可能导致的后果	风险评价					控制措施
				L	E	C	D	风险程度	
3	工作完工	不结束工作票		0.5	2	1	1	1	结束工作票
四		作业环境							
1	粉尘环境	(1) 粉尘处理不当; (2) 呼吸系统保护不当; (3) 遗留粉尘	职业危害	0.2	3	3	1.8	1	(1) 采取控制粉尘措施,加强日常维护; (2) 佩戴防尘口罩、呼吸器等; (3) 定期体检; (4) 及时清扫地面,清理积灰
2	噪声	旁边其他设备运行	职业危害	0.2	3	3	1.8	1	正确佩戴耳塞

33 煤泥坑排污泵检修

主要作业风险：	控制措施：
（1）起重伤害； （2）机械伤害	（1）办理工作票、确认检修开关、验电、上锁挂牌； （2）吊装前检查吊装器具、禁止站在吊件下

编号	作业步骤	危害因素	可能导致的后果	风险评价					控制措施
				L	E	C	D	风险程度	
一		检修前准备							
1	确认安全措施执行完毕	（1）拉错开关、走错间隔； （2）关错阀门； （3）阀门内漏或阀门未关到位	（1）设备事故； （2）人身伤害； （3）环境污染	6	1	1	6	1	办理工作票，确认执行安全措施
2	布置场地	（1）工具摆放凌乱； （2）场地选择不当	（1）人身伤害； （2）影响人员通行	6	1	1	6	1	（1）严格执行定制管理要求； （2）进场前进行确认检查； （3）正确使用工器具
二		检修							
1	出口法兰拆卸	（1）用力不当或蛮干； （2）使用工具不当； （3）零部件遗失、错位	（1）人机工程伤害； （2）设备损坏	6	1	1	6	1	（1）拆下的部件进行定制管理； （2）正确使用工机具
2	水泵解体： （泵壳拆卸、叶轮拆卸、轴承拆卸）	（1）使用工具不当； （2）零部件遗失、错位； （3）卸拉用品损坏； （4）物件过重超载； （5）起吊物重心不稳或绑扎不当	（1）人身伤害； （2）设备损坏； （3）影响工作进度； （4）起重伤害	6	1	1	6	1	（1）拆前做好标记； （2）拆下的部件进行定制管理； （3）使用前检查手拉葫芦、钢丝绳吊扣等； （4）戴防护手套、戴安全帽； （5）吊物必须捆绑牢固，保持重心稳定

编号	作业步骤	危害因素	可能导致的后果	风险评价					控制措施
				L	E	C	D	风险程度	
3	轴承、轴承室清洗	使用燃油清洗轴承时周围有明火	火灾	0.1	1	15	1.5	1	清洗轴承时严禁烟火
4	叶轮清理	(1) 使用工具不当; (2) 渣垢飞溅	(1) 人身伤害; (2) 设备损坏	6	1	1	6	1	(1) 戴好个人防护用品; (2) 正确使用机工具
三			完工恢复						
1	整体试转	(1) 走错间隔; (2) 误操作; (3) 转动设备碰伤人身; (4) 转动设备局部卡涩	(1) 设备事故; (2) 人身伤害	6	1	15	90	3	(1) 不得误碰转动部位; (2) 清理捞渣机内部异物; (3) 观察转动部位
四			作业环境						
1	轴承室清扫,润滑油更换	润滑油污染	污染环境	1	1	7	7	1	(1) 换下的润滑油及清洗零件后的煤油必须放入废油桶; (2) 不得随意倾倒

34 煤泥坑一次回路更换交流接触器

主要作业风险：	控制措施：
（1）办理工作票； （2）物体打击； （3）机械伤害； （4）粉尘环境； （5）检修现场周围存在孔洞围栏不牢固造成人员跌落	（1）穿戴好个人防护用品； （2）专人监护； （3）工作前先验电，确认无电的情况下进行工作

编号	作业步骤	危害因素	可能导致的后果	风险评价					控制措施
				L	E	C	D	风险程度	
一	检修前准备								
1	布置场地（检修人员/工器具跌落）	检修工器具摆放不整齐	（1）人身伤害； （2）工器具损坏	1	5	7	35	2	（1）检修开工前增设围栏并悬挂警示牌； （2）对不牢固围栏加固； （3）对检修现场设置定置图
2	安全交底	（1）走错间隔； （2）机械伤害； （3）工器具遗漏	（1）人身伤害； （2）设备损坏	1	2	10	20	1	（1）作业前注意认真核对设备； （2）严禁在转动设备上站立/跨越或行走/传递工器具； （3）检修作业前及作业后注意工器具无误，防止遗留工器具在检修设备处
3	工具/材料准备	工具/材料选择不当	物体打击	1	2	10	20	2	（1）选择合适的操作工器具； （2）检查所用工器具必须完好； （3）正确使用工器具

续表

编号	作业步骤	危害因素	可能导致的后果	风险评价					控制措施
				L	E	C	D	风险程度	
二			检修过程						
1	接触器安装	安装不牢固	漏电	1	2	12	24	2	紧固接触器
2	结束工作	(1) 遗漏工器具; (2) 现场遗留检修杂物; (3) 不拆除临时用电; (4) 不结束工作票	(1) 触电; (2) 人身伤害	1	3	15	45	3	(1) 收齐检查工器具; (2) 清扫检修现场; (3) 拆除临时用电; (4) 结束工作票
三			作业环境						
1	粉尘环境	(1) 皮带、除尘器维护产生煤灰; (2) 皮带、除尘器泄漏产生煤灰; (3) 除铁器运行时散落/煤灰泄漏; (4) 煤灰清理不当; (5) 呼吸系统保护不当	职业危害,导致呼吸系统疾病或眼睛伤害如肺脏功能减低、鼻/喉发炎、皮炎	1	6	7	42	2	(1) 采取控制粉尘措施,加强日常维护; (2) 佩戴防尘口罩、呼吸器等; (3) 定期进行粉尘监测; (4) 定期体检; (5) 及时清扫地面,清理积灰

35 入厂、入炉煤采样装置检修

<table>
<tr><td colspan="4">主要作业风险：
（1）动火作业气割、气焊造成火灾、化学爆炸和其他人身伤害；
（2）起重伤害；
（3）中毒与窒息；
（4）机械伤害；
（5）高处坠落</td><td colspan="2">控制措施：
（1）办理工作票；
（2）吊装前检查吊装器具、禁止站在吊件下；
（3）如动火需开动火工作票、使用阻燃垫布、专人监护</td></tr>
</table>

编号	作业步骤	危害因素	可能导致的后果	风险评价 L	E	C	D	风险程度	控制措施
一		检修前准备							
1	办理工作票	（1）无票作业；（2）措施未执行	（1）人身伤害；（2）设备事故	1	0.5	1	0.5	1	（1）办理工作票，确认并执行安全措施；（2）双人共同确认检修设备隔离、挂警示牌
2	临时用电	（1）电源、电压等级和接线方式不符要求；（2）负荷过载	（1）触电；（2）火灾	0.5	2	1	1	1	（1）检查电源；（2）验电
3	动火作业（气割、气焊）	（1）附近有易燃易爆气体或易燃物；（2）气管老化、漏气、打结，未使用氧气减压器和乙炔回火阀；（3）气管与钢瓶接口没有固定；（4）气体钢瓶没有固定；	（1）火灾；（2）化学爆炸；（3）人身伤害	1	2	1	2	1	（1）办理动火作业票，执行安全措施，监护人到位；（2）作业人员必须参加动火作业培训；（3）检查气管有无破损，使用氧气减压器和乙炔回火阀；（4）氧气瓶、乙炔瓶垂直放置并固定，距离不小于8m；

125

续表

编号	作业步骤	危害因素	可能导致的后果	风险评价					控制措施
				L	E	C	D	风险程度	
3	动火作业（气割、气焊）	（5）乙炔气瓶与氧气钢瓶距离太近； （6）没有使用阻燃垫； （7）割碴飞溅，没有使用阻燃垫； （8）没有穿戴或使用不合适的工作服、防护鞋、防护眼镜和面罩等； （9）交叉作业或登高作业	（1）火灾； （2）化学爆炸； （3）人身伤害	1	2	1	2	1	（5）做好防火隔离措施，如使用阻燃垫和警示标识，准备灭火器等； （6）穿戴合适工作服、防护鞋、防护眼镜、面罩和安全带等； （7）交叉作业及时沟通和设置警示
4	安全交底	（1）走错间隔； （2）机械伤害； （3）工器具遗留； （4）高处作业； （5）起重伤害； （6）火灾事故	（1）人身伤害； （2）设备损坏； （3）火灾	0.5	2	10	10	1	（1）作业前注意认真核对设备； （2）严禁在转动设备上站立、跨越或行走，不得在皮带上跨越、行走或传递工具； （3）检修作业前及作业结束后，注意清点工器具无误，防止工器具遗留在所检修的设备内； （4）高处作业必须佩带安全带； （5）使用合格起重工器具，使用前认真检查起吊设备，严格按照操作规程操作； （6）动火作业需办理动火票、作业时备好必要的消防设施，实施电、火焊作业时下方做好隔离措施

编号	作业步骤	危害因素	可能导致的后果	风险评价					控制措施
				L	E	C	D	风险程度	
5	准备工具/材料	工具/材料选择不当	物体打击	1	2	10	20	2	(1) 选择合适的操作工器具; (2) 检查所用的工具必须完好; (3) 正确使用工器具
二			检修						
1	采样头检修	(1) 接触粉尘; (2) 高处作业; (3) 起重作业; (4) 动火作业; (5) 架设脚手架; (6) 设备滑落; (7) 接临时照明; (8) 落物伤人	(1) 人身伤害; (2) 火灾; (3) 触电; (4) 设备损坏; (5) 机械伤害	0.5	2	1	1	1	(1) 采取控制粉尘措施,加强日常维护; (2) 佩戴防尘口罩、呼吸器等; (3) 定期进行粉尘监测; (4) 定期体检; (5) 及时清扫,清理积灰; (6) 工作人员没有妨碍高处作业的病症; (7) 使用合格的安全带,且将安全带挂在腰部以上牢固的物件上; (8) 在高处改变作业位置时,安全带不能解除或采用双绳安全带; (9) 检修现场必须戴好安全帽并系紧帽带; (10) 使用前检查手摇机构、钢丝绳吊扣等; (11) 戴防护手套、戴安全帽; (12) 吊物必须捆绑牢固,保持重心稳定; (13) 设专人指挥起吊,避免吊物下站人;

续表

编号	作业步骤	危害因素	可能导致的后果	风险评价					控制措施
				L	E	C	D	风险程度	
1	采样头检修	(1) 接触粉尘; (2) 高处作业; (3) 起重作业; (4) 动火作业; (5) 架设脚手架; (6) 设备滑落; (7) 接临时照明; (8) 落物伤人	(1) 人身伤害; (2) 火灾; (3) 触电; (4) 设备损坏; (5) 机械伤害	0.5	2	1	1	1	(14) 设置隔离措施; (15) 办理动火作业票,执行安全措施,监护人到位、准备灭火器、使用阻燃垫布; (16) 按电焊或气割作业规程作业; (17) 按标准搭设脚手架,验收合格后使用; (18) 脚手架牢固,能够承受其上人和物的重量; (19) 脚手架所用材料符合要求,无虫蛀和机械损伤
2	电动三通检修	(1) 接触粉尘; (2) 高处作业; (3) 起重作业; (4) 动火作业; (5) 架设脚手架; (6) 设备滑落; (7) 接临时照明; (8) 落物伤人	(1) 设备损坏; (2) 人身伤害; (3) 触电; (4) 火灾; (5) 机械伤害	0.5	1	1	0.5	1	(1) 采取控制粉尘措施,加强日常维护; (2) 佩戴防尘口罩、呼吸器等; (3) 定期进行粉尘监测; (4) 定期体检; (5) 及时清扫,清理积灰; (6) 工作人员没有妨碍高处作业的病症; (7) 使用合格的安全带,且将安全带挂在腰部以上牢固的物件上; (8) 在高处改变作业位置时,安全带不能解除或采用双绳安全带; (9) 检修现场必须戴好安全帽并系紧帽带;

续表

编号	作业步骤	危害因素	可能导致的后果	风险评价					控制措施
				L	E	C	D	风险程度	
2	电动三通检修	(1) 接触粉尘; (2) 高处作业; (3) 起重作业; (4) 动火作业; (5) 架设脚手架; (6) 设备滑落; (7) 接临时照明; (8) 落物伤人	(1) 设备损坏; (2) 人身伤害; (3) 触电; (4) 火灾; (5) 机械伤害	0.5	1	1	0.5	1	(10) 使用前检查手摇机构、钢丝绳吊扣等; (11) 戴防护手套、戴安全帽; (12) 吊物必须捆绑牢固,保持重心稳定; (13) 设专人指挥起吊,避免吊物下站人; (14) 设置隔离措施; (15) 办理动火作业票,执行安全措施,监护人到位,准备灭火器、使用阻燃垫布; (16) 按电焊或气割作业规程作业; (17) 按标准搭设脚手架,验收合格后使用; (18) 脚手架牢固,能够承受其上人和物的重量; (19) 脚手架所用材料符合要求,无虫蛀和机械损伤
3	破碎机检修	(1) 接触粉尘; (2) 高处作业; (3) 起重作业; (4) 动火作业; (5) 设备滑落; (6) 接临时照明;	(1) 人身伤害; (2) 火灾; (3) 触电; (4) 设备损坏; (5) 机械伤害	0.5	3	1	1.5	1	(1) 采取控制粉尘措施,加强日常维护; (2) 佩戴防尘口罩、呼吸器等; (3) 定期进行粉尘监测; (4) 定期体检; (5) 及时清扫,清理积灰;

续表

编号	作业步骤	危害因素	可能导致的后果	风险评价					控制措施
				L	E	C	D	风险程度	
3	破碎机检修	(7) 落物伤人	(1) 人身伤害; (2) 火灾; (3) 触电; (4) 设备损坏; (5) 机械伤害	0.5	3	1	1.5	1	(6) 工作人员没有妨碍高处作业的病症; (7) 使用合格的安全带, 且将安全带挂在腰部以上牢固的物件上; (8) 在高处改变作业位置时, 安全带不能解除或采用双绳安全带; (9) 检修现场必须戴好安全帽并系紧帽带; (10) 使用前检查手摇机构、钢丝绳吊扣等; (11) 戴防护手套、戴安全帽; (12) 吊物必须捆绑牢固, 保持重心稳定; (13) 设专人指挥起吊, 避免吊物下站人; (14) 设置隔离措施; (15) 办理动火作业票, 执行安全措施, 监护人到位、准备灭火器、使用阻燃垫布; (16) 按电焊或气割作业规程作业
4	一、二皮带检修	(1) 接触粉尘; (2) 高处作业; (3) 动火作业; (4) 接临时照明;	(1) 人身伤害; (2) 火灾; (3) 触电; (4) 设备损坏;	0.5	1	1	0.5	1	(1) 采取控制粉尘措施, 加强日常维护; (2) 佩戴防尘口罩、呼吸器等; (3) 定期进行粉尘监测;

编号	作业步骤	危害因素	可能导致的后果	风险评价					控制措施
				L	E	C	D	风险程度	
4	一、二皮带检修	(5) 落物伤人	(5) 机械伤害	0.5	1	1	0.5	1	(4) 定期体检; (5) 及时清扫,清理积灰; (6) 工作人员没有妨碍高处作业的病症; (7) 使用合格的安全带,且将安全带挂在腰部以上牢固的物件上; (8) 在高处改变作业位置时,安全带不能解除或采用双绳安全带; (9) 检修现场必须戴好安全帽并系紧帽带; (10) 使用前检查手摇机构、钢丝绳吊扣等; (11) 戴防护手套、戴安全帽; (12) 吊物必须捆绑牢固,保持重心稳定; (13) 设专人指挥起吊,避免吊物下站人; (14) 设置隔离措施; (15) 办理动火作业票,执行安全措施,监护人到位、准备灭火器、使用阻燃垫布; (16) 按电焊或气割作业规程作业
5	斗提机检修	(1) 接触粉尘; (2) 高空作业;	(1) 人身伤害; (2) 火灾;	0.5	3	1	1.5	1	(1) 采取控制粉尘措施,加强日常维护;

编号	作业步骤	危害因素	可能导致的后果	风险评价					控制措施
				L	E	C	D	风险程度	
5	斗提机检修	(3) 起重作业； (4) 动火作业； (5) 设备滑落； (6) 接临时照明； (7) 落物伤人	(3) 触电； (4) 设备损坏； (5) 机械伤害	0.5	3	1	1.5	1	(2) 佩戴防尘口罩、呼吸器等； (3) 定期进行粉尘监测； (4) 定期体检； (5) 及时清扫，清理积灰； (6) 工作人员没有妨碍高处作业的病症； (7) 使用合格的安全带，且将安全带挂在腰部以上牢固的物件上； (8) 在高处改变作业位置时，安全带不能解除或采用双绳安全带； (9) 检修现场必须戴好安全帽并系紧帽带； (10) 使用前检查手摇机构、钢丝绳吊扣等； (11) 戴防护手套、戴安全帽； (12) 吊物必须捆绑牢固，保持重心稳定； (13) 设专人指挥起吊，避免吊物下站人； (14) 设置隔离措施； (15) 办理动火作业票，执行安全措施，监护人到位、准备灭火器、使用阻燃垫布； (16) 按电焊或气割作业规程作业

编号	作业步骤	危害因素	可能导致的后果	风险评价					控制措施
				L	E	C	D	风险程度	
6	采样头恢复	(1) 接触粉尘； (2) 高处作业； (3) 起重作业； (4) 架设脚手架； (5) 设备滑落；	(1) 人身伤害； (2) 设备损坏；	0.5	2	1	1	1	(1) 采取控制粉尘措施，加强日常维护； (2) 佩戴防尘口罩、呼吸器等； (3) 定期进行粉尘监测； (4) 定期体检； (5) 及时清扫，清理积灰； (6) 工作人员没有妨碍高处作业的病症； (7) 使用合格的安全带，且将安全带挂在腰部以上牢固的物件上； (8) 在高处改变作业位置时，安全带不能解除或采用双绳安全带； (9) 检修现场必须戴好安全帽并系紧帽带； (10) 使用前检查手摇机构、钢丝绳吊扣等； (11) 戴防护手套、戴安全帽； (12) 吊物必须捆绑牢固，保持重心稳定； (13) 设专人指挥起吊，避免吊物下站人； (14) 设置隔离措施； (15) 按标准搭设脚手架，验收合格后使用；

编号	作业步骤	危害因素	可能导致的后果	风险评价					控制措施
				L	E	C	D	风险程度	
6	采样头恢复	(6) 接触临时照明； (7) 落物伤人	(3) 机械伤害； (4) 触电	0.5	2	1	1	1	(16) 脚手架牢固，能够承受其上人和物的重量； (17) 脚手架所用材料符合要求，无虫蛀和机械损伤
7	电动三通恢复	(1) 接触粉尘； (2) 高处作业； (3) 起重作业； (4) 架设脚手架； (5) 设备滑落； (6) 接触临时照明； (7) 落物伤人	(1) 人身伤害； (2) 设备损坏； (3) 机械伤害； (4) 触电	0.5	1	1	0.5	1	(1) 采取控制粉尘措施，加强日常维护； (2) 佩戴防尘口罩、呼吸器等； (3) 定期进行粉尘监测； (4) 定期体检； (5) 及时清扫，清理积灰； (6) 工作人员没有妨碍高处作业的病症； (7) 使用合格的安全带，且将安全带挂在腰部以上牢固的物件上； (8) 在高处改变作业位置时，安全带不能解除或采用双绳安全带； (9) 检修现场必须戴好安全帽并系紧帽带； (10) 使用前检查手摇机构、钢丝绳吊扣等； (11) 戴防护手套、戴安全帽； (12) 吊物必须捆绑牢固，保持重心稳定；

编号	作业步骤	危害因素	可能导致的后果	风险评价					控制措施
				L	E	C	D	风险程度	
7	电动三通恢复	(1) 接触粉尘； (2) 高处作业； (3) 起重作业； (4) 架设脚手架； (5) 设备滑落； (6) 接临时照明； (7) 落物伤人	(1) 人身伤害； (2) 设备损坏； (3) 机械伤害； (4) 触电	0.5	1	1	0.5	1	(13) 设专人指挥起吊，避免吊物下站人； (14) 设置隔离措施； (15) 按标准搭设脚手架，验收合格后使用； (16) 脚手架牢固，能够承受其上人和物的重量； (17) 脚手架所用材料符合要求，无虫蛀和机械损伤
8	破碎机恢复	(1) 接触粉尘； (2) 高处作业； (3) 起重作业； (4) 设备滑落； (5) 接临时照明； (6) 落物伤人	(1) 人身伤害； (2) 设备损坏； (3) 机械伤害； (4) 触电	0.5	3	1	1.5	1	(1) 采取控制粉尘措施，加强日常维护； (2) 佩戴防尘口罩、呼吸器等； (3) 定期进行粉尘监测； (4) 定期体检； (5) 及时清扫，清理积灰； (6) 工作人员没有妨碍高处作业的病症； (7) 使用合格的安全带，且将安全带挂在腰部以上牢固的物件上； (8) 在高处改变作业位置时，安全带不能解除或采用双绳安全带； (9) 检修现场必须戴好安全帽并系紧帽带；

续表

编号	作业步骤	危害因素	可能导致的后果	风险评价					控制措施
				L	E	C	D	风险程度	
8	破碎机恢复	(1) 接触粉尘； (2) 高处作业； (3) 起重作业； (4) 设备滑落； (5) 接临时照明； (6) 落物伤人	(1) 人身伤害； (2) 设备损坏； (3) 机械伤害； (4) 触电	0.5	3	1	1.5	1	(10) 使用前检查手摇机构、钢丝绳吊扣等； (11) 戴防护手套、戴安全帽； (12) 吊物必须捆绑牢固，保持重心稳定； (13) 设专人指挥起吊，避免吊物下站人； (14) 设置隔离措施
9	斗提机恢复	(1) 接触粉尘； (2) 高处作业； (3) 起重作业； (4) 设备滑落； (5) 接临时照明； (6) 落物伤人	(1) 人身伤害； (2) 设备损坏； (3) 机械伤害； (4) 触电	0.5	3	1	1.5	1	(1) 采取控制粉尘措施，加强日常维护； (2) 佩戴防尘口罩、呼吸器等； (3) 定期进行粉尘监测； (4) 定期体检； (5) 及时清扫，清理积灰； (6) 工作人员没有妨碍高处作业的病症； (7) 使用合格的安全带，且将安全带挂在腰部以上牢固的物件上； (8) 在高处改变作业位置时，安全带不能解除或采用双绳安全带； (9) 检修现场必须戴好安全帽并系紧帽带； (10) 使用前检查手摇机构、钢丝绳吊扣等；

编号	作业步骤	危害因素	可能导致的后果	风险评价					控制措施
				L	E	C	D	风险程度	
9	斗提机恢复	(1) 接触粉尘; (2) 高空作业; (3) 起重作业; (4) 设备滑落; (5) 接临时照明; (6) 落物伤人	(1) 人身伤害; (2) 设备损坏; (3) 机械伤害; (4) 触电	0.5	3	1	1.5	1	(11) 戴防护手套、戴安全帽; (12) 吊物必须捆绑牢固,保持重心稳定; (13) 设专人指挥起吊,避免吊物下站人; (14) 设置隔离措施
三	完工恢复								
1	检修工作结束	(1) 遗漏工器具; (2) 现场遗留检修杂物; (3) 不拆除临时用电	(1) 触电; (2) 人身伤害	0.2	3	1	0.6	1	(1) 收齐检查工器具; (2) 清扫检修现场; (3) 拆除临时用电
2	采样机试运行	(1) 工作票未交给运行值班员; (2) 现场没专人监护	(1) 人身伤害; (2) 设备故障	0.5	3	1	1.5	1	(1) 押回工作票; (2) 现场有专人检查
3	工作完工	不结束工作票		0.5	3	1	1.5	1	结束工作票
四	作业环境								
1	粉尘环境	(1) 粉尘处理不当; (2) 呼吸系统保护不当; (3) 遗留粉尘	职业危害	0.2	3	3	1.8	1	(1) 采取控制粉尘措施,加强日常维护; (2) 佩戴防尘口罩、呼吸器等; (3) 定期体检; (4) 及时清扫地面,清理积灰
2	噪声	旁边其他设备运行	职业危害	0.2	3	3	1.8	1	正确佩戴耳塞

36　输煤皮带机检修

<table>
<tr><td colspan="2">主要作业风险：
(1) 动火作业气割、气焊造成火灾、化学爆炸和其他人身伤害；
(2) 起重伤害；
(3) 中毒与窒息；
(4) 机械伤害；
(5) 高处坠落</td><td colspan="2">控制措施：
(1) 办理工作票；
(2) 吊装前检查吊装器具、禁止站在吊件下；
(3) 如动火需开动火工作票、使用阻燃垫布、专人监护</td></tr>
</table>

编号	作业步骤	危害因素	可能导致的后果	L	E	C	D	风险程度	控制措施
一			检修前准备						
1	办理工作票	(1) 无票作业； (2) 措施未执行	(1) 人身伤害； (2) 设备事故	1	0.5	1	0.5	1	(1) 办理工作票，确认执行安全措施； (2) 双人共同确认检修设备隔离、挂警示牌
2	临时用电	(1) 电源、电压等级和接线方式不符要求； (2) 负荷过载	(1) 触电； (2) 火灾	0.5	2	1	1	1	(1) 检查电源； (2) 验电
3	动火作业（气割、气焊）	(1) 附近有易燃易爆气体或易燃物； (2) 气管老化、漏气、打结，未使用氧气减压器和乙炔回火阀； (3) 气管与钢瓶接口没有固定；	(1) 火灾； (2) 化学爆炸； (3) 人身伤害	1	2	1	2	1	(1) 办理动火作业票，执行安全措施，监护人到位； (2) 作业人员必须参加动火作业培训； (3) 检查气管有无破损，使用氧气减压器和乙炔回火阀；

编号	作业步骤	危害因素	可能导致的后果	风险评价					控制措施
				L	E	C	D	风险程度	
3	动火作业（气割、气焊）	（4）气体钢瓶没有固定； （5）乙炔气瓶与氧气钢瓶距离太近； （6）没有使用阻燃垫； （7）割碴飞溅，没有使用阻燃垫； （8）没有穿戴或使用不合适的工作服、防护鞋、防护眼镜和面罩等； （9）交叉作业或登高作业	（1）火灾； （2）化学爆炸； （3）人身伤害	1	2	1	2	1	（4）氧气瓶、乙炔气瓶垂直放置并固定，距离不小于8m； （5）做好防火隔离措施，如使用阻燃垫和警示标识，准备灭火器等； （6）穿戴合适工作服、防护鞋、防护眼镜、面罩和安全带等； （7）交叉作业及时沟通和设置警示
4	安全交底	（1）走错间隔； （2）机械伤害； （3）工器具遗留； （4）高处作业； （5）起重伤害； （6）火灾事故	（1）人身伤害； （2）设备损坏； （3）火灾	0.5	2	10	10	1	（1）作业前注意认真核对设备； （2）严禁在转动设备上站立、跨越或行走，不得在皮带上跨越、行走或传递工具； （3）检修作业前及作业结束后，注意清点工器具无误，防止工器具遗留在所检修的设备内； （4）高处作业必须佩带安全带； （5）使用合格起重器具，使用前认真检查起吊设备，严格按照操作规程操作； （6）动火作业需办理动火票，作业时备好必要的消防设施，实施电、火焊作业时下方做好隔离措施

续表

编号	作业步骤	危害因素	可能导致的后果	风险评价					控制措施
				L	E	C	D	风险程度	
5	准备工具/材料	工具/材料选择不当	物体打击	1	2	10	20	2	(1) 选择合适的操作工器具； (2) 检查所用的工具必须完好； (3) 正确使用工器具
二			检修						
1	输送机及托辊检修	(1) 动火作业； (2) 起重作业； (3) 落物伤人； (4) 接临时照明； (5) 接触粉尘； (6) 设备滑落	(1) 触电； (2) 火灾； (3) 设备损坏； (4) 人身伤害； (5) 机械伤害	0.5	1	3	1.5	1	(1) 使用前检查手摇机构、钢丝绳吊扣等； (2) 戴防护手套、戴安全帽； (3) 吊物必须捆绑牢固，保持重心稳定； (4) 设专人指挥起吊，避免吊物下站人； (5) 设置隔离措施； (6) 办理动火作业票，执行安全措施，监护人到位、准备灭火器、使用阻燃垫布； (7) 按电焊或气割作业规程作业； (8) 采取控制粉尘措施，加强日常维护； (9) 佩戴防尘口罩、呼吸器等； (10) 定期进行粉尘监测； (11) 定期体检； (12) 及时清扫，清理积灰

编号	作业步骤	危害因素	可能导致的后果	风险评价					控制措施
				L	E	C	D	风险程度	
2	更换皮带	(1) 起重作业; (2) 使用胶结工具; (3) 接触粉尘; (4) 设备滑落	(1) 设备损坏; (2) 人身伤害; (3) 触电; (4) 机械伤害	0.5	1	3	1.5	1	(1) 使用前检查手摇机构、钢丝绳吊扣等; (2) 戴防护手套、戴安全帽; (3) 吊物必须捆绑牢固,保持重心稳定; (4) 设专人指挥起吊,避免吊物下站人; (5) 设置隔离措施; (6) 硫化机检验合格
3	拉紧装置检修	(1) 搭设脚手架; (2) 起重作业; (3) 接触粉尘; (4) 设备滑落	(1) 人身伤害; (2) 设备损坏; (3) 机械伤害	0.5	1	3	1.5	1	(1) 按标准搭设脚手架,验收合格后使用; (2) 脚手架牢固,能够承受其上人和物的重量; (3) 脚手架所用材料符合要求,无虫蛀和机械损伤; (4) 工作人员没有妨碍高处作业的病症; (5) 使用合格的安全带,且将安全带挂在腰部以上牢固的物件上; (6) 在高处改变作业位置时,安全带不能解除或采用双绳安全带; (7) 使用前检查手摇机构、钢丝绳吊扣等;

编号	作业步骤	危害因素	可能导致的后果	风险评价					控制措施
				L	E	C	D	风险程度	
3	拉紧装置检修	(1) 搭设脚手架； (2) 起重作业； (3) 接触粉尘； (4) 设备滑落	(1) 人身伤害； (2) 设备损坏； (3) 机械伤害	0.5	1	3	1.5	1	(8) 戴防护手套、戴安全帽； (9) 吊物必须捆绑牢固，保持重心稳定； (10) 设专人指挥起吊，避免吊物下站人； (11) 设置隔离措施
4	驱动装置检修	(1) 起重作业； (2) 落物伤人； (3) 清洗； (4) 接触粉尘； (5) 设备滑落； (6) 未使用专用工具	(1) 人身伤害； (2) 设备损坏； (3) 机械伤害； (4) 中毒	0.5	1	3	1.5	1	(1) 使用前检查手摇机构、钢丝绳吊扣等； (2) 戴防护手套、戴安全帽； (3) 吊物必须捆绑牢固，保持重心稳定； (4) 设专人指挥起吊，避免吊物下站人； (5) 设置隔离措施； (6) 采取控制粉尘措施，加强日常维护； (7) 佩戴防尘口罩、呼吸器等； (8) 定期进行粉尘监测； (9) 定期体检； (10) 及时清扫，清理积灰； (11) 戴呼吸器； (12) 准备灭火器； (13) 使用专用工具

续表

编号	作业步骤	危害因素	可能导致的后果	风险评价					控制措施
				L	E	C	D	风险程度	
5	驱动装置组装	(1) 起重作业; (2) 落物伤人; (3) 接触粉尘; (4) 设备滑落	(1) 人身伤害; (2) 设备损坏; (3) 机械伤害	0.5	1	3	1.5	1	(1) 使用前检查手摇机构、钢丝绳吊扣等; (2) 戴防护手套、戴安全帽; (3) 吊物必须捆绑牢固,保持重心稳定; (4) 设专人指挥起吊,避免吊物下站人; (5) 设置隔离措施; (6) 采取控制粉尘措施,加强日常维护; (7) 佩戴防尘口罩、呼吸器等; (8) 定期进行粉尘监测; (9) 定期体检; (10) 及时清扫,清理积灰
6	驱动装置就位	(1) 开关绝缘不良或损坏; (2) 吊钩和卡扣损坏脱扣砸人; (3) 钢丝绳毛刺或断裂; (4) 手摇机构故障; (5) 起吊物重心不稳或绑扎不当; (6) 物件过重超载	(1) 机械伤害; (2) 触电	0.5	1	3	1.5	1	(1) 使用前检查手摇机构、钢丝绳吊扣等; (2) 戴防护手套、戴安全帽; (3) 吊物必须捆绑牢固,保持重心稳定; (4) 设专人指挥起吊,避免吊物下站人; (5) 设置隔离措施

编号	作业步骤	危害因素	可能导致的后果	风险评价					控制措施
				L	E	C	D	风险程度	
三		完工恢复							
1	检修工作结束	(1) 遗漏工器具； (2) 现场遗留检修杂物； (3) 不拆除临时用电	(1) 触电； (2) 人身伤害	0.5	1	3	1.5	1	(1) 收齐检查工器具； (2) 清扫检修现场； (3) 拆除临时用电
2	皮带机试转	(1) 工作票未交给运行值班员； (2) 机械卡死； (3) 现场没专人监护	(1) 人身伤害； (2) 设备故障	0.5	1	3	1.5	1	(1) 押回工作票； (2) 试转前进行盘车； (3) 现场有专人检查
3	工作完工	不结束工作票		0.5	1	3	1.5	1	结束工作票
四		作业环境							
1	粉尘环境	(1) 粉尘处理不当； (2) 呼吸系统保护不当； (3) 皮带机本体、遗留粉尘	职业危害	0.5	1	3	1.5	1	(1) 采取控制粉尘措施，加强日常维护； (2) 佩戴防尘口罩、呼吸器等； (3) 定期体检； (4) 及时清扫地面，清理积灰
2	噪声	旁边其他设备运行	职业危害	0.5	1	3	1.5	1	正确佩戴耳塞

37 输煤皮带机就地控制箱更换

主要作业风险：	控制措施：
（1）因切断电源时拉错开关、走错间隔或误送电，验电时误判无电或触及其他有电部位时造成触电、电弧灼伤、火灾和其他人身伤害和设备事故； （2）动火作业气割、气焊造成火灾、化学爆炸和其他人身伤害	（1）办理工作票、确认皮带机开关在检修位置、并挂"禁止合闸，有人工作"警告牌，在皮带机就地控制箱本体（明显处）挂"在此工作"标示牌； （2）检修期间进入现场作业前，要检查运行所做的各项安全措施是否有变动（如设备状态有否改变、若改变后安全措施能否满足要求）； （3）与带电或有高速转动部位保持安全距离； （4）施工中需要使用的工具、手持电动工具等必须进行认真检查，漏电保护器试验完好； （5）检修现场与其他设备用围栏隔离

编号	作业步骤	危害因素	可能导致的后果	风险评价					控制措施
				L	*E*	*C*	*D*	风险程度	
一	检修前准备								
1	切断电源	（1）拉错开关、走错间隔或误送电导致设备带电或误动； （2）分闸时引起着火； （3）误碰其他有电部位产生电弧	（1）触电、电弧灼伤； （2）火灾； （3）设备事故	1	6	15	90	3	（1）办理工作票，确认执行安全措施； （2）双人共同确认检修开关、上锁、验电和挂警示牌； （3）使用个人防护用品，如绝缘手套、绝缘鞋、面罩和防电弧服； （4）就地控制箱处悬挂"在此工作"标示牌； （5）与运行人员至检修现场共同办理工作票签发

编号	作业步骤	危害因素	可能导致的后果	风险评价					控制措施
				L	E	C	D	风险程度	
2	检修前验电	(1) 误判无电; (2) 使用错误或破损的验电设备; (3) 触及其他有电部位	(1) 触电、电弧灼伤; (2) 火灾	1	6	15	90	3	(1) 与运行人员共同确认开关或设备位置、正确验电; (2) 戴绝缘手套、穿绝缘鞋和防电弧服; (3) 按带电要求操作
3	临时用电	(1) 电源、电压等级和接线方式不符要求; (2) 负荷过载; (3) 电动工器具漏电危害人身	(1) 触电; (2) 火灾	1	6	7	42	2	(1) 检查电源; (2) 验电; (3) 对工器具做定期试验
4	布置场地（检修人员、工器具跌落）	(1) 检修现场周围吊孔围栏不牢固; (2) 检修工器具未摆放整齐	(1) 人身伤害; (2) 工器具损坏	1	5	7	35	2	(1) 检修开工前增设围栏并悬挂警示牌; (2) 对不牢固围栏加固; (3) 对检修现场设置定置图
5	安全交底	(1) 走错间隔; (2) 机械伤害; (3) 工器具遗留; (4) 高处作业; (5) 起重伤害; (6) 火灾事故	(1) 人身伤害; (2) 设备损坏; (3) 火灾	1	2	10	20	1	(1) 作业前注意认真核对设备; (2) 严禁在转动设备上站立、跨越或行走，不得在设备或皮带上行走、跨越或传递工具; (3) 检修作业前及作业结束后，注意清点工器具无误，防止工器具遗留在所检修的设备内; (4) 高处作业必须佩带安全带;

续表

编号	作业步骤	危害因素	可能导致的后果	风险评价					控制措施
				L	*E*	*C*	*D*	风险程度	
5	安全交底	(1) 走错间隔； (2) 机械伤害； (3) 工器具遗留； (4) 高处作业； (5) 起重伤害； (6) 火灾事故	(1) 人身伤害； (2) 设备损坏； (3) 火灾	1	2	10	20	1	(5) 使用合格起重工器具，使用前认真检查起吊设备，严格按照操作规程操作； (6) 动火作业需办理动火票、作业时备好必要的消防设施，实施电、火焊作业时下方做好隔离措施
6	工具/材料准备	工具/材料选择不当	物体打击	1	2	10	20	2	(1) 选择合适的操作工器具； (2) 检查所用的工具必须完好； (3) 正确使用工器具
二		检修过程							
1	就地控制箱更换	(1) 柜内元器件因接线桩松动发热； (2) 柜内积灰严重； (3) 粉尘污染	(1) 人身伤害； (2) 设备故障； (3) 人体触电	6	2	3	36	2	(1) 柜内元器件无发热烧伤痕迹等损坏，接线可靠，无松脱； (2) 柜内清扫积灰； (3) 清扫积灰应佩戴好个人防护用品
2	就地控制箱移动	(1) 吊钩和卡扣损坏脱扣砸人； (2) 钢丝绳毛刺或断裂； (3) 起吊物重心不稳或绑扎不当； (4) 物件过重超载； (5) 电机与其他设备连接件未全部拆除	(1) 机械伤害； (2) 触电； (3) 设备损坏	3	3	7	63	2	(1) 使用前检查钢丝绳吊扣等； (2) 戴防护手套、戴安全帽； (3) 吊物必须捆绑牢固，保持重心稳定； (4) 设置隔离措施； (5) 确认被吊电动机实际重量； (6) 起吊前专人检查确认电机已完全脱开

续表

编号	作业步骤	危害因素	可能导致的后果	风险评价					控制措施
				L	E	C	D	风险程度	
三			恢复检验						
1	结束工作	(1) 遗漏工器具; (2) 现场遗留检修杂物; (3) 不拆除临时用电; (4) 不结束工作票	(1) 触电; (2) 人身伤害	6	3	1	18	1	(1) 收齐检查工器具; (2) 清扫检修现场; (3) 拆除临时用电; (4) 结束工作票
四			作业环境						
1	粉尘环境	(1) 皮带、除尘器维护产生煤灰; (2) 皮带、除尘器泄漏产生煤灰; (3) 除铁器运行时散落/煤灰泄漏; (4) 煤灰清理不当; (5) 呼吸系统保护不当	职业危害，导致呼吸系统疾病或眼睛伤害如肺脏功能减低、鼻/喉发炎、皮炎	1	6	7	42	2	(1) 采取控制粉尘措施，加强日常维护; (2) 佩戴防尘口罩、呼吸器等; (3) 定期进行粉尘监测; (4) 定期体检; (5) 及时清扫地面，清理积灰
五			以往发生的事件						
1	信号线标记不清	引起皮带机不能紧急停止	(1) 人身伤害; (2) 设备故障	1	6	3	18	1	(1) 拆除前做好标记，并核对信号; (2) 工作票终结前核对信号要准确

38 燃脱皮带机现场保护开关及就地控制箱检修

主要作业风险：	控制措施：
（1）因切断电源时拉错开关、走错间隔或误送电，验电时误判无电或触及其他有电部位时造成触电、电弧灼伤、火灾和其他人身伤害和设备事故； （2）动火作业气割、气焊造成火灾、化学爆炸和其他人身伤害； （3）使用电动葫芦起吊电机时造成机械损伤； （4）登高作业爬梯滑落造成人身伤害； （5）检修现场周围存在孔洞围栏不牢固造成人员跌落	（1）办理工作票、确认皮带机PC开关在检修位置、并挂"禁止合闸，有人工作"警告牌，在皮带机就地控制箱本体（明显处）挂"在此工作"标示牌； （2）检修期间进入现场作业前，要检查运行所做的各项安全措施是否有变动（如设备状态有否改变、若改变后安全措施能否满足要求）； （3）与带电或有高速转动部位保持安全距离； （4）施工中需要使用的工具、手持电动工具等必须进行认真检查，漏电保护器试验完好； （5）检修现场与其他设备用围栏隔离

编号	作业步骤	危害因素	可能导致的后果	L	E	C	D	风险程度	控制措施
一		检修前准备							
1	切断电源	（1）拉错开关、走错间隔或误送电导致设备带电或误动； （2）分闸时引起着火； （3）误碰其他有电部位产生电弧	（1）触电、电弧灼伤； （2）火灾； （3）设备事故	1	6	15	90	3	（1）办理工作票，确认执行安全措施； （2）双人共同确认检修开关、上锁、验电和挂警示牌； （3）使用个人防护用品，如绝缘手套、绝缘鞋、面罩和防电弧服； （4）检修滚轴筛本体处悬挂"在此工作"标示牌； （5）与运行人员至检修现场共同办理工作票签发

续表

编号	作业步骤	危害因素	可能导致的后果	风险评价					控制措施
				L	*E*	*C*	*D*	风险程度	
2	检修前验电	(1) 误判无电； (2) 使用错误或破损的验电设备； (3) 触及其他有电部位	(1) 触电、电弧灼伤； (2) 火灾	1	6	15	90	3	(1) 与运行人员共同确认开关或设备位置、正确验电； (2) 戴绝缘手套、穿绝缘鞋和防电弧服； (3) 按带电要求操作
3	临时用电	(1) 电源、电压等级和接线方式不符要求； (2) 负荷过载； (3) 电动工器具漏电危害人身	(1) 触电； (2) 火灾	1	6	7	42	2	(1) 检查电源； (2) 验电； (3) 对工器具做定期试验
4	布置场地（检修人员、工器具跌落）	(1) 检修现场周围吊孔围栏不牢固； (2) 检修工器具未摆放整齐	(1) 人身伤害； (2) 工器具损坏	1	5	7	35	2	(1) 检修开工前增设围栏并悬挂警示牌； (2) 对不牢固围栏加固； (3) 对检修现场设置定置图
5	安全交底	(1) 走错间隔； (2) 机械伤害； (3) 工器具遗留； (4) 高处作业； (5) 起重伤害； (6) 火灾事故	(1) 人身伤害； (2) 设备损坏； (3) 火灾	1	2	10	20	1	(1) 作业前注意认真核对设备； (2) 严禁在转动设备上站立、跨越或行走，不得在设备或皮带上行走、跨越或传递工具； (3) 检修作业前及作业结束后，注意清点工器具无误，防止工器具遗留在所检修的设备内； (4) 高处作业必须佩带安全带；

编号	作业步骤	危害因素	可能导致的后果	风险评价					控制措施
				L	E	C	D	风险程度	
5	安全交底	(1) 走错间隔； (2) 机械伤害； (3) 工器具遗留； (4) 高处作业； (5) 起重伤害； (6) 火灾事故	(1) 人身伤害； (2) 设备损坏； (3) 火灾	1	2	10	20	1	(5) 使用合格起重工器具，使用前认真检查起吊设备，严格按照操作规程操作； (6) 动火作业需办理动火票、作业时备好必要的消防设施，实施电、火焊作业时下方做好隔离措施
6	工具/材料准备	工具/材料选择不当	物体打击	1	2	10	20	2	(1) 选择合适的操作工器具； (2) 检查所用的工具必须完好； (3) 正确使用工器具
二		检修过程							
1	就地控制箱检修	(1) 柜内元器件因接线桩松动发热； (2) 柜内积灰严重； (3) 粉尘污染	(1) 人身伤害； (2) 设备故障； (3) 人体触电	6	2	3	36	2	(1) 柜内元器件无发热烧伤痕迹等损坏，接线可靠，无松脱； (2) 柜内清扫积灰； (3) 清扫积灰应佩戴好个人防护用品
2	核对沿线保护开关信号	(1) 因信号线标记不清造成接线错误引起皮带机误启动； (2) 因信号线接线松动或接地引起设备误报	(1) 人身伤害； (2) 设备故障	3	3	7	63	2	(1) 检查核对信号线；并与运行人员联系做好皮带启动措施； (2) 做好信号线记号； (3) 紧固端子排，室外设备转接箱等做好防雨防潮措施
3	就地控制箱移动	(1) 吊钩和卡扣损坏脱扣砸人	(1) 机械伤害； (2) 触电；	3	3	7	63	2	(1) 使用前检查钢丝绳吊扣等； (2) 戴防护手套、戴安全帽；

编号	作业步骤	危害因素	可能导致的后果	风险评价				风险程度	控制措施
				L	E	C	D		
3	就地控制箱移动	（2）钢丝绳毛刺或断裂； （3）起吊物重心不稳或绑扎不当； （4）物件过重超载； （5）电动机与其他设备连接件未全部拆除	（3）设备损坏	3	3	7	63	2	（3）吊物必须捆绑牢固，保持重心稳定； （4）设置隔离措施； （5）确认被吊电动机实际重量； （6）起吊前专人检查确认电机已完全脱开
4	皮带沿线开关检修	（1）更换开关不符合要求； （2）恢复开关时应做好信号核对及传动	（1）人身伤害； （2）设备故障	1	1	3	3	1	（1）更换开关时应合理安排人员，做好防误启动皮带安全措施； （2）安排人员做好信号核对及传动
三		恢复检验							
1	结束工作	（1）遗漏工器具； （2）现场遗留检修杂物； （3）不拆除临时用电； （4）不结束工作票	（1）触电； （2）人身伤害	6	3	1	18	1	（1）收齐检查工器具； （2）清扫检修现场； （3）拆除临时用电； （4）结束工作票
四		作业环境							
1	粉尘环境	（1）皮带、除尘器维护产生煤灰； （2）皮带、除尘器泄漏产生煤灰； （3）除铁器运行时散落/煤灰泄漏	职业危害，导致呼吸系统疾病或眼睛伤害如肺脏功能减低、鼻/喉发炎、皮炎	1	6	7	42	2	（1）采取控制粉尘措施，加强日常维护； （2）佩戴防尘口罩、呼吸器等； （3）定期进行粉尘监测； （4）定期体检；

编号	作业步骤	危害因素	可能导致的后果	风险评价					控制措施
				L	E	C	D	风险程度	
1	粉尘环境	（4）煤灰清理不当； （5）呼吸系统保护不当	职业危害，导致呼吸系统疾病或眼睛伤害如肺脏功能减低、鼻/喉发炎、皮炎	1	6	7	42	2	（5）及时清扫地面，清理积灰
五		以往发生的事件							
1	信号线标记不清	引起皮带机不能紧急停止	（1）人身伤害； （2）设备故障	1	6	3	18	1	（1）拆除前做好标记，并核对信号； （2）工作票终结前核对信号要准确

39 输煤皮带沿线感温电缆施放

主要作业风险：	控制措施：
(1) 检修时周围有转动机械造成人身伤害；	(1) 办理工作票；
(2) 检修现场周围存在孔洞围栏不牢固造成人员跌落；	(2) 检修工作开始前工作负责人检查检修现场孔洞围栏是否牢固，在检修区域增设围栏并悬挂警告牌；
(3) 周围工作环境对人身健康造成的影响	(3) 工作人员正确使用个人防护设备

编号	作业步骤	危害因素	可能导致的后果	L	E	C	D	风险程度	控制措施
一		检修前准备							
1	确认工作票安全措施执行	(1) 拉错开关、走错间隔或误送电导致设备带电或误动；(2) 误碰其他有电部位产生电弧	(1) 触电、电弧灼伤；(2) 设备事故	3	2	1	6	1	(1) 办理工作票，确认并执行安全措施；(2) 检修电源开关处悬挂"在此工作"标示牌；(3) 与运行人员至检修现场共同办理工作票签发；(4) 与运行人员共同确认开关或设备位置，正确验电
2	工作交底	走错间隔	(1) 触电；(2) 设备事故	3	2	1	6	1	加强人员培训
3	准备工器具/材料	工器具与设备不配套	设备事故	6	2	1	12	1	(1) 做好修前准备；(2) 加强人员培训
4	准备劳动保护用品	噪声、粉尘危害	职业危害	3	2	1	6	1	准备耳塞、手套、口罩
5	搭设脚手架	脚手架未验收合格	高处坠落	1	1	7	7	1	作业前验收脚手架

编号	作业步骤	危害因素	可能导致的后果	风险评价					控制措施
				L	E	C	D	风险程度	
二			检修过程						
1	皮带沿线感温电缆施放	(1) 悬挂位置错位; (2) 作业人员站位不正确; (3) 无关人员误入作业区域; (4) 高处作业失足; (5) 误碰机械设备	(1) 物体打击; (2) 设备事故; (3) 高处坠落; (4) 机械伤害	3	3	3	27	1	(1) 使用个人防护设备; (2) 设置隔离区
2	接动力、控制电缆	(1) 工作票未交给运行值班员; (2) 电源线裸露	触电	1	3	3	9	1	(1) 专人监护; (2) 工作票押回运行
三			完工恢复						
1	结束工作	(1) 遗漏工器具; (2) 现场遗留检修杂物; (3) 不结束工作票	(1) 触电; (2) 人身伤害	6	3	1	18	1	(1) 收齐检查工器具; (2) 清扫检修现场; (3) 结束工作票
四			作业环境						
1	粉尘环境	(1) 石灰石粉仓产生石灰石粉; (2) 石灰石粉清理不当; (3) 呼吸系统保护不当	职业危害,导致呼吸系统疾病或眼睛伤害如肺脏功能减低、鼻/喉发炎、皮炎	3	6	1	18	1	(1) 采取控制粉尘措施,加强日常维护; (2) 佩戴防尘口罩、呼吸器等; (3) 定期进行粉尘监测; (4) 定期体检; (5) 及时清扫地面,清理积灰

编号	作业步骤	危害因素	可能导致的后果	风险评价					控制措施
				L	E	C	D	风险程度	
2	噪声环境	（1）转动机械产生大量噪声； （2）听力保护不当	职业危害，导致听力下降	3	6	1	18	1	正确佩戴耳塞

40 输煤区域泵、阀门、管道检修

主要作业风险：	控制措施：
（1）动火作业气割、气焊造成火灾、化学爆炸和其他人身伤害；	（1）办理工作票；
（2）起重伤害；	（2）吊装前检查吊装器具、禁止站在吊件下；
（3）中毒与窒息；	（3）如动火需开动火工作票、使用阻燃垫布、专人监护
（4）机械伤害；	
（5）高处坠落	

编号	作业步骤	危害因素	可能导致的后果	风险评价					控制措施
				L	E	C	D	风险程度	
一			检修前准备						
1	办理工作票	（1）无票作业； （2）措施未执行	（1）人身伤害； （2）设备事故	1	0.5	1	0.5	1	（1）办理工作票，确认执行安全措施； （2）双人共同确认检修设备隔离、挂警示牌
2	临时用电	（1）电源、电压等级和接线方式不符合要求； （2）负荷过载	（1）触电； （2）火灾	0.5	2	1	1	1	（1）检查电源； （2）验电
3	动火作业（气割、气焊）	（1）附近有易燃易爆气体或易燃物； （2）气管老化、漏气、打结，未使用氧气减压器和乙炔回火阀； （3）气管与钢瓶接口没有固定；	（1）火灾； （2）化学爆炸； （3）人身伤害	1	2	1	2		（1）办理动火作业票，执行安全措施，监护人到位； （2）作业人员必须参加动火作业培训； （3）检查气管有无破损，使用氧气减压器和乙炔回火阀；

编号	作业步骤	危害因素	可能导致的后果	风险评价					控制措施
				L	E	C	D	风险程度	
3	动火作业（气割、气焊）	（4）气体钢瓶没有固定； （5）乙炔气瓶与氧气钢瓶距离太近； （6）没有使用阻燃垫； （7）割碴飞溅，没有使用阻燃垫； （8）没有穿戴或使用不合适的工作服、防护鞋、防护眼镜和面罩等； （9）交叉作业或登高作业	（1）火灾； （2）化学爆炸； （3）人身伤害	1	2	1	2	1	（4）氧气瓶、乙炔瓶垂直放置并固定，距离不小于8m； （5）做好防火隔离措施，如使用阻燃垫和警示标识，准备灭火器等； （6）穿戴合适工作服、防护鞋、防护眼镜、面罩和安全带等； （7）交叉作业及时沟通和设置警示
4	安全交底	（1）走错间隔； （2）机械伤害； （3）工器具遗留； （4）高处作业； （5）起重伤害； （6）火灾事故	（1）人身伤害； （2）设备损坏； （3）火灾	0.5	2	10	10	1	（1）作业前注意认真核对设备； （2）严禁在转动设备上站立、跨越或行走，不得在皮带上跨越、行走或传递工具； （3）检修作业前及作业结束后，注意清点工器具无误，防止工器具遗留在所检修的设备内； （4）高处作业必须佩带安全带； （5）使用合格起重工器具，使用前认真检查起吊设备，严格按照操作规程操作； （6）动火作业需办理动火票、作业时备好必要的消防设施，实施电、火焊作业时方下做好隔离措施

续表

编号	作业步骤	危害因素	可能导致的后果	风险评价					控制措施
				L	E	C	D	风险程度	
5	准备工具/材料	工具/材料选择不当	物体打击	1	2	10	20	2	(1) 选择合适的操作工器具； (2) 检查所用的工具必须完好； (3) 正确使用工器具
二	检修								
1	泵的检修	(1) 起重作业； (2) 架设脚手架； (3) 设备滑落； (4) 未使用专用工具； (5) 接临时照明； (6) 落物伤人	(1) 人身伤害； (2) 设备损坏； (3) 机械伤害	1	6	1	6	1	(1) 使用前检查手摇机构、钢丝绳吊扣等； (2) 戴防护手套、戴安全帽； (3) 吊物必须捆绑牢固，保持重心稳定； (4) 设专人指挥起吊，避免吊物下站人； (5) 设置隔离措施； (6) 按标准搭设脚手架，验收合格后使用； (7) 脚手架牢固，能够承受其上人和物的重量； (8) 脚手架所用材料符合要求，无虫蛀和机械损伤； (9) 使用专用工具
2	阀门的检修	(1) 接触粉尘； (2) 高处作业； (3) 起重作业；	(1) 设备损坏； (2) 人身伤害； (3) 触电；	3	1	1	3	1	(1) 采取控制粉尘措施，加强日常维护； (2) 佩戴防尘口罩、呼吸器等； (3) 定期进行粉尘监测；

续表

编号	作业步骤	危害因素	可能导致的后果	风险评价					控制措施
				L	E	C	D	风险程度	
2	阀门的检修	(4) 动火作业； (5) 架设脚手架； (6) 设备滑落；	(4) 火灾；	3	1	1	3	1	(4) 定期体检； (5) 及时清扫，清理积灰； (6) 工作人员没有妨碍高处作业的病症； (7) 使用合格的安全带，且将安全带挂在腰部以上牢固的物件上； (8) 在高处改变作业位置时，安全带不能解除或采用双绳安全带； (9) 检修现场必须戴好安全帽并系紧帽带； (10) 使用前检查手摇机构、钢丝绳吊扣等； (11) 戴防护手套、戴安全帽； (12) 吊物必须捆绑牢固，保持重心稳定； (13) 设专人指挥起吊，避免吊物下站人； (14) 设置隔离措施； (15) 办理动火作业票，执行安全措施，监护人到位、准备灭火器、使用阻燃垫布； (16) 按电焊或气割作业规程作业； (17) 按标准搭设脚手架，验收合格后使用；

续表

编号	作业步骤	危害因素	可能导致的后果	风险评价					控制措施
				L	E	C	D	风险程度	
2	阀门的检修	(7) 接临时照明; (8) 落物伤人	(5) 机械伤害	3	1	1	3	1	(18) 能够承受其上人和物的重量; (19) 用料符合要求,无虫蛀和机械损伤
3	管道检修	(1) 接触粉尘; (2) 高处作业; (3) 起重作业; (4) 动火作业; (5) 架设脚手架; (6) 设备滑落; (7) 接临时照明; (8) 落物伤人	(1) 设备损坏; (2) 人身伤害; (3) 触电; (4) 火灾; (5) 机械伤害	3	1	1	3	1	(1) 采取控制粉尘措施,加强日常维护; (2) 佩戴防尘口罩、呼吸器等; (3) 定期进行粉尘监测; (4) 定期体检; (5) 及时清扫,清理积灰; (6) 工作人员没有妨碍高处作业的病症; (7) 使用合格的安全带,且将安全带挂在腰部以上牢固的物件上; (8) 在高处改变作业位置时,安全带不能解除或采用双绳安全带; (9) 检修现场必须戴好安全帽并系紧帽带; (10) 使用前检查手摇机构、钢丝绳吊扣等; (11) 戴防护手套、戴安全帽; (12) 吊物必须捆绑牢固,保持重心稳定; (13) 设专人指挥起吊,避免吊物下站人;

161

续表

编号	作业步骤	危害因素	可能导致的后果	L	E	C	D	风险程度	控制措施
3	管道检修	(1) 接触粉尘; (2) 高处作业; (3) 起重作业; (4) 动火作业; (5) 架设脚手架; (6) 设备滑落; (7) 接临时照明; (8) 落物伤人	(1) 设备损坏; (2) 人身伤害; (3) 触电; (4) 火灾; (5) 机械伤害	3	1	1	3	1	(14) 设置隔离措施; (15) 办理动火作业票,执行安全措施,监护人到位、准备灭火器、使用阻燃垫布; (16) 按电焊或气割作业规程作业; (17) 按标准搭设脚手架,验收合格后使用; (18) 能够承受其上人和物的重量; (19) 用料符合要求,无虫蛀和机械损伤
4	泵的恢复	(1) 起重作业; (2) 设备滑落; (3) 接临时照明; (4) 落物伤人	(1) 人身伤害; (2) 设备损坏; (3) 机械伤害; (4) 触电	1	6	1	6	1	(1) 使用前检查手摇机构、钢丝绳吊扣等; (2) 戴防护手套、戴安全帽; (3) 吊物必须捆绑牢固,保持重心稳定; (4) 设专人指挥起吊,避免吊物下站人; (5) 设置隔离措施
5	阀门恢复	(1) 接触粉尘; (2) 高处作业; (3) 起重作业	(1) 人身伤害; (2) 设备损坏; (3) 机械伤害	3	1	1	3	1	(1) 采取控制粉尘措施,加强日常维护; (2) 佩戴防尘口罩、呼吸器等;

编号	作业步骤	危害因素	可能导致的后果	风险评价					控制措施
				L	E	C	D	风险程度	
5	阀门恢复	(4) 架设脚手架； (5) 设备滑落； (6) 接临时照明；	(1) 人身伤害； (2) 设备损坏； (3) 机械伤害	3	1	1	3	1	(3) 定期进行粉尘监测； (4) 定期体检； (5) 及时清扫，清理积灰； (6) 工作人员没有妨碍高处作业的病症； (7) 使用合格的安全带，且将安全带挂在腰部以上牢固的物件上； (8) 在高处改变作业位置时，安全带不能解除或采用双绳安全带； (9) 检修现场必须戴好安全帽并系紧帽带； (10) 使用前检查手摇机构、钢丝绳吊扣等； (11) 戴防护手套、戴安全帽； (12) 吊物必须捆绑牢固，保持重心稳定； (13) 设专人指挥起吊，避免吊物下站人； (14) 设置隔离措施； (15) 办理动火作业票，执行安全措施，监护人到位、准备灭火器、使用阻燃垫布； (16) 按电焊或气割作业规程作业；

编号	作业步骤	危害因素	可能导致的后果	风险评价					控制措施
				L	E	C	D	风险程度	
5	阀门恢复	(7) 落物伤人	(1) 人身伤害； (2) 设备损坏； (3) 机械伤害	3	1	1	3	1	(17) 按标准搭设脚手架，验收合格后使用； (18) 能够承受其上人和物的重量； (19) 用料符合要求，无虫蛀和机械损伤
6	管道恢复	(1) 接触粉尘； (2) 高处作业； (3) 起重作业； (4) 架设脚手架； (5) 设备滑落； (6) 接临时照明； (7) 落物伤人		3	1	1	3	1	(1) 采取控制粉尘措施，加强日常维护； (2) 佩戴防尘口罩、呼吸器等； (3) 定期进行粉尘监测； (4) 定期体检； (5) 及时清扫，清理积灰； (6) 工作人员没有妨碍高处作业的病症； (7) 使用合格的安全带，且将安全带挂在腰部以上牢固的物件上； (8) 在高处改变作业位置时，安全带不能解除或采用双绳安全带； (9) 检修现场必须戴好安全帽并系紧帽带； (10) 使用前检查手摇机构、钢丝绳吊扣等； (11) 戴防护手套、戴安全帽； (12) 吊物必须捆绑牢固，保持重心稳定；

编号	作业步骤	危害因素	可能导致的后果	L	E	C	D	风险程度	控制措施
6	管道恢复	(1) 接触粉尘； (2) 高处作业； (3) 起重作业； (4) 架设脚手架； (5) 设备滑落； (6) 接临时照明； (7) 落物伤人		3	1	1	3	1	(13) 设专人指挥起吊，避免吊物下站人； (14) 设置隔离措施； (15) 办理动火作业票，执行安全措施，监护人到位、准备灭火器、使用阻燃垫布； (16) 按电焊或气割作业规程作业； (17) 按标准搭设脚手架，验收合格后使用； (18) 能够承受其上人和物的重量； (19) 用料符合要求，无虫蛀和机械损伤
三		完工恢复							
1	检修工作结束	(1) 遗漏工器具； (2) 现场遗留检修杂物； (3) 不拆除临时用电	(1) 触电； (2) 人身伤害	0.1	6	1	0.6	1	(1) 收齐检查工器具； (2) 清扫检修现场； (3) 拆除临时用电
2	设备试运行	(1) 工作票未交给运行值班员； (2) 现场没专人监护	(1) 人身伤害； (2) 设备故障	6	1	3	18	1	(1) 押回工作票； (2) 现场有专人检查
3	工作完工	不结束工作票		0.2	0.5	1	0.1	1	结束工作票
四		作业环境							
1	噪声	旁边其他设备运行	职业危害	1	6	3	18	1	正确佩戴耳塞

编号	作业步骤	危害因素	可能导致的后果	风险评价					控制措施
				L	E	C	D	风险程度	
2	粉尘环境	(1) 粉尘处理不当； (2) 呼吸系统保护不当； (3) 遗留粉尘	职业危害	1	6	3	18	1	(1) 采取控制粉尘措施，加强日常维护； (2) 佩戴防尘口罩、呼吸器等； (3) 定期体检； (4) 及时清扫地面，清理积灰

41 输煤区域煤水处理装置检修

主要作业风险:	控制措施:
(1) 动火作业气割、气焊造成火灾、化学爆炸和其他人身伤害; (2) 起重伤害; (3) 机械伤害; (4) 高处坠落	(1) 办理工作票; (2) 吊装前检查吊装器具、禁止站在吊件下; (3) 如动火需开动火工作票、使用阻燃垫布、专人监护

编号	作业步骤	危害因素	可能导致的后果	风险评价					控制措施
				L	E	C	D	风险程度	
一			检修前准备						
1	办理工作票	(1) 无票作业; (2) 措施未执行	(1) 人身伤害; (2) 设备事故	1	0.5	1	0.5	1	(1) 办理工作票,确认执行安全措施; (2) 双人共同确认检修设备隔离、挂警示牌
2	临时用电	(1) 电源、电压等级和接线方式不符要求; (2) 负荷过载	(1) 触电; (2) 火灾	0.5	2	1	1	1	(1) 检查电源; (2) 验电
3	动火作业(气割、气焊)	(1) 附近有易燃易爆气体或易燃物; (2) 气管老化、漏气、打结,未使用氧气减压器和乙炔回火阀; (3) 气管与钢瓶接口没有固定;	(1) 火灾; (2) 化学爆炸; (3) 人身伤害	1	2	1	2	1	(1) 办理动火作业票,执行安全措施,监护人到位; (2) 作业人员必须参加动火作业培训; (3) 检查气管有无破损,使用氧气减压器和乙炔回火阀;

编号	作业步骤	危害因素	可能导致的后果	风险评价					控制措施
				L	E	C	D	风险程度	
3	动火作业（气割、气焊）	（4）气体钢瓶没有固定； （5）乙炔气瓶与氧气钢瓶距离太近； （6）没有使用阻燃垫； （7）割碴飞溅，没有使用阻燃垫； （8）没有穿戴或使用合适的工作服、防护鞋、防护眼镜和面罩等； （9）交叉作业或登高作业	（1）火灾； （2）化学爆炸； （3）人身伤害	1	2	1	2	1	（4）氧气瓶、乙炔瓶垂直放置并固定，距离不小于8m； （5）做好防火隔离措施，如使用阻燃垫和警示标识，准备灭火器等； （6）穿戴合适工作服、防护鞋、防护眼镜、面罩和安全带等； （7）交叉作业及时沟通和设置警示
4	安全交底	（1）走错间隔； （2）机械伤害； （3）工器具遗留； （4）高处作业； （5）起重伤害； （6）火灾事故	（1）人身伤害； （2）设备损坏； （3）火灾	0.5	2	10	10	1	（1）作业前注意认真核对设备； （2）严禁在转动设备上站立、跨越或行走，不得在皮带上跨越、行走或传递工具； （3）检修作业前及作业结束后，注意清点工器具无误，防止工器具遗留在所检修的设备内； （4）高处作业必须佩带安全带； （5）使用合格起重工器具，使用前认真检查起吊设备，严格按照操作规程操作； （6）动火作业需办理动火票、作业时备好必要的消防设施，实施电、火焊作业时下方做好隔离措施

编号	作业步骤	危害因素	可能导致的后果	风险评价					控制措施
				L	*E*	*C*	*D*	风险程度	
5	准备工具/材料	工具/材料选择不当	物体打击	1	2	10	20	2	(1) 选择合适的操作工器具; (2) 检查所用的工具必须完好; (3) 正确使用工器具
二		检修							
1	箱体检修	(1) 高处作业; (2) 动火作业; (3) 设备滑落; (4) 接临时照明; (5) 落物伤人	(1) 人身伤害; (2) 火灾; (3) 触电; (4) 设备损坏; (5) 机械伤害	0.2	1	1	0.2	1	(1) 工作人员没有妨碍高处作业的病症; (2) 使用合格的安全带,且将安全带挂在腰部以上牢固的物件上; (3) 在高处改变作业位置时,安全带不能解除或采用双绳安全带; (4) 检修现场必须戴好安全帽并系紧帽带; (5) 办理动火作业票,执行安全措施,监护人到位、准备灭火器、使用阻燃垫布; (6) 按电焊或气割作业规程作业
2	斜管检修	(1) 高处作业; (2) 动火作业; (3) 设备滑落; (4) 接临时照明; (5) 未使用专用工具	(1) 设备损坏; (2) 人身伤害; (3) 触电; (4) 火灾; (5) 机械伤害	0.2	1	1	0.2	1	(1) 工作人员没有妨碍高处作业的病症; (2) 使用合格的安全带,且将安全带挂在腰部以上牢固的物件上; (3) 在高处改变作业位置时,安全带不能解除或采用双绳安全带;

续表

编号	作业步骤	危害因素	可能导致的后果	风险评价					控制措施
				L	E	C	D	风险程度	
2	斜管检修	(1) 高处作业； (2) 动火作业； (3) 设备滑落； (4) 接临时照明； (5) 未使用专用工具	(1) 设备损坏； (2) 人身伤害； (3) 触电； (4) 火灾； (5) 机械伤害	0.2	1	1	0.2	1	(4) 检修现场必须戴好安全帽并系紧帽带； (5) 办理动火作业票，执行安全措施，监护人到位、准备灭火器、使用阻燃垫布； (6) 按电焊或气割作业规程作业； (7) 使用专用工具
3	水泵检修	(1) 起重作业； (2) 架设脚手架； (3) 设备滑落； (4) 未使用专用工具； (5) 落物伤人	(1) 人身伤害； (2) 设备损坏； (3) 机械伤害	1	1	3	3	1	(1) 使用前检查手摇机构、钢丝绳吊扣等； (2) 戴防护手套、安全帽； (3) 吊物必须捆绑牢固，保持重心稳定； (4) 设专人指挥起吊，避免吊物下站人； (5) 设置隔离措施； (6) 按标准搭设脚手架，验收合格后使用； (7) 脚手架牢固，能够承受其上人和物的重量； (8) 脚手架所用材料符合要求，无虫蛀和机械损伤； (9) 使用专用工具

编号	作业步骤	危害因素	可能导致的后果	风险评价 L	E	C	D	风险程度	控制措施
4	箱体恢复	(1) 高处作业; (2) 设备滑落; (3) 接临时照明	(1) 人身伤害; (2) 设备损坏; (3) 机械伤害; (4) 触电	0.2	1	1	0.2	1	(1) 工作人员没有妨碍高处作业的病症; (2) 使用合格的安全带,且将安全带挂在腰部以上牢固的物件上; (3) 在高处改变作业位置时,安全带不能解除或采用双绳安全带; (4) 检修现场必须戴好安全帽并系紧帽带
5	斜管恢复	(1) 高处作业; (2) 动火作业; (3) 设备滑落; (4) 接临时照明; (5) 未使用专用工具	(1) 人身伤害; (2) 设备损坏; (3) 机械伤害	0.2	1	1	0.2	1	(1) 工作人员没有妨碍高处作业的病症; (2) 使用合格的安全带,且将安全带挂在腰部以上牢固的物件上; (3) 在高处改变作业位置时,安全带不能解除或采用双绳安全带; (4) 检修现场必须戴好安全帽并系紧帽带; (5) 办理动火作业票,执行安全措施,监护人到位、准备灭火器、使用阻燃垫布; (6) 按电焊或气割作业规程作业; (7) 使用专用工具
6	水泵恢复	(1) 起重作业; (2) 架设脚手架; (3) 设备滑落;		1	1	3	3	1	(1) 使用前检查手摇机构、钢丝绳吊扣等; (2) 戴防护手套、安全帽;

续表

编号	作业步骤	危害因素	可能导致的后果	风险评价					控制措施
				L	E	C	D	风险程度	
6	水泵恢复	(4) 未使用专用工具； (5) 落物伤人		1	1	3	3	1	(3) 吊物必须捆绑牢固，保持重心稳定； (4) 设专人指挥起吊，避免吊物下站人； (5) 设置隔离措施； (6) 按标准搭设脚手架，验收合格后使用； (7) 脚手架牢固，能够承受其上人和物的重量； (8) 脚手架所用材料符合要求，无虫蛀和机械损伤； (9) 使用专用工具
三		完工恢复							
1	检修工作结束	(1) 遗漏工器具； (2) 现场遗留检修杂物； (3) 不拆除临时用电	(1) 触电； (2) 人身伤害	0.5	1	3	1.5	1	(1) 收齐检查工器具； (2) 清扫检修现场； (3) 拆除临时用电
2	煤水处理装置试运行	(1) 工作票未交给运行值班员； (2) 现场没专人监护	(1) 人身伤害； (2) 设备故障	0.5	1	3	1.5	1	(1) 押回工作票； (2) 现场有专人检查
3	工作完工	不结束工作票		0.5	1	3	1.5	1	结束工作票
四		作业环境							
1	噪声	旁边其他设备运行	职业危害	0.5	1	3	1.5	1	正确佩戴耳塞

42 输煤区域喷雾喷淋装置检修

主要作业风险： (1) 动火作业气割、气焊造成火灾、化学爆炸和其他人身伤害； (2) 起重伤害； (3) 机械伤害； (4) 高处坠落				控制措施： (1) 办理工作票； (2) 吊装前检查吊装器具、禁止站在吊件下； (3) 如动火需开动火工作票、使用阻燃垫布、专人监护						

编号	作业步骤	危害因素	可能导致的后果	风险评价					控制措施
				L	E	C	D	风险程度	
一	检修前准备								
1	办理工作票	(1) 无票作业； (2) 措施未执行	(1) 人身伤害； (2) 设备事故	0.2	6	1	1.2	1	(1) 办理工作票，确认并执行安全措施； (2) 双人共同确认检修设备隔离、挂警示牌
2	临时用电	(1) 电源、电压等级和接线方式不符要求； (2) 负荷过载	(1) 触电； (2) 火灾	0.5	6	1	3	1	(1) 检查电源； (2) 验电
3	动火作业（气割、气焊）	(1) 附近有易燃易爆气体或易燃物； (2) 气管老化、漏气、打结，未使用氧气减压器和乙炔回火阀； (3) 气管与钢瓶接口没有固定；	(1) 火灾； (2) 化学爆炸； (3) 人身伤害	0.5	6	1	3	1	(1) 办理动火作业票，执行安全措施，监护人到位； (2) 作业人员必须参加动火作业培训； (3) 检查气管有无破损，使用氧气减压器和乙炔回火阀； (4) 氧气瓶、乙炔瓶垂直放置并固定，距离不小于8m；

编号	作业步骤	危害因素	可能导致的后果	风险评价					控制措施
				L	E	C	D	风险程度	
3	动火作业（气割、气焊）	（4）气体钢瓶没有固定； （5）乙炔气瓶与氧气钢瓶距离太近； （6）没有使用阻燃垫； （7）割碴飞溅，没有使用阻燃垫； （8）没有穿戴或使用合适的工作服、防护鞋、防护眼镜和面罩等； （9）交叉作业或登高作业	（1）火灾； （2）化学爆炸； （3）人身伤害	0.5	6	1	3	1	（5）做好防火隔离措施，如使用阻燃垫和警示标识，准备灭火器等； （6）穿戴合适工作服、防护鞋、防护眼镜、面罩和安全带等； （7）交叉作业及时沟通和设置警示
4	安全交底	（1）走错间隔； （2）机械伤害； （3）工器具遗留； （4）高处作业； （5）起重伤害； （6）火灾事故	（1）人身伤害； （2）设备损坏； （3）火灾	0.5	2	10	10	1	（1）作业前注意认真核对设备； （2）严禁在转动设备上站立、跨越或行走，不得在皮带上跨越、行走或传递工具； （3）检修作业前及作业结束后，注意清点工器具无误，防止工器具遗留在所检修的设备内； （4）高处作业必须佩带安全带； （5）使用合格起重工器具，使用前认真检查起吊设备，严格按照操作规程操作； （6）动火作业需办理动火票、作业时备好必要的消防设施，实施电、火焊作业时下方做好隔离措施

编号	作业步骤	危害因素	可能导致的后果	风险评价					控制措施
				L	*E*	*C*	*D*	风险程度	
5	准备工具/材料	工具/材料选择不当	物体打击	1	2	10	20	2	(1) 选择合适的操作工器具; (2) 检查所用的工具必须完好; (3) 正确使用工器具
二		检修							
1	空气压缩机检修	(1) 接触粉尘; (2) 起重作业; (3) 设备滑落; (4) 未使用专用工具; (5) 接临时照明	(1) 人身伤害; (2) 触电; (3) 设备损坏	0.5	3	1	1.5	1	(1) 采取控制粉尘措施, 加强日常维护; (2) 佩戴防尘口罩、呼吸器等; (3) 定期进行粉尘监测; (4) 定期体检; (5) 及时清扫, 清理积灰; (6) 使用前检查手摇机构、钢丝绳吊扣等; (7) 戴防护手套、安全帽; (8) 吊物必须捆绑牢固, 保持重心稳定; (9) 设专人指挥起吊, 避免吊物下站人; (10) 设置隔离措施; (11) 使用专用工具
2	储气罐检修	(1) 接触粉尘; (2) 起重作业; (3) 设备滑落; (4) 接临时照明	(1) 设备损坏; (2) 人身伤害; (3) 触电; (4) 机械伤害	0.5	1	7	3.5	1	(1) 采取控制防尘措施, 加强日常维护; (2) 佩戴防尘口罩、呼吸器等; (3) 定期进行粉尘监测;

编号	作业步骤	危害因素	可能导致的后果	风险评价					控制措施
				L	E	C	D	风险程度	
2	储气罐检修	(1) 接触粉尘; (2) 起重作业; (3) 设备滑落; (4) 接临时照明	(1) 设备损坏; (2) 人身伤害; (3) 触电; (4) 机械伤害	0.5	1	7	3.5	1	(4) 定期体检; (5) 及时清扫,清理积灰; (6) 使用前检查手摇机构、钢丝绳吊扣等; (7) 戴防护手套、安全帽; (8) 吊物必须捆绑牢固,保持重心稳定; (9) 设专人指挥起吊,避免吊物下站人; (10) 设置隔离措施
3	水箱检修	(1) 接触粉尘; (2) 接临时照明	人身伤害	0.2	0.5	1	0.1	1	(1) 采取控制粉尘措施,加强日常维护; (2) 佩戴防尘口罩、呼吸器等; (3) 定期进行粉尘监测; (4) 定期体检; (5) 及时清扫,清理积灰
4	喷淋泵检修	(1) 起重作业; (2) 设备滑落; (3) 未使用专用工具; (4) 接临时照明	(1) 设备损坏; (2) 机械伤害; (3) 人身伤害	0.5	1	1	0.5	1	(1) 使用前检查手摇机构、钢丝绳吊扣等; (2) 戴防护手套、安全帽; (3) 吊物必须捆绑牢固,保持重心稳定; (4) 设专人指挥起吊,避免吊物下站人; (5) 设置隔离措施; (6) 使用专用工具

续表

编号	作业步骤	危害因素	可能导致的后果	风险评价					控制措施
				L	E	C	D	风险程度	
5	喷枪检修	(1) 接触粉尘; (2) 高处作业	人身伤害	0.5	2	1	1	1	(1) 采取控制粉尘措施,加强日常维护; (2) 佩戴防尘口罩、呼吸器等; (3) 定期进行粉尘监测; (4) 定期体检; (5) 及时清扫,清理积灰; (6) 工作人员没有妨碍高处作业的病症; (7) 使用合格的安全带,且将安全带挂在腰部以上牢固的物件上; (8) 在高处改变作业位置时,安全带不能解除或采用双绳安全带; (9) 检修现场必须戴好安全帽并系紧帽带
6	空气压缩机恢复	(1) 接触粉尘; (2) 起重作业; (3) 设备滑落; (4) 接临时照明	(1) 人身伤害; (2) 设备损坏; (3) 机械伤害	0.5	3	1	1.5	1	(1) 采取控制粉尘措施,加强日常维护; (2) 佩戴防尘口罩、呼吸器等; (3) 定期进行粉尘监测; (4) 定期体检; (5) 及时清扫,清理积灰; (6) 使用前检查手摇机构、钢丝绳吊扣等; (7) 戴防护手套、安全帽; (8) 吊物必须捆绑牢固,保持重心稳定; (9) 设专人指挥起吊,避免吊物下站人; (10) 设置隔离措施

编号	作业步骤	危害因素	可能导致的后果	风险评价					控制措施
				L	E	C	D	风险程度	
7	储气罐恢复	(1) 接触粉尘； (2) 起重作业； (3) 接临时照明； (4) 落物伤人	(1) 人身伤害； (2) 设备损坏； (3) 机械伤害	0.5	1	7	3.5	1	(1) 采取控制粉尘措施，加强日常维护； (2) 佩戴防尘口罩、呼吸器等； (3) 定期进行粉尘监测； (4) 定期体检； (5) 及时清扫，清理积灰； (6) 使用前检查手摇机构、钢丝绳吊扣等； (7) 戴防护手套、安全帽； (8) 吊物必须捆绑牢固，保持重心稳定； (9) 设专人指挥起吊，避免吊物下站人； (10) 设置隔离措施
8	喷淋水泵恢复	(1) 接触粉尘； (2) 起重作业； (3) 设备滑落； (4) 接临时照明	(1) 人身伤害； (2) 设备损坏	0.5	1	1	0.5	1	(1) 采取控制粉尘措施，加强日常维护； (2) 佩戴防尘口罩、呼吸器等； (3) 定期进行粉尘监测； (4) 定期体检； (5) 及时清扫，清理积灰； (6) 使用前检查手摇机构、钢丝绳吊扣等； (7) 戴防护手套、安全帽； (8) 吊物必须捆绑牢固，保持重心稳定； (9) 设专人指挥起吊，避免吊物下站人； (10) 设置隔离措施

编号	作业步骤	危害因素	可能导致的后果	风险评价					控制措施
				L	*E*	*C*	*D*	风险程度	
三			完工恢复						
1	检修工作结束	(1) 遗漏工器具； (2) 现场遗留检修杂物； (3) 不拆除临时用电	(1) 触电； (2) 人身伤害	0.5	2	1	1	1	(1) 收齐检查工器具； (2) 清扫检修现场； (3) 拆除临时用电
2	喷雾、喷淋装置试运行	(1) 工作票未交给运行值班员； (2) 现场没专人监护	(1) 人身伤害； (2) 设备故障	0.5	2	1	1	1	(1) 押回工作票； (2) 现场有专人检查
3	工作完工	不结束工作票		0.5	2	1	1	1	结束工作票
四			作业环境						
1	粉尘环境	(1) 粉尘处理不当； (2) 呼吸系统保护不当； (3) 遗留粉尘	职业危害	0.2	3	3	1.8	1	(1) 采取控制粉尘措施，加强日常维护； (2) 佩戴防尘口罩、呼吸器等； (3) 定期体检； (4) 及时清扫地面，清理积灰
2	噪声	旁边其他设备运行	职业危害	0.2	3	3	1.8	1	正确佩戴耳塞

43 输煤区域消防设备检修

主要作业风险:	控制措施:
(1) 人身伤害;	(1) 办理工作票;
(2) 触电;	(2) 正确使用工器具;
(3) 火灾;	(3) 如动火需开动火工作票、使用阻燃垫布、专人监护
(4) 机械伤害;	
(5) 物体打击	

编号	作业步骤	危害因素	可能导致的后果	风险评价					控制措施
				L	E	C	D	风险程度	
一		检修前准备							
1	办理工作票	(1) 无票作业; (2) 措施未执行	(1) 人身伤害; (2) 设备事故	1	0.5	1	0.5	1	(1) 办理工作票,确认并执行安全措施; (2) 双人共同确认检修设备隔离、挂警示牌
2	临时用电	(1) 电源、电压等级和接线方式不符要求; (2) 负荷过载	(1) 触电; (2) 火灾	0.5	2	1	1	1	(1) 检查电源; (2) 验电
3	动火作业(气割、气焊)	(1) 附近有易燃易爆气体或易燃物; (2) 气管老化、漏气、打结,未使用氧气减压器和乙炔回火阀; (3) 气管与钢瓶接口没有固定	(1) 火灾; (2) 化学爆炸; (3) 人身伤害	1	2	1	2	1	(1) 办理动火作业票,执行安全措施,监护人到位; (2) 作业人员必须参加动火作业培训; (3) 检查气管有无破损,使用氧气减压器和乙炔回火阀;

编号	作业步骤	危害因素	可能导致的后果	风险评价					控制措施
				L	E	C	D	风险程度	
3	动火作业（气割、气焊）	（4）气体钢瓶没有固定； （5）乙炔气瓶与氧气钢瓶距离太近； （6）没有使用阻燃垫； （7）割碴飞溅，没有使用阻燃垫； （8）没有穿戴或使用不合适的工作服、防护鞋、防护眼镜和面罩等； （9）交叉作业或登高作业	（1）火灾； （2）化学爆炸； （3）人身伤害	1	2	1	2	1	（4）氧气瓶、乙炔瓶垂直放置并固定，距离不小于8m； （5）做好防火隔离措施，如使用阻燃垫和警示标识，准备灭火器等； （6）穿戴合适工作服、防护鞋、防护眼镜、面罩和安全带等； （7）交叉作业及时沟通和设置警示
4	安全交底	（1）走错间隔； （2）机械伤害； （3）工器具遗留； （4）高处作业； （5）起重伤害； （6）火灾事故	（1）人身伤害； （2）设备损坏； （3）火灾	0.5	2	10	10	1	（1）作业前注意认真核对设备； （2）严禁在转动设备上站立、跨越或行走，不得在皮带上跨越、行走或传递工具； （3）检修作业前及作业结束后，注意清点工器具无误，防止工器具遗留在所检修的设备内； （4）高处作业必须佩带安全带； （5）使用合格起重工器具，使用前认真检查起吊设备，严格按照操作规程操作； （6）动火作业需办理动火票、作业时备好必要的消防设施，实施电、火焊作业时下方做好隔离措施

编号	作业步骤	危害因素	可能导致的后果	风险评价					控制措施
				L	E	C	D	风险程度	
5	准备工具/材料	工具/材料选择不当	物体打击	1	2	10	20	2	(1) 选择合适的操作工器具; (2) 检查所用的工具必须完好; (3) 正确使用工器具
二	检修								
1	消防管道及阀门检修	(1) 动火作业; (2) 起重作业; (3) 落物伤人; (4) 接临时照明; (5) 接触粉尘; (6) 设备滑落	(1) 触电; (2) 火灾; (3) 设备损坏; (4) 人身伤害; (5) 机械伤害	1	0.5	1	0.5	1	(1) 使用前检查手摇机构、钢丝绳吊扣等; (2) 戴防护手套、安全帽; (3) 吊物必须捆绑牢固,保持重心稳定; (4) 设专人指挥起吊,避免吊物下站人; (5) 设置隔离措施; (6) 办理动火作业票,执行安全措施,监护人到位、准备灭火器、使用阻燃垫布; (7) 按电焊或气割作业规程作业; (8) 采取控制粉尘措施,加强日常维护; (9) 佩戴防尘口罩、呼吸器等; (10) 定期进行粉尘监测; (11) 定期体检; (12) 及时清扫,清理积灰

编号	作业步骤	危害因素	可能导致的后果	风险评价					控制措施
				L	*E*	*C*	*D*	风险程度	
2	消火栓检修	(1) 落物伤人； (2) 接临时照明； (3) 接触粉尘； (4) 设备滑落	(1) 人身伤害； (2) 触电； (3) 机械伤害	1	0.5	1	0.5	1	(1) 采取控制粉尘措施，加强日常维护； (2) 佩戴防尘口罩、呼吸器等； (3) 定期进行粉尘监测； (4) 定期体检； (5) 及时清扫，清理积灰
3	管道阀门组装	(1) 起重作业； (2) 落物伤人； (3) 接触粉尘； (4) 设备滑落	(1) 人身伤害； (2) 设备损坏； (3) 机械伤害	1	0.5	1	0.5	1	(1) 使用前检查手摇机构、钢丝绳吊扣等； (2) 戴防护手套、安全帽； (3) 吊物必须捆绑牢固，保持重心稳定； (4) 设专人指挥起吊，避免吊物下站人； (5) 设置隔离措施； (6) 采取控制粉尘措施，加强日常维护； (7) 佩戴防尘口罩、呼吸器等； (8) 定期进行粉尘监测； (9) 定期体检； (10) 及时清扫，清理积灰
三			完工恢复						
1	检修工作结束	(1) 遗漏工器具； (2) 现场遗留检修杂物； (3) 不拆除临时用电	(1) 触电； (2) 人身伤害	0.5	1	3	1.5	1	(1) 收齐检查工器具； (2) 清扫检修现场； (3) 拆除临时用电

续表

编号	作业步骤	危害因素	可能导致的后果	风险评价					控制措施
				L	*E*	*C*	*D*	风险程度	
2	消火栓试压	(1) 设备损坏; (2) 接触粉尘	(1) 机械伤害; (2) 触电	1	0.5	1	0.5	1	(1) 采取控制粉尘措施, 加强日常维护; (2) 佩戴防尘口罩、呼吸器等; (3) 定期进行粉尘监测; (4) 定期体检; (5) 及时清扫, 清理积灰
3	工作完工	不结束工作票		0.5	1	7	3.5	1	结束工作票
四		作业环境							
1	粉尘环境	(1) 粉尘处理不当; (2) 呼吸系统保护不当; (3) 皮带机本体、遗留粉尘	职业危害	0.2	1	3	0.6	1	(1) 采取控制粉尘措施, 加强日常维护; (2) 佩戴防尘口罩、呼吸器等; (3) 定期体检; (4) 及时清扫地面, 清理积灰
2	噪声	旁边其他设备运行	职业危害	0.2	1	3	0.6	1	正确佩戴耳塞

44 输煤区域转运站除尘器检修

<table>
<tr>
<td colspan="2">
主要作业风险：
（1）因切断电源时拉错开关、走错间隔或误送电，验电时误判无电或触及其他有电部位时造成触电、电弧灼伤和其他人身伤害和设备事故；
（2）工作班成员工作任务不清或检修内容不清；
（3）动火作业气割、气焊造成火灾、化学爆炸和其他人身伤害；
（4）检修时未使用合格的电动工器具；
（5）检修现场未增设围栏；
（6）登高作业爬梯滑落造成人身伤害；
（7）起重吊装未按要求作业
</td>
<td colspan="2">
控制措施：
（1）办理工作票、确认除尘器 380V MCC 开关在检修位置并挂"禁止合闸，有人工作"标示牌、在除尘器就地控制柜进线总空气开关上桩头电缆验电、在除尘器本体处挂牌；
（2）检修期间进入现场作业前，要检查运行所做的各项安全措施是否有变动（如设备状态有否改变、若改变后安全措施能否满足要求）；
（3）与转动或有高速转动部位保持安全距离；
（4）施工中需要使用的工具、手持电动工具等必须进行认真检查，漏电保护器试验完好；
（5）检修现场与其他设备用围栏隔离；
（6）登高爬梯作业时穿绝缘防滑鞋，穿戴好个人防护用品；
（7）起重机械驾驶员必须持证上岗，其他作业人员必须参加起重作业培训，设置隔离围栏、戴防护手套和安全帽，起重臂下严禁站人
</td>
</tr>
</table>

编号	作业步骤	危害因素	可能导致的后果	风险评价					控制措施
				L	E	C	D	风险程度	
一		检修前准备							
1	切断电源	（1）拉错开关、走错间隔或误送电导致设备带电或误动； （2）分闸时引起着火；	（1）触电、电弧灼伤； （2）火灾； （3）设备事故	1	6	15	90	3	（1）办理工作票，确认执行安全措施； （2）双人共同确认检修开关、验电和挂警示牌； （3）使用个人防护用品，如绝缘手套、绝缘鞋、面罩；

编号	作业步骤	危害因素	可能导致的后果	风险评价					控制措施
				L	E	C	D	风险程度	
1	切断电源	（3）误碰其他有电部位产生电弧	（1）触电、电弧灼伤； （2）火灾； （3）设备事故	1	6	15	90	3	（4）检修除尘器本体处悬挂"在此工作"标示牌； （5）与运行人员至检修现场共同办理工作票签发
2	检修前验电	（1）误判无电； （2）使用错误或破损的验电设备； （3）触及其他有电部位	（1）触电、电弧灼伤； （2）火灾	1	6	15	90	3	（1）与运行人员共同确认除尘器MCC开关、除尘器就地控制箱内电源进线开关在检修位置、正确验电； （2）戴绝缘手套、穿绝缘鞋和防电弧服； （3）按带电要求操作
3	临时用电	（1）电源、电压等级和接线方式不符要求； （2）负荷过载； （3）电动工器具漏电危害人身	（1）触电； （2）火灾	1	6	7	42	2	（1）检查电源； （2）验电； （3）对工器具做定期试验
4	安全交底	（1）走错间隔； （2）机械伤害； （3）工器具遗留； （4）高处作业； （5）起重伤害； （6）火灾事故	（1）人身伤害； （2）设备损坏； （3）火灾	1	2	10	20	1	（1）作业前注意认真核对设备； （2）严禁在转动设备上站立、跨越或行走，不得在设备或皮带上行走、跨越或传递工具； （3）检修作业前及作业结束后，注意清点工器具无误，防止工器具遗留在所检修的设备内； （4）高处作业必须佩带安全带；

编号	作业步骤	危害因素	可能导致的后果	风险评价					控制措施
				L	E	C	D	风险程度	
4	安全交底	(1) 走错间隔； (2) 机械伤害； (3) 工器具遗留； (4) 高处作业； (5) 起重伤害； (6) 火灾事故	(1) 人身伤害； (2) 设备损坏； (3) 火灾	1	2	10	20	1	(5) 使用合格起重工器具，使用前认真检查起吊设备，严格按照操作规程操作； (6) 动火作业需办理动火票、作业时备好必要的消防设施，实施电、火焊作业时下方做好隔离措施
5	工具/材料准备	工具/材料选择不当	物体打击	1	2	10	20	2	(1) 选择合适的操作工器具； (2) 检查所用的工具必须完好； (3) 正确使用工器具
二		检修过程							
1	就地控制箱检修	(1) 柜内元器件因接线桩松动发热； (2) 柜内积灰严重； (3) 粉尘污染； (4) 柜内滤波电容未放电	(1) 人身伤害； (2) 设备故障； (3) 人体触电	6	2	3	36	2	(1) 柜内元器件无发热烧伤痕迹等损坏，接线可靠，无松脱； (2) 柜内清扫积灰； (3) 清扫积灰应佩戴好个人防护用品； (4) 检查开始前应短接电容至接地桩，把电容剩余电压释放
2	整流变压器检修	(1) 爬梯作业时打滑跌落； (2) 起重吊装作业物件掉落； (3) 整流变压器外壳有裂缝焊接焊渣四溅； (4) 整流变压器换油型号不一致	(1) 人身伤害； (2) 设备损坏	1	0.5	15	7.5	1	(1) 爬梯作业时穿防滑绝缘鞋； (2) 吊物必须捆绑牢固，吊装点必须位于物件上部，以保持重心稳定； (3) 做好防火隔离措施，如使用阻燃垫和警示标识，准备灭火器等，变压器油放空，内壁清理干净后焊接； (4) 更换变压器油前先确认加注油的型号保证一致

编号	作业步骤	危害因素	可能导致的后果	风险评价					控制措施
				L	E	C	D	风险程度	
3	除尘器高压回路检修	(1) 变压器及电场接地绝缘测量误操作； (2) 除尘器阴极框、悬挂瓷瓶积灰未清扫	(1) 设备故障； (2) 人身伤害	6	2	1	12	1	(1) 使用绝缘电阻表时接线应准确； (2) 进入除尘器内部清除阴极框及悬挂瓷瓶应使用手电筒或12V行灯照明，且入孔处派人监护
4	风机部分检修	(1) 拆除电动机移位不符合要求； (2) 恢复风机工作前未试转	(1) 人身伤害； (2) 设备故障	1	1	3	3	1	(1) 电动机移位时应合理安排人员，放置电动机应考虑露天下雨等防护措施； (2) 除尘器工作票终结前试转风机转向准确
三		恢复检验							
1	结束工作	(1) 遗漏工器具； (2) 现场遗留检修杂物； (3) 不拆除临时用电； (4) 不结束工作票	(1) 触电； (2) 人身伤害	6	3	1	18	1	(1) 收齐检查工器具； (2) 清扫检修现场； (3) 拆除临时用电； (4) 结束工作票
四		作业环境							
1	粉尘环境	(1) 灰尘清理不当； (2) 呼吸系统保护不当	职业危害，导致呼吸系统疾病或眼睛伤害如肺脏功能减低、鼻/喉发炎、皮炎	1	6	7	42	2	(1) 佩戴防尘口罩、呼吸器等； (2) 定期进行粉尘监测； (3) 定期体检； (4) 及时清扫地面，清理积灰

续表

编号	作业步骤	危害因素	可能导致的后果	风险评价					控制措施
				L	E	C	D	风险程度	
五		以往发生的事件							
1	柜内电容电压未放净	残留电压导致人体触电	人身伤害	6	2	1	12	1	检修工作开始前短接电容正负极并对地线放尽残余电压

45 输煤系统感温电缆支架调整

主要作业风险：	控制措施：
（1）检修时周围有转动机械造成人身伤害； （2）检修现场周围存在孔洞围栏不牢固造成人员跌落； （3）周围工作环境对人身健康造成的影响	（1）办理工作票； （2）检修工作开始前工作负责人检查检修现场孔洞围栏是否牢固，在检修区域增设围栏并悬挂警告牌； （3）工作人员正确使用个人防护设备

编号	作业步骤	危害因素	可能导致的后果	风险评价					控制措施
				L	E	C	D	风险程度	
一		检修前准备							
1	确认工作票安全措施执行	（1）走错间隔导致设备带电或误动； （2）误碰其他有电部位产生电弧	（1）触电、电弧灼伤； （2）设备事故	3	2	1	6	1	（1）办理工作票，确认执行安全措施； （2）与运行人员至检修现场共同办理工作票签发； （3）与运行人员共同确认开关或设备位置，正确验电
2	工作交底	走错间隔	（1）触电； （2）设备事故	3	2	1	6	1	加强人员培训
3	准备工器具/材料	工器具与设备不配套	设备事故	6	2	1	12	1	（1）做好检修前准备； （2）加强人员培训
4	准备劳动保护用品	噪声、粉尘危害	职业危害	3	2	1	6	1	准备耳塞、手套、口罩
5	搭设脚手架	脚手架未验收合格	高处坠落	1	1	7	7	1	作业前验收脚手架

编号	作业步骤	危害因素	可能导致的后果	风险评价					控制措施
				L	E	C	D	风险程度	
二		检修过程							
1	输煤系统感温电缆支架调整	（1）作业人员站位不正确； （2）无关人员误入作业区域； （3）高处作业失足； （4）误碰机械设备	（1）物体打击； （2）设备事故； （3）高处坠落； （4）机械伤害	3	3	3	27	1	（1）使用个人防护设备； （2）设置隔离区
2	接动力、控制电缆	（1）工作票未交给运行值班员； （2）电源线裸露	触电	1	3	3	9	1	（1）专人监护； （2）工作票押回运行
三		完工恢复							
1	结束工作	（1）遗漏工器具； （2）现场遗留检修杂物； （3）不结束工作票	（1）触电； （2）人身伤害	6	3	1	18	1	（1）收齐检查工器具； （2）清扫检修现场； （3）结束工作票
四		作业环境							
1	粉尘环境	（1）石灰石粉仓产生石灰石粉； （2）石灰石粉清理不当； （3）呼吸系统保护不当	职业危害，导致呼吸系统疾病或眼睛伤害，如肺脏功能减低、鼻/喉发炎、皮炎	3	6	1	18	1	（1）采取控制粉尘措施，加强日常维护； （2）佩戴防尘口罩、呼吸器等； （3）定期进行粉尘监测； （4）定期体检； （5）及时清扫地面，清理积灰

编号	作业步骤	危害因素	可能导致的后果	风险评价					控制措施
				L	E	C	D	风险程度	
2	噪声环境	（1）转动机械产生大量噪声； （2）听力保护不当	职业危害，导致听力下降	3	6	1	18	1	正确佩戴耳塞

46 碎煤机检修

主要作业风险：	控制措施：
（1）动火作业气割、气焊造成火灾、化学爆炸和其他人身伤害； （2）起重伤害； （3）中毒与窒息； （4）机械伤害； （5）高处坠落	（1）办理工作票； （2）吊装前检查吊装器具、禁止站在吊件下； （3）如动火需开动火工作票、使用阻燃垫布、专人监护

编号	作业步骤	危害因素	可能导致的后果	L	E	C	D	风险程度	控制措施
一		检修前准备							
1	办理工作票	（1）无票作业； （2）措施未执行	（1）人身伤害； （2）设备事故	1	0.5	1	0.5	1	（1）办理工作票，确认并执行安全措施； （2）双人共同确认检修设备隔离、挂警示牌
2	临时用电	（1）电源、电压等级和接线方式不符要求； （2）负荷过载	（1）触电； （2）火灾	0.5	2	1	1	1	（1）检查电源； （2）验电
3	动火作业（气割、气焊）	（1）附近有易燃易爆气体或易燃物； （2）气管老化、漏气、打结，未使用氧气减压器和乙炔回火阀； （3）气管与钢瓶接口没有固定；	（1）火灾； （2）化学爆炸； （3）人身伤害	1	2	1	2	1	（1）办理动火作业票，执行安全措施，监护人到位； （2）作业人员必须参加动火作业培训； （3）检查气管有无破损，使用氧气减压器和乙炔回火阀；

编号	作业步骤	危害因素	可能导致的后果	风险评价					控制措施
				L	E	C	D	风险程度	
3	动火作业（气割、气焊）	（4）气体钢瓶没有固定； （5）乙炔气瓶与氧气钢瓶距离太近； （6）没有使用阻燃垫； （7）割碴飞溅，没有使用阻燃垫； （8）没有穿戴或使用合适的工作服、防护鞋、防护眼镜和面罩等； （9）交叉作业或登高作业	（1）火灾； （2）化学爆炸； （3）人身伤害	1	2	1	2	1	（4）氧气瓶、乙炔气瓶垂直放置并固定，距离不小于8m； （5）做好防火隔离措施，如使用阻燃垫和警示标识，准备灭火器等； （6）穿戴合适的工作服、防护鞋、防护眼镜、面罩和安全带等； （7）交叉作业及时沟通和设置警示
4	安全交底	（1）走错间隔； （2）机械伤害； （3）工器具遗留； （4）高处作业； （5）起重伤害； （6）火灾事故	（1）人身伤害； （2）设备损坏； （3）火灾	0.5	2	10	10	1	（1）作业前注意认真核对设备； （2）严禁在转动设备上站立、跨越或行走，不得在皮带上跨越、行走或传递工具； （3）检修作业前及作业结束后，注意清点工器具无误，防止工器具遗留在所检修的设备内； （4）高处作业必须佩带安全带； （5）使用合格起重工器具，使用前认真检查起吊设备，严格按照操作规程操作； （6）动火作业需办理动火票、作业时备好必要的消防设施，实施电、火焊作业时下方做好隔离措施

编号	作业步骤	危害因素	可能导致的后果	风险评价					控制措施
				L	E	C	D	风险程度	
5	准备工具/材料	工具/材料选择不当	物体打击	1	2	10	20	2	(1) 选择合适的操作工器具； (2) 检查所用的工具必须完好； (3) 正确使用工器具
二			检修						
1	碎煤机电动机检修	(1) 接触粉尘； (2) 起重作业； (3) 动火作业； (4) 设备滑落； (5) 接临时照明； (6) 落物伤人	(1) 人身伤害； (2) 火灾； (3) 触电； (4) 设备损坏； (5) 机械伤害	1	1	7	7	1	(1) 采取控制粉尘措施，加强日常维护； (2) 佩戴防尘口罩、呼吸器等； (3) 定期进行粉尘监测； (4) 定期体检； (5) 及时清扫，清理积灰； (6) 使用前检查手摇机构、钢丝绳吊扣等； (7) 戴防护手套、安全帽； (8) 吊物必须捆绑牢固，保持重心稳定； (9) 设专人指挥起吊，避免吊物下站人； (10) 设置隔离措施； (11) 办理动火作业票，执行安全措施，监护人到位、准备灭火器、使用阻燃垫布； (12) 按电焊或气割作业规程作业
2	碎煤机本体检修	(1) 接触粉尘； (2) 高处作业；	(1) 设备损坏； (2) 人身伤害；	1	0.5	3.5	1.5	1	(1) 采取控制粉尘措施，加强日常维护；

续表

编号	作业步骤	危害因素	可能导致的后果	风险评价					控制措施
				L	*E*	*C*	*D*	风险程度	
2	碎煤机本体检修	(3) 起重作业； (4) 动火作业； (5) 设备滑落； (6) 接临时照明； (7) 落物伤人	(3) 触电； (4) 火灾； (5) 机械伤害	1	0.5	3	1.5	1	(2) 佩戴防尘口罩、呼吸器等； (3) 定期进行粉尘监测； (4) 定期体检； (5) 及时清扫、清理积灰； (6) 工作人员没有妨碍高处作业的病症； (7) 使用合格的安全带，且将安全带挂在腰部以上牢固的物件上； (8) 在高处改变作业位置时，安全带不能解除或采用双绳安全带； (9) 检修现场必须戴好安全帽并系紧帽带； (10) 使用前检查手摇机构、钢丝绳吊扣等； (11) 戴防护手套、安全帽； (12) 吊物必须捆绑牢固，保持重心稳定； (13) 设专人指挥起吊，避免吊物下站人； (14) 设置隔离措施； (15) 办理动火作业票，执行安全措施，监护人到位、准备灭火器、使用阻燃垫布； (16) 按电焊或气割作业规程作业

编号	作业步骤	危害因素	可能导致的后果	风险评价					控制措施
				L	E	C	D	风险程度	
3	碎煤机耦合器检修	(1) 接触粉尘； (2) 起重作业； (3) 设备滑落； (4) 未使用专用工具； (5) 接临时照明； (6) 落物伤人； (7) 清洗	(1) 人身伤害； (2) 设备损坏； (3) 机械伤害； (4) 触电； (5) 中毒	1	1	7	7	1	(1) 采取控制粉尘措施，加强日常维护； (2) 佩戴防尘口罩、呼吸器等； (3) 定期进行粉尘监测； (4) 定期体检； (5) 及时清扫，清理积灰； (6) 使用前检查手摇机构、钢丝绳吊扣等； (7) 戴防护手套、安全帽； (8) 吊物必须捆绑牢固，保持重心稳定； (9) 设专人指挥起吊，避免吊物下站人； (10) 设置隔离措施； (11) 使用专用工具
4	碎煤机转子轴承检修	(1) 接触粉尘； (2) 高处作业； (3) 起重作业； (4) 动火作业； (5) 设备滑落； (6) 接临时照明； (7) 落物伤人； (8) 清洗	(1) 人身伤害； (2) 设备损坏； (3) 机械伤害； (4) 触电； (5) 中毒； (6) 火灾	1	0.5	7	3.5	1	(1) 采取控制粉尘措施，加强日常维护； (2) 佩戴防尘口罩、呼吸器等； (3) 定期进行粉尘监测； (4) 定期体检； (5) 及时清扫，清理积灰； (6) 工作人员没有妨碍高处作业的病症；

编号	作业步骤	危害因素	可能导致的后果	风险评价					控制措施
				L	E	C	D	风险程度	
4	碎煤机转子轴承检修	(1) 接触粉尘; (2) 高处作业; (3) 起重作业; (4) 动火作业; (5) 设备滑落; (6) 接临时照明; (7) 落物伤人; (8) 清洗	(1) 人身伤害; (2) 设备损坏; (3) 机械伤害; (4) 触电; (5) 中毒; (6) 火灾	1	0.5	7	3.5	1	(7) 使用合格的安全带,且将安全带挂在腰部以上牢固的物件上; (8) 在高处改变作业位置时,安全带不能解除或采用双绳安全带; (9) 检修现场必须戴好安全帽并系紧帽带; (10) 使用前检查手摇机构、钢丝绳吊扣等; (11) 戴防护手套、安全帽; (12) 吊物必须捆绑牢固,保持重心稳定; (13) 设专人指挥起吊,避免吊物下站人; (14) 设置隔离措施; (15) 办理动火作业票,执行安全措施,监护人到位、准备灭火器、使用阻燃垫布; (16) 按电焊或气割作业规程作业
5	碎煤机电动机恢复	(1) 接触粉尘; (2) 起重作业; (3) 设备滑落; (4) 接临时照明; (5) 落物伤人	(1) 人身伤害; (2) 设备损坏; (3) 机械伤害; (4) 触电	1	1	7	7	1	(1) 采取控制粉尘措施,加强日常维护; (2) 佩戴防尘口罩、呼吸器等; (3) 定期进行粉尘监测; (4) 定期体检; (5) 及时清扫,清理积灰;

198

续表

编号	作业步骤	危害因素	可能导致的后果	风险评价					控制措施
				L	E	C	D	风险程度	
5	碎煤机电动机恢复	(1) 接触粉尘; (2) 起重作业; (3) 设备滑落; (4) 接临时照明; (5) 落物伤人	(1) 人身伤害; (2) 设备损坏; (3) 机械伤害; (4) 触电	1	1	7	7	1	(6) 使用前检查手摇机构、钢丝绳吊扣等; (7) 戴防护手套、安全帽; (8) 吊物必须捆绑牢固,保持重心稳定; (9) 设专人指挥起吊,避免吊物下站人; (10) 设置隔离措施
6	碎煤机本体恢复	(1) 接触粉尘; (2) 起重作业; (3) 设备滑落; (4) 接临时照明; (5) 落物伤人	(1) 设备损坏; (2) 人身伤害; (3) 触电; (4) 机械伤害	1	0.5	7	3.5	1	(1) 采取控制粉尘措施,加强日常维护; (2) 佩戴防尘口罩、呼吸器等; (3) 定期进行粉尘监测; (4) 定期体检; (5) 及时清扫,清理积灰; (6) 使用前检查手摇机构、钢丝绳吊扣等; (7) 戴防护手套、安全帽; (8) 吊物必须捆绑牢固,保持重心稳定; (9) 设专人指挥起吊,避免吊物下站人; (10) 设置隔离措施

续表

编号	作业步骤	危害因素	可能导致的后果	风险评价					控制措施
				L	E	C	D	风险程度	
7	碎煤机耦合器恢复	(1) 接触粉尘； (2) 起重作业； (3) 设备滑落； (4) 未使用专用工具； (5) 接临时照明； (6) 落物伤人	(1) 人身伤害； (2) 设备损坏； (3) 机械伤害； (4) 触电	1	1	7	7	1	(1) 采取控制粉尘措施，加强日常维护； (2) 佩戴防尘口罩、呼吸器等； (3) 定期进行粉尘监测； (4) 定期体检； (5) 及时清扫，清理积灰； (6) 使用前检查手摇机构、钢丝绳吊扣等； (7) 戴防护手套、安全帽； (8) 吊物必须捆绑牢固，保持重心稳定； (9) 设专人指挥起吊，避免吊物下站人； (10) 设置隔离措施； (11) 使用专用工具
8	碎煤机转子轴承恢复	(1) 接触粉尘； (2) 高处作业； (3) 起重作业； (4) 设备滑落； (5) 接临时照明； (6) 落物伤人	(1) 人身伤害； (2) 设备损坏； (3) 机械伤害； (4) 触电	1	0.5	7	3.5	1	(1) 采取控制粉尘措施，加强日常维护； (2) 佩戴防尘口罩、呼吸器等； (3) 定期进行粉尘监测； (4) 定期体检； (5) 及时清扫，清理积灰； (6) 工作人员没有妨碍高处作业的病症；

续表

编号	作业步骤	危害因素	可能导致的后果	风险评价					控制措施
				L	E	C	D	风险程度	
8	碎煤机转子轴承恢复	(1) 接触粉尘； (2) 高处作业； (3) 起重作业； (4) 设备滑落； (5) 接临时照明； (6) 落物伤人	(1) 人身伤害； (2) 设备损坏； (3) 机械伤害； (4) 触电	1	0.5	7	3.5	1	(7) 使用合格的安全带，且将安全带挂在腰部以上牢固的物件上； (8) 在高处改变作业位置时，安全带不能解除或采用双绳安全带； (9) 检修现场必须戴好安全帽并系紧帽带； (10) 使用前检查手摇机构、钢丝绳吊扣等； (11) 戴防护手套、安全帽； (12) 吊物必须捆绑牢固，保持重心稳定； (13) 设专人指挥起吊，避免吊物下站人； (14) 设置隔离措施
三		完工恢复							
1	检修工作结束	(1) 遗漏工器具； (2) 现场遗留检修杂物； (3) 不拆除临时用电	(1) 触电； (2) 人身伤害	0.5	1	7	3.5	1	(1) 收齐检查工器具； (2) 清扫检修现场； (3) 拆除临时用电
2	碎煤机试运行	(1) 工作票未交给运行值班员； (2) 现场没专人监护	(1) 人身伤害； (2) 设备故障	1	0.5	7	3.5	1	(1) 押回工作票； (2) 现场有专人检查
3	工作完工	不结束工作票		0.5	1	7	3.5	1	结束工作票

201

续表

编号	作业步骤	危害因素	可能导致的后果	风险评价					控制措施
				L	E	C	D	风险程度	
四	作业环境								
1	粉尘环境	（1）粉尘处理不当； （2）呼吸系统保护不当； （3）遗留粉尘	职业危害	0.2	3	3	1.8	1	（1）采取控制粉尘措施，加强日常维护； （2）佩戴防尘口罩、呼吸器等； （3）定期体检； （4）及时清扫地面，清理积灰
2	噪声	旁边其他设备运行	职业危害	0.2	3	3	1.8	1	正确佩戴耳塞

47 推煤机维修保养

主要作业风险:	控制措施:
(1) 易燃易爆气体发生爆炸，造成火灾； (2) 触电； (3) 吊装不当引起人身伤害	(1) 维修人员必须具有维修资质； (2) 执行安全措施，监护人到位； (3) 检查电源； (4) 定期对起重设备进行设备检验； (5) 作业人员必须参加动火作业培训

编号	作业步骤	危害因素	可能导致的后果	L	E	C	D	风险程度	控制措施
一		维护前准备							
1	(1) 工作交底； (2) 准备维修所需工器具、材料	(1) 未确认维护人员工作资质； (2) 未准备好所需工具、材料	(1) 人身伤害； (2) 车辆损坏	3	6	3	54	2	(1) 确认维护人员资质； (2) 作业前做好准备工作； (3) 准备好所需工具、材料
2	准备防护用品	(1) 未穿防滑鞋； (2) 未戴好劳保手套； (3) 未穿连体工作服	人身伤害	3	6	3	54	2	(1) 穿好防滑鞋； (2) 戴好劳保手套； (3) 穿好连体工作服
3	动火作业（气割、气焊、电焊）	(1) 附近有易燃易爆气体或易燃物； (2) 气管老化、漏气、打结，未使用氧气减压器和乙炔回火阀；	(1) 火灾； (2) 化学爆炸； (3) 人身伤害	1	3	40	120	3	(1) 执行安全措施，监护人到位； (2) 作业人员必须参加动火作业培训； (3) 检查气管有无破损，使用氧气减压器和乙炔回火阀；

续表

编号	作业步骤	危害因素	可能导致的后果	风险评价					控制措施
				L	*E*	*C*	*D*	风险程度	
3	动火作业（气割、气焊、电焊）	（3）气管与钢瓶接口没有固定； （4）气体钢瓶没有固定； （5）乙炔气瓶与氧气钢瓶距离太近； （6）没有使用阻燃垫； （7）割碴飞溅，没有使用阻燃垫； （8）没有穿戴或使用合适的工作服、防护鞋、防护眼镜和面罩等； （9）交叉作业或登高作业	（1）火灾； （2）化学爆炸； （3）人身伤害	1	3	40	120	3	（4）氧气瓶、乙炔瓶垂直放置并固定，距离不小于8m； （5）做好防火隔离措施，如使用阻燃垫和警示标识，准备灭火器等； （6）穿戴合适的工作服、防护鞋、防护眼镜、面罩和安全带等； （7）交叉作业及时沟通和设置警示
4	临时用电	（1）电源、电压等级和接线方式不符要求； （2）负荷过载	（1）触电； （2）火灾	1	6	7	42	2	（1）检查电源； （2）验电
5	准备起重设备	（1）起重设备未检验合格； （2）超过限高、限重	（1）高处坠落； （2）设备损坏	1	6	7	42	2	（1）定期进行设备检验； （2）不超过起重设备的限高、限重
二			机车维护作业						
1	车辆停至维修车间	（1）车辆停放位置不对； （2）未配专职驾驶员操作	（1）车辆损坏； （2）人身伤害	3	6	1	18	1	（1）有专人进行指挥车辆停放； （2）必须由专职驾驶员驾驶该车辆

编号	作业步骤	危害因素	可能导致的后果	风险评价					控制措施
				L	E	C	D	风险程度	
2	切断车辆电源	未将钥匙从车上拔出，发生车辆误启动	(1) 车辆损坏； (2) 人身伤害	1	6	3	18	1	车辆停好后及时将钥匙从车上拔出，切断车辆电源，防止误启动
3	维修人员进入维修车间地沟作业	(1) 地沟内有残留油渍、积水； (2) 地沟内有维修剩余杂物	人身伤害	3	6	1	18	1	(1) 必须穿好防滑鞋； (2) 前次作业后必须将地沟清理干净
4	起吊车架物件（使用电动葫芦起吊车架物件）	(1) 开关绝缘不良或损坏； (2) 吊钩和卡扣损坏脱扣砸人； (3) 钢丝绳毛刺或断裂； (4) 手摇机构故障； (5) 起吊物重心不稳或绑扎不当； (6) 物件过重超载。检查手摇机构	(1) 机械伤害； (2) 触电； (3) 人身伤害； (4) 高处坠落	3	3	7	63	2	(1) 使用前检查手摇机构、钢丝绳吊扣等； (2) 戴防护手套、安全帽； (3) 吊物必须捆绑牢固，保持重心稳定； (4) 设专人指挥起吊，避免吊物下站人； (5) 设置隔离措施
5	检修车辆（包括卸轴承、清洗配件）	(1) 动火作业（气焊、气割、电焊）； (2) 工器具使用不当； (3) 油料添加不当，加多后可能漏至地面； (4) 卸拉用品损坏； (5) 被高温轴承烫伤；	(1) 人身伤害； (2) 设备故障； (3) 火灾	1	6	7	42	2	(1) 穿连体工作服； (2) 穿防护鞋； (3) 戴阻燃布手套；

编号	作业步骤	危害因素	可能导致的后果	L	E	C	D	风险程度	控制措施
5	检修车辆（包括卸轴承、清洗配件）	(6) 接触有毒清洗剂； (7) 清洗剂易燃易爆	(1) 人身伤害； (2) 设备故障； (3) 火灾	1	6	7	42	2	(4) 戴防腐蚀手套； (5) 准备灭火器
6	整车装配	(1) 零部件伤人； (2) 配件误装或漏装； (3) 电动葫芦吊装不当	(1) 人身伤害； (2) 设备故障	1	3	7	21	2	(1) 穿连体工作服； (2) 穿防护鞋； (3) 戴防护手套； (4) 设专人指挥起吊，避免吊物下站人
7	车辆试运行	(1) 未配专职驾驶员驾驶； (2) 启动前未检查； (3) 现场无维修人员监护	(1) 人身伤害； (2) 车辆故障	3	3	7	63	2	(1) 必须由专职驾驶员驾驶； (2) 启动前进行全面检查； (3) 现场必须有维修人员监护
8	车辆驶离维修车间	(1) 未配专职驾驶员驾驶； (2) 现场无专人指挥	(1) 人身伤害； (2) 车辆故障	3	6	1	18	1	(1) 必须由专职驾驶员驾驶车辆； (2) 现场必须有专人指挥车辆驶离
三	完工恢复								
1	清理维修现场	(1) 遗漏工器具； (2) 现场遗留检修杂物； (3) 不拆除临时用电	(1) 人身伤害； (2) 触电	1	3	15	45	2	(1) 收齐检查工器具； (2) 清扫检修现场； (3) 拆除临时用电

编号	作业步骤	危害因素	可能导致的后果	风险评价					控制措施
				L	E	C	D	风险程度	
四	作业环境								
1	在噪声环境下作业	（1）设备维修引起噪声； （2）发动机发动引起噪声； （3）员工没有佩戴合适防护用品如耳塞、耳罩等	职业危害，如听力下降，致聋	1	6	7	42	2	（1）采取控制噪声措施； （2）在高噪声时佩戴耳塞

48 推耙机维修保养

主要作业风险:	控制措施:
(1) 易燃易爆气体发生爆炸,造成火灾;	(1) 维修人员必须具有维修资质;
(2) 触电;	(2) 执行安全措施,监护人到位;
(3) 吊装不当引起人身伤害	(3) 检查电源;
	(4) 定期对起重设备进行设备检验;
	(5) 作业人员必须参加动火作业培训

编号	作业步骤	危害因素	可能导致的后果	风险评价 L	E	C	D	风险程度	控制措施
一			维护前准备						
1	(1) 工作交底; (2) 准备维修所需工器具、材料	(1) 未确认维护人员工作资质; (2) 未准备好所需工具、材料	(1) 人身伤害; (2) 车辆损坏	3	6	3	54	2	(1) 确认维护人员资质; (2) 作业前做好准备工作; (3) 准备好所需工具、材料
2	准备防护用品	(1) 未穿防滑鞋; (2) 未戴好劳保手套; (3) 未穿连体工作服	人身伤害	3	6	3	54	2	(1) 穿好防滑鞋; (2) 戴好劳保手套; (3) 穿好连体工作服
3	动火作业(气割、气焊、电焊)	(1) 附近有易燃易爆气体或易燃物; (2) 气管老化、漏气、打结,未使用氧气减压器和乙炔回火阀;	(1) 火灾; (2) 化学爆炸; (3) 人身伤害	1	3	40	120	3	(1) 执行安全措施,监护人到位; (2) 作业人员必须参加动火作业培训; (3) 检查气管有无破损,使用氧气减压器和乙炔回火阀;

编号	作业步骤	危害因素	可能导致的后果	风险评价					控制措施
				L	*E*	*C*	*D*	风险程度	
3	动火作业（气割、气焊、电焊）	（3）气管与钢瓶接口没有固定； （4）气体钢瓶没有固定； （5）乙炔气瓶与氧气钢瓶距离太近； （6）没有使用阻燃垫； （7）割碴飞溅，没有使用阻燃垫； （8）没有穿戴或使用不合适的工作服、防护鞋、防护眼镜和面罩等； （9）交叉作业或登高作业	（1）火灾； （2）化学爆炸； （3）人身伤害	1	3	40	120	3	（4）氧气瓶、乙炔瓶垂直放置并固定，距离不小于8m； （5）做好防火隔离措施，如使用阻燃垫和警示标识，准备灭火器等； （6）穿戴合适工作服、防护鞋、防护眼镜、面罩和安全带等； （7）交叉作业及时沟通和设置警示
4	临时用电	（1）电源、电压等级和接线方式不符合要求； （2）负荷过载	（1）触电； （2）火灾	1	6	7	42	2	（1）检查电源； （2）验电
5	准备起重设备	（1）起重设备未检验合格； （2）超过限高、限重	（1）高处坠落； （2）设备损坏	1	6	7	42	2	（1）定期进行设备检验； （2）不超过起重设备的限高、限重
二			机车维护作业						
1	车辆停至维修车间	（1）车辆停放位置不对； （2）未配专职驾驶员操作	（1）车辆损坏； （2）人身伤害	3	6	1	18	1	（1）有专人进行指挥车辆停放； （2）必须由专职驾驶员驾驶该车辆

209

续表

编号	作业步骤	危害因素	可能导致的后果	L	E	C	D	风险程度	控制措施
2	切断车辆电源	未将钥匙从车上拔出，发生车辆误启动	(1) 车辆损坏； (2) 人身伤害	1	6	3	18	1	车辆停好后及时将钥匙从车上拔出，切断车辆电源，防止误启动
3	维修人员进入维修车间地沟作业	(1) 地沟内有残留油渍、积水； (2) 地沟内有维修剩余杂物	人身伤害	3	6	1	18	1	(1) 必须穿好防滑鞋； (2) 前次作业后必须将地沟清理干净
4	起吊车架物件（使用电动葫芦起吊车架物件）	(1) 开关绝缘不良或损坏； (2) 吊钩和卡扣损坏脱扣砸人； (3) 钢丝绳毛刺或断裂； (4) 手摇机构故障； (5) 起吊物重心不稳或绑扎不当； (6) 物件过重超载。检查手摇机构	(1) 机械伤害； (2) 触电； (3) 人身伤害； (4) 高处坠落	3	3	7	63	2	(1) 使用前检查手摇机构、钢丝绳吊扣等； (2) 戴防护手套、安全帽； (3) 吊物必须捆绑牢固，保持重心稳定； (4) 设专人指挥起吊，避免吊物下站人； (5) 设置隔离措施
5	检修车辆（包括卸轴承、清洗配件）	(1) 动火作业（气焊、气割、电焊）； (2) 工器具使用不当； (3) 油料添加不当，加多后可能漏至地面； (4) 卸拉用品损坏；	(1) 人身伤害； (2) 设备故障； (3) 火灾	1	6	7	42	2	(1) 穿连体工作服； (2) 穿防护鞋； (3) 戴阻燃布手套；

续表

编号	作业步骤	危害因素	可能导致的后果	风险评价					控制措施
				L	E	C	D	风险程度	
5	检修车辆（包括卸轴承、清洗配件）	（5）被高温轴承烫伤； （6）接触有毒清洗剂； （7）清洗剂易燃易爆	（1）人身伤害； （2）设备故障； （3）火灾	1	6	7	42	2	（4）戴防腐蚀手套； （5）准备灭火器
6	整车装配	（1）零部件伤人； （2）配件误装或漏装； （3）电动葫芦吊装不当	（1）人身伤害； （2）设备故障	1	3	7	21	2	（1）穿连体工作服； （2）穿防护鞋； （3）戴防护手套； （4）设专人指挥起吊，避免吊物下站人
7	车辆试运行	（1）未配专职驾驶员驾驶； （2）启动前未检查； （3）现场无维修人员监护	（1）人身伤害； （2）车辆故障	3	3	7	63	2	（1）必须由专职驾驶员驾驶； （2）启动前进行全面检查； （3）现场必须有维修人员监护
8	车辆驶离维修车间	（1）未配专职驾驶员驾驶； （2）现场无专人指挥	（1）人身伤害； （2）车辆故障	3	6	1	18	1	（1）必须由专职驾驶员驾驶车辆； （2）现场必须有专人指挥车辆驶离
三	完工恢复								
1	清理维修现场	（1）遗漏工器具； （2）现场遗留检修杂物； （3）不拆除临时用电	（1）人身伤害； （2）触电	1	3	15	45	2	（1）收齐检查工器具； （2）清扫检修现场； （3）拆除临时用电

续表

编号	作业步骤	危害因素	可能导致的后果	风险评价					控制措施
				L	E	C	D	风险程度	
四		作业环境							
1	在噪声环境下作业	(1) 设备维修引起噪声; (2) 发动机发动引起噪声; (3) 员工没有佩戴合适防护用品如耳塞、耳罩等	职业危害,如听力下降,致聋	1	6	7	42	2	(1) 采取控制噪声措施; (2) 在高噪声时佩戴耳塞

49 卸船机检修

主要作业风险：	控制措施：
(1) 动火作业气割、气焊造成火灾、化学爆炸和其他人身伤害；	(1) 办理工作票；
(2) 起重伤害；	(2) 吊装前检查吊装器具、禁止站在吊件下；
(3) 中毒与窒息；	(3) 如动火需开动火工作票、使用阻燃垫布、专人监护
(4) 机械伤害；	
(5) 高处坠落	

编号	作业步骤	危害因素	可能导致的后果	风险评价					控制措施
				L	E	C	D	风险程度	
一			检修前准备						
1	办理工作票	(1) 无票作业； (2) 措施未执行	(1) 人身伤害； (2) 设备事故	1	0.5	1	0.5	1	(1) 办理工作票，确认并执行安全措施； (2) 双人共同确认检修设备隔离、挂警示牌
2	临时用电	(1) 电源、电压等级和接线方式不符要求； (2) 负荷过载	(1) 触电； (2) 火灾	0.5	2	1	1	1	(1) 检查电源； (2) 验电
3	动火作业（气割、气焊）	(1) 附近有易燃易爆气体或易燃物； (2) 气管老化、漏气、打结，未使用氧气减压器和乙炔回火阀； (3) 气管与钢瓶接口没有固定；	(1) 火灾； (2) 化学爆炸； (3) 人身伤害	1	2	1	2	1	(1) 办理动火作业票，执行安全措施，监护人到位； (2) 作业人员必须参加动火作业培训； (3) 检查气管有无破损，使用氧气减压器和乙炔回火阀；

编号	作业步骤	危害因素	可能导致的后果	风险评价					控制措施
				L	E	C	D	风险程度	
3	动火作业（气割、气焊）	(4) 气体钢瓶没有固定； (5) 乙炔气瓶与氧气钢瓶距离太近； (6) 没有使用阻燃垫； (7) 割碴飞溅，没有使用阻燃垫； (8) 没有穿戴或使用合适的工作服、防护鞋、防护眼镜和面罩等； (9) 交叉作业或登高作业	(1) 火灾； (2) 化学爆炸； (3) 人身伤害	1	2	1	2	1	(4) 氧气瓶、乙炔瓶垂直放置并固定，距离不小于 8m； (5) 做好防火隔离措施，如使用阻燃垫和警示标识，准备灭火器等； (6) 穿戴合适工作服、防护鞋、防护眼镜、面罩和安全带等； (7) 交叉作业及时沟通和设置警示
4	安全交底	(1) 走错间隔； (2) 机械伤害； (3) 工器具遗留； (4) 高处作业； (5) 起重伤害； (6) 火灾事故	(1) 人身伤害； (2) 设备损坏； (3) 火灾	0.5	2	10	10	1	(1) 作业前注意认真核对设备； (2) 严禁在转动设备上站立、跨越或行走，不得在皮带上跨越、行走或传递工具； (3) 检修作业前及作业结束后，注意清点工器具无误，防止工器具遗留在所检修的设备内； (4) 高处作业必须佩带安全带； (5) 使用合格起重工器具，使用前认真检查起吊设备，严格按照操作规程操作； (6) 动火作业需办理动火票、作业时备好必要的消防设施，实施电、火焊作业时下方做好隔离措施

编号	作业步骤	危害因素	可能导致的后果	风险评价					控制措施
				L	E	C	D	风险程度	
5	准备工具/材料	工具/材料选择不当	物体打击	1	2	10	20	2	(1) 选择合适的操作工器具; (2) 检查所用的工具必须完好; (3) 正确使用工器具
二		检修							
1	大车行走减速箱检修	因标记不清造成安装错误引起设备损坏	设备故障	0.5	1	3	1.5	1	(1) 检查核实; (2) 做好相应标识记号
1.1	使用葫芦起吊齿轮箱	(1) 吊钩和卡扣损坏脱扣砸人; (2) 钢丝绳毛刺或断裂; (3) 手摇机构故障; (4) 起吊物重心不稳或绑扎不当; (5) 物件过重超载	(1) 机械伤害; (2) 设备故障	0.5	1	3	1.5	1	(1) 使用前检查手摇机构、钢丝绳吊扣等; (2) 戴防护手套、安全帽; (3) 吊物必须捆绑牢固,保持重心稳定; (4) 设专人指挥起吊,避免吊物下站人; (5) 设置隔离措施
1.2	拆底座垫片	垫片丢失或错用引起中心误差大、振动大	设备故障	0.5	1	3	1.5	1	(1) 检查核实; (2) 做好底座垫片记录
1.3	卸靠背轮	(1) 动火作业(电焊、气割); (2) 靠背轮滑脱	(1) 触电、火灾; (2) 人身伤害	0.5	1	3	1.5	1	(1) 办理动火作业票,执行安全措施,监护人到位,准备灭火器、使用阻燃垫布; (2) 按电焊或气割作业规程作业

编号	作业步骤	危害因素	可能导致的后果	风险评价					控制措施
				L	E	C	D	风险程度	
1.4	卸端盖	(1) 敲击端盖; (2) 端盖滑脱伤脚	(1) 人身伤害; (2) 设备损坏	0.5	1	3	1.5	1	(1) 穿防护鞋、戴手套; (2) 使用专用工具
1.5	使用电动葫芦起吊大、小齿轮	(1) 开关绝缘不良或损坏; (2) 吊钩和卡扣损坏脱扣砸人; (3) 钢丝绳毛刺或断裂; (4) 手摇机构故障; (5) 起吊物重心不稳或绑扎不当; (6) 物件过重超载	(1) 机械伤害; (2) 触电	0.5	1	3	1.5	1	(1) 使用前检查手摇机构、钢丝绳吊扣等; (2) 戴防护手套、安全帽; (3) 吊物必须捆绑牢固, 保持重心稳定; (4) 设专人指挥起吊, 避免吊物下站人; (5) 设置隔离措施
1.6	卸轴承	(1) 动火作业; (2) 被高温轴承烫伤	(1) 灼伤; (2) 火灾	0.5	1	3	1.5	1	(1) 穿防护鞋; (2) 戴阻燃布手套; (3) 准备灭火器、使用阻燃垫布; (4) 使用专用工具
1.7	清洗	(1) 接触有毒清洗剂; (2) 清洗剂易燃易爆	(1) 中毒; (2) 火灾	0.5	1	3	1.5	1	(1) 戴呼吸器; (2) 准备灭火器
2	大车行走机构检修	因标记不清造成安装错误引起设备损坏	设备故障	0.5	1	7	3.5	1	(1) 检查核实; (2) 做好相应标识记号
2.1	大车行走主、从动轮检修	(1) 轴承检查; (2) 密封件检查; (3) 起重作业; (4) 动火作业;	(1) 设备故障; (2) 人身伤害; (3) 火灾	0.5	1	7	3.5	1	(1) 使用前检查手摇机构、钢丝绳吊扣等; (2) 戴防护手套、安全帽;

编号	作业步骤	危害因素	可能导致的后果	风险评价					控制措施
				L	E	C	D	风险程度	
2.1	大车行走主、从动轮检修	（5）未使用专用工具	（1）设备故障；（2）人身伤害；（3）火灾	0.5	1	7	3.5	1	（3）吊物必须捆绑牢固，保持重心稳定；（4）设专人指挥起吊，避免吊物下站人；（5）设置隔离措施；（6）办理动火作业票，执行安全措施，监护人到位、准备灭火器、使用阻燃垫布；（7）按电焊或气割作业规程作业；（8）穿防护鞋，戴手套；（9）使用专用工具
2.2	轨道清扫器、阻进器、缓冲器、锚定装置等轨道附件检查	（1）起重作业；（2）动火作业；（3）未使用专用工具；（4）设备滑脱伤脚	（1）设备故障；（2）人身伤害；（3）火灾	0.5	1	7	3.5	1	（1）使用前检查手摇机构、钢丝绳吊扣等；（2）戴防护手套、安全帽；（3）吊物必须捆绑牢固，保持重心稳定；（4）设专人指挥起吊，避免吊物下站人；（5）设置隔离措施；（6）办理动火作业票，执行安全措施，监护人到位、准备灭火器、使用阻燃垫布；（7）按电焊或气割作业规程作业；（8）穿防护鞋，戴手套；（9）使用专用工具

编号	作业步骤	危害因素	可能导致的后果	风险评价					控制措施
				L	*E*	*C*	*D*	风险程度	
2.3	大车行走平衡梁检查	(1) 起重作业; (2) 动火作业; (3) 未使用专用工具; (4) 设备滑脱伤脚	(1) 设备故障; (2) 人身伤害; (3) 火灾	0.5	1	7	3.5	1	(1) 使用前检查手摇机构、钢丝绳吊扣等; (2) 戴防护手套、安全帽; (3) 吊物必须捆绑牢固,保持重心稳定; (4) 设专人指挥起吊,避免吊物下站人; (5) 设置隔离措施; (6) 办理动火作业票,执行安全措施,监护人到位、准备灭火器、使用阻燃垫布; (7) 按电焊或气割作业规程作业; (8) 穿防护鞋,戴手套; (9) 使用专用工具
3	提升、开闭机构检修	因标记不清造成安装错误,引起设备损坏	设备故障	0.5	1	7	3.5	1	(1) 检查核实; (2) 做好相应标识记号
3.1	提升、开闭减速箱卸端盖	(1) 敲击端盖; (2) 端盖滑脱伤脚	(1) 人身伤害; (2) 设备损坏	0.5	1	3	1.5	1	(1) 穿防护鞋,戴手套; (2) 使用专用工具
3.2	使用电动葫芦起吊大、小齿轮	(1) 开关绝缘不良或损坏; (2) 吊钩和卡扣损坏脱扣砸人; (3) 钢丝绳毛刺或断裂;	(1) 机械伤害; (2) 触电	0.5	1	3	1.5	1	(1) 使用前检查手摇机构、钢丝绳吊扣等; (2) 戴防护手套、安全帽; (3) 吊物必须捆绑牢固,保持重心稳定;

编号	作业步骤	危害因素	可能导致的后果	风险评价					控制措施
				L	E	C	D	风险程度	
3.2	使用电动葫芦起吊大、小齿轮	(4) 手摇机构故障; (5) 起吊物重心不稳或绑扎不当; (6) 物件过重超载	(1) 机械伤害; (2) 触电	0.5	1	3	1.5	1	(4) 设专人指挥起吊,避免吊物下站人; (5) 设置隔离措施
3.3	卸轴承	(1) 动火作业; (2) 被高温轴承烫伤	(1) 灼伤; (2) 火灾	0.5	1	3	1.5	1	(1) 穿防护鞋; (2) 戴阻燃布手套; (3) 准备灭火器、使用阻燃垫布; (4) 使用专用工具
3.4	清洗	(1) 接触有毒清洗剂; (2) 清洗剂易燃易爆	(1) 中毒; (2) 火灾	0.5	1	3	1.5	1	(1) 戴呼吸器; (2) 准备灭火器
3.5	提升、开闭卷扬滚筒检修	(1) 起重作业; (2) 动火作业; (3) 未使用专用工具; (4) 设备滑脱伤脚	(1) 设备故障; (2) 人身伤害; (3) 火灾	0.5	1	7	3.5	1	(1) 使用前检查手摇机构、钢丝绳吊扣等; (2) 戴防护手套、安全帽; (3) 吊物必须捆绑牢固,保持重心稳定; (4) 设专人指挥起吊,避免吊物下站人; (5) 设置隔离措施; (6) 办理动火作业票,执行安全措施,监护人到位、准备灭火器、使用阻燃垫布; (7) 按电焊或气割作业规程作业; (8) 穿防护鞋,戴手套; (9) 使用专用工具

续表

编号	作业步骤	危害因素	可能导致的后果	L	E	C	D	风险程度	控制措施
3.6	提升、开闭钢丝绳更换	(1) 起重作业； (2) 动火作业； (3) 未使用专用工具； (4) 设备滑脱伤脚	(1) 设备故障； (2) 人身伤害； (3) 火灾	0.5	1	3	1.5	1	(1) 使用前检查手摇机构、钢丝绳吊扣等； (2) 戴防护手套、安全帽； (3) 吊物必须捆绑牢固，保持重心稳定； (4) 设专人指挥起吊，避免吊物下站人； (5) 设置隔离措施； (6) 办理动火作业票，执行安全措施，监护人到位、准备灭火器、使用阻燃垫布； (7) 按电焊或气割作业规程作业； (8) 穿防护鞋，戴手套； (9) 使用专用工具
4	卸船机抓斗检修	(1) 动火作业； (2) 未使用专用工具； (3) 设备滑脱伤脚	(1) 设备故障； (2) 人身伤害； (3) 火灾	0.5	1	7	3.5	1	(1) 办理动火作业票，执行安全措施，监护人到位、准备灭火器、使用阻燃垫布； (2) 按电焊或气割作业规程作业； (3) 穿防护鞋，戴手套； (4) 使用专用工具
5	卸船机前大梁、后大梁检修	(1) 动火作业； (2) 落物伤人；	(1) 设备故障； (2) 人身伤害； (3) 火灾	0.5	1	7	3.5	1	(1) 工作人员没有妨碍高处作业的病症；

编号	作业步骤	危害因素	可能导致的后果	风险评价					控制措施
				L	E	C	D	风险程度	
5	卸船机前大梁、后大梁检修	(3) 设备滑脱伤脚； (4) 登高作业	(1) 设备故障； (2) 人身伤害； (3) 火灾	0.5	1	7	3.5	1	(2) 使用合格的安全带，且将安全带挂在腰部以上牢固的物件上； (3) 在高处改变作业位置时，安全带不能解除或采用双绳安全带； (4) 检修现场必须戴好安全帽并系紧帽带； (5) 作业现场上部有无落物的可能； (6) 办理动火作业票，执行安全措施，监护人到位、准备灭火器、使用阻燃垫布； (7) 按电焊或气割作业规程作业
6	卸船机小车检修	(1) 动火作业； (2) 起重作业； (3) 落物伤人； (4) 接临时照明；	(1) 触电； (2) 火灾； (3) 设备损坏； (4) 人身伤害；	0.5	1	7	3.5	1	(1) 使用前检查手摇机构、钢丝绳吊扣等； (2) 戴防护手套、安全帽； (3) 吊物必须捆绑牢固，保持重心稳定； (4) 设专人指挥起吊，避免吊物下站人； (5) 设置隔离措施； (6) 办理动火作业票，执行安全措施，监护人到位、准备灭火器、使用阻燃垫布； (7) 按电焊或气割作业规程作业；

续表

编号	作业步骤	危害因素	可能导致的后果	风险评价					控制措施
				L	*E*	*C*	*D*	风险程度	
6	卸船机小车检修	(5) 设备滑落; (6) 高处作业	(5) 机械伤害	0.5	1	7	3.5	1	(8) 使用合格的安全带,且将安全带挂在腰部以上牢固的物件上; (9) 在高处改变作业位置时,安全带不能解除或采用双绳安全带
7	卸船机卸料系统检修	(1) 动火作业; (2) 起重作业; (3) 落物伤人; (4) 接临时照明; (5) 设备滑落; (6) 接触粉尘	(1) 触电; (2) 火灾; (3) 设备损坏; (4) 人身伤害; (5) 机械伤害	0.5	1	3	1.5	1	(1) 使用前检查手摇机构、钢丝绳吊扣等; (2) 戴防护手套、安全帽; (3) 吊物必须捆绑牢固,保持重心稳定; (4) 设专人指挥起吊,避免吊物下站人; (5) 设置隔离措施; (6) 办理动火作业票,执行安全措施,监护人到位、准备灭火器、使用阻燃垫布; (7) 按电焊或气割作业规程作业; (8) 佩戴防尘口罩、呼吸器等
8	卸船机行走机构组装	(1) 起重作业; (2) 落物伤人	(1) 人身伤害; (2) 设备损坏; (3) 机械伤害	0.5	1	7	3.5	1	(1) 使用前检查手摇机构、钢丝绳吊扣等; (2) 戴防护手套、安全帽; (3) 吊物必须捆绑牢固,保持重心稳定;

编号	作业步骤	危害因素	可能导致的后果	风险评价					控制措施
				L	E	C	D	风险程度	
8	卸船机行走机构组装	(1) 起重作业; (2) 落物伤人	(1) 人身伤害; (2) 设备损坏; (3) 机械伤害	0.5	1	7	3.5	1	(4) 设专人指挥起吊,避免吊物下站人; (5) 设置隔离措施
9	提升、开闭机构组装	(1) 起重作业; (2) 落物伤人; (3) 动火作业	(1) 设备故障; (2) 人身伤害; (3) 火灾	0.5	1	3	1.5	1	(1) 使用前检查手摇机构、钢丝绳吊扣等; (2) 戴防护手套、安全帽; (3) 吊物必须捆绑牢固,保持重心稳定; (4) 设专人指挥起吊,避免吊物下站人; (5) 设置隔离措施; (6) 办理动火作业票,执行安全措施,监护人到位、准备灭火器、使用阻燃垫布; (7) 按电焊或气割作业规程作业
10	卸船机前大梁、后大梁恢复	(1) 拆脚手架; (2) 高处作业; (3) 设备滑落	(1) 人身伤害; (2) 设备损坏	0.5	1	7	3.5	1	(1) 拆除脚手架时,要按规定顺序进行,当拆除一部分时,防止导致其他部分倾斜倒塌; (2) 应有经验者担任拆除技术指导和监护; (3) 拆下的杆板传递时,要配合好、拿牢,防止落下,严禁向下抛掷;

编号	作业步骤	危害因素	可能导致的后果	风险评价					控制措施
				L	*E*	*C*	*D*	风险程度	
10	卸船机前大梁、后大梁恢复	(1) 拆脚手架; (2) 高处作业; (3) 设备滑落	(1) 人身伤害; (2) 设备损坏	0.5	1	7	3.5	1	(4) 恢复过程中,始终将安全带和安全绳挂在牢固物件上,中间需倒钩时,人员要站好位置再进行
11	卸船机卸料系统恢复	(1) 起重作业; (2) 落物伤人; (3) 设备滑落	(1) 人身伤害; (2) 设备损坏; (3) 机械伤害	0.5	1	3	1.5	1	(1) 使用前检查手摇机构、钢丝绳吊扣等; (2) 戴防护手套、安全帽; (3) 吊物必须捆绑牢固,保持重心稳定; (4) 设专人指挥起吊,避免吊物下站人; (5) 设置隔离措施
12	小车恢复	(1) 起重作业; (2) 落物伤人; (3) 高处作业; (4) 设备滑落	(1) 人身伤害; (2) 设备损坏; (3) 机械伤害	0.5	1	7	3.5	1	(1) 使用前检查手摇机构、钢丝绳吊扣等; (2) 戴防护手套、安全帽; (3) 吊物必须捆绑牢固,保持重心稳定; (4) 设专人指挥起吊,避免吊物下站人; (5) 设置隔离措施; (6) 使用合格的安全带,且将安全带挂在腰部以上牢固的物件上; (7) 在高处改变作业位置时,安全带不能解除或采用双绳安全带

编号	作业步骤	危害因素	可能导致的后果	风险评价					控制措施
				L	E	C	D	风险程度	
三		完工恢复							
1	检修工作结束	(1) 遗漏工器具；(2) 现场遗留检修杂物；(3) 不拆除临时用电	(1) 触电；(2) 人身伤害	0.5	1	3	1.5	1	(1) 收齐检查工器具；(2) 清扫检修现场；(3) 拆除临时用电
2	卸船机试运行	(1) 工作票未交给运行值班员；(2) 现场没专人监护	(1) 人身伤害；(2) 设备故障	0.5	1	7	3.5	1	(1) 押回工作票；(2) 现场有专人检查
3	工作完工	不结束工作票	检修时间延长	0.5	1	3	1.5	1	结束工作票
四		作业环境							
1	粉尘环境	(1) 粉尘处理不当；(2) 呼吸系统保护不当；(3) 遗留粉尘	职业危害	0.2	1	3	0.6	1	(1) 采取控制粉尘措施，加强日常维护；(2) 佩戴粉尘口罩、呼吸器等；(3) 定期体检；(4) 及时清扫地面，清理积灰

50　循环链码检修

<table>
<tr>
<td colspan="5">主要作业风险：
（1）动火作业气割、气焊造成火灾、化学爆炸和其他人身伤害；
（2）起重伤害；
（3）中毒与窒息；
（4）机械伤害；
（5）高处坠落</td>
<td colspan="2">控制措施：
（1）办理工作票；
（2）吊装前检查吊装器具、禁止站在吊件下；
（3）如动火需开动火工作票、使用阻燃垫布、专人监护</td>
</tr>
</table>

编号	作业步骤	危害因素	可能导致的后果	风险评价					控制措施
				L	E	C	D	风险程度	
一			检修前准备						
1	办理工作票	（1）无票作业； （2）措施未执行	（1）人身伤害； （2）设备事故	1	0.5	1	0.5	1	（1）办理工作票，确认并执行安全措施； （2）双人共同确认检修设备隔离、挂警示牌
2	临时用电	（1）电源、电压等级和接线方式不符合要求； （2）负荷过载	（1）触电； （2）火灾	0.5	2	1	1	1	（1）检查电源； （2）验电
3	动火作业（气割、气焊）	（1）附近有易燃易爆气体或易燃物； （2）气管老化、漏气、打结，未使用氧气减压器和乙炔回火阀； （3）气管与钢瓶接口没有固定；	（1）火灾； （2）化学爆炸； （3）人身伤害	1	2	1	2	1	（1）办理动火作业票，执行安全措施，监护人到位； （2）作业人员必须参加动火作业培训； （3）检查气管有无破损，使用氧气减压器和乙炔回火阀；

编号	作业步骤	危害因素	可能导致的后果	风险评价					控制措施
				L	E	C	D	风险程度	
3	动火作业（气割、气焊）	（4）气体钢瓶没有固定； （5）乙炔气瓶与氧气钢瓶距离太近； （6）没有使用阻燃垫； （7）割碴飞溅，没有使用阻燃垫； （8）没有穿戴或使用合适的工作服、防护鞋、防护眼镜和面罩等； （9）交叉作业或登高作业	（1）火灾； （2）化学爆炸； （3）人身伤害	1	2	1	2	1	（4）氧气瓶、乙炔瓶垂直放置并固定，距离不小于8m； （5）做好防火隔离措施，如使用阻燃垫和警示标识，准备灭火器等； （6）穿戴合适工作服、防护鞋、防护眼镜、面罩和安全带等； （7）交叉作业及时沟通和设置警示
4	安全交底	（1）走错间隔； （2）机械伤害； （3）工器具遗留； （4）高处作业； （5）起重伤害； （6）火灾事故	（1）人身伤害； （2）设备损坏； （3）火灾	0.5	2	10	10	1	（1）作业前注意认真核对设备； （2）严禁在转动设备上站立、跨越或行走，不得在皮带上跨越、行走或传递工具； （3）检修作业前及作业结束后，注意清点工器具无误，防止工器具遗留在所检修的设备内； （4）高处作业必须佩带安全带； （5）使用合格起重工器具，使用前认真检查起吊设备，严格按照操作规程操作； （6）动火作业需办理动火票、作业时备好必要的消防设施，实施电、火焊作业时下方做好隔离措施

编号	作业步骤	危害因素	可能导致的后果	L	E	C	D	风险程度	控制措施
5	准备工具/材料	工具/材料选择不当	物体打击	1	2	10	20	2	(1) 选择合适的操作工器具; (2) 检查所用的工具必须完好; (3) 正确使用工器具
二		检修							
1	链码检修	(1) 接触粉尘; (2) 高处作业; (3) 起重作业; (4) 动火作业; (5) 设备滑落;	(1) 人身伤害; (2) 火灾; (3) 触电; (4) 设备损坏; (5) 机械伤害	0.5	1	1	0.5	1	(1) 采取控制粉尘措施,加强日常维护; (2) 佩戴粉尘口罩、呼吸器等; (3) 定期进行粉尘监测; (4) 定期体检; (5) 及时清扫,清理积灰; (6) 工作人员没有妨碍高处作业的病症; (7) 使用合格的安全带,且将安全带挂在腰部以上牢固的物件上; (8) 在高处改变作业位置时,安全带不能解除或采用双绳安全带; (9) 检修现场必须戴好安全帽并系紧帽带; (10) 使用前检查手摇机构、钢丝绳吊扣等; (11) 戴防护手套、安全帽; (12) 吊物必须捆绑牢固,保持重心稳定;

编号	作业步骤	危害因素	可能导致的后果	风险评价					控制措施
				L	E	C	D	风险程度	
1	链码检修	(6) 接临时照明; (7) 落物伤人	(1) 人身伤害; (2) 火灾; (3) 触电; (4) 设备损坏; (5) 机械伤害	0.5	1	1	0.5	1	(13) 设专人指挥起吊,避免吊物下站人; (14) 设置隔离措施; (15) 办理动火作业票,执行安全措施,监护人到位、准备灭火器、使用阻燃垫布; (16) 按电焊或气割作业规程作业
2	循环链码支撑架检修	(1) 接触粉尘; (2) 高处作业; (3) 动火作业; (4) 设备滑落; (5) 接临时照明; (6) 落物伤人	(1) 设备损坏; (2) 人身伤害; (3) 触电; (4) 火灾; (5) 机械伤害	0.5	1	1	0.5	1	(1) 采取控制粉尘措施,加强日常维护; (2) 佩戴粉尘口罩、呼吸器等; (3) 定期进行粉尘监测; (4) 定期体检; (5) 及时清扫,清理积灰; (6) 工作人员没有妨碍高处作业的病症; (7) 使用合格的安全带,且将安全带挂在腰部以上牢固的物件上; (8) 在高处改变作业位置时,安全带不能解除或采用双绳安全带; (9) 检修现场必须戴好安全帽并系紧帽带; (10) 办理动火作业票,执行安全措施,监护人到位、准备灭火器、使用阻燃垫布; (11) 按电焊或气割作业规程作业

编号	作业步骤	危害因素	可能导致的后果	风险评价					控制措施
				L	E	C	D	风险程度	
3	液压推杆检修	(1) 接触粉尘; (2) 高处作业; (3) 起重作业; (4) 设备滑落; (5) 接临时照明; (6) 落物伤人	(1) 人身伤害; (2) 设备损坏; (3) 机械伤害; (4) 触电	0.5	1	1	0.5	1	(1) 采取控制粉尘措施,加强日常维护; (2) 佩戴防尘口罩、呼吸器等; (3) 定期进行粉尘监测; (4) 定期体检; (5) 及时清扫,清理积灰; (6) 工作人员没有妨碍高处作业的病症; (7) 使用合格的安全带,且将安全带挂在腰部以上牢固的物件上; (8) 在高处改变作业位置时,安全带不能解除或采用双绳安全带; (9) 检修现场必须戴好安全帽并系紧帽带; (10) 使用前检查手摇机构、钢丝绳吊扣等; (11) 戴防护手套、安全帽; (12) 吊物必须捆绑牢固,保持重心稳定; (13) 设专人指挥起吊,避免吊物下站人; (14) 设置隔离措施
4	链码检修恢复	(1) 接触粉尘; (2) 高处作业;	(1) 人身伤害; (2) 设备损坏;	0.5	1	1	0.5	1	(1) 采取控制粉尘措施,加强日常维护;

编号	作业步骤	危害因素	可能导致的后果	风险评价					控制措施
				L	E	C	D	风险程度	
4	链码检修恢复	(3) 起重作业; (4) 设备滑落; (5) 接临时照明	(3) 机械伤害	0.5	1	1	0.5	1	(2) 佩戴防尘口罩、呼吸器等; (3) 定期进行粉尘监测; (4) 定期体检; (5) 及时清扫,清理积灰; (6) 工作人员没有妨碍高处作业的病症; (7) 使用合格的安全带,且将安全带挂在腰部以上牢固的物件上; (8) 在高处改变作业位置时,安全带不能解除或采用双绳安全带; (9) 检修现场必须戴好安全帽并系紧帽带; (10) 使用前检查手摇机构、钢丝绳吊扣等; (11) 戴防护手套、安全帽; (12) 吊物必须捆绑牢固,保持重心稳定; (13) 设专人指挥起吊,避免吊物下站人; (14) 设置隔离措施
5	支撑架恢复	(1) 接触粉尘; (2) 高处作业; (3) 设备滑落; (4) 接临时照明;	(1) 人身伤害; (2) 设备损坏; (3) 机械伤害	0.5	1	1	0.5	1	(1) 采取控制粉尘措施,加强日常维护; (2) 佩戴防尘口罩、呼吸器等; (3) 定期进行粉尘监测;

编号	作业步骤	危害因素	可能导致的后果	风险评价					控制措施
				L	E	C	D	风险程度	
5	支撑架恢复	(5) 落物伤人	(1) 人身伤害; (2) 设备损坏; (3) 机械伤害	0.5	1	1	0.5	1	(4) 定期体检; (5) 及时清扫,清理积灰; (6) 工作人员没有妨碍高处作业的病症; (7) 使用合格的安全带,且将安全带挂在腰部以上牢固的物件上; (8) 在高处改变作业位置时,安全带不能解除或采用双绳安全带; (9) 检修现场必须戴好安全帽并系紧帽带
6	液压推杆恢复	(1) 接触粉尘; (2) 高处作业; (3) 起重作业; (4) 设备滑落; (5) 接临时照明; (6) 落物伤人	(1) 从身伤害; (2) 设备损坏; (3) 机械伤害; (4) 触电	0.5	1	1	0.5	1	(1) 采取控制粉尘措施,加强日常维护; (2) 佩戴防尘口罩、呼吸器等; (3) 定期进行粉尘监测; (4) 定期体检; (5) 及时清扫,清理积灰; (6) 工作人员没有妨碍高处作业的病症; (7) 使用合格的安全带,且将安全带挂在腰部以上牢固的物件上; (8) 在高处改变作业位置时,安全带不能解除或采用双绳安全带; (9) 检修现场必须戴好安全帽并系紧帽带;

续表

编号	作业步骤	危害因素	可能导致的后果	风险评价					控制措施
				L	E	C	D	风险程度	
6	液压推杆恢复	(1) 接触粉尘； (2) 高处作业； (3) 起重作业； (4) 设备滑落； (5) 接临时照明； (6) 落物伤人	(1) 人身伤害； (2) 设备损坏； (3) 机械伤害； (4) 触电	0.5	1	1	0.5	1	(10) 使用前检查手摇机构、钢丝绳吊扣等； (11) 戴防护手套、安全帽； (12) 吊物必须捆绑牢固，保持重心稳定； (13) 设专人指挥起吊，避免吊物下站人； (14) 设置隔离措施
三			完工恢复						
1	检修工作结束	(1) 遗漏工器具； (2) 现场遗留检修杂物； (3) 不拆除临时用电	(1) 触电； (2) 人身伤害	0.5	1	1	0.5	1	(1) 收齐检查工器具； (2) 清扫检修现场； (3) 拆除临时用电
2	循环链码试运行	(1) 工作票未交给运行值班员； (2) 现场没专人监护	(1) 人身伤害； (2) 设备故障	0.5	1	1	0.5	1	(1) 押回工作票； (2) 现场有专人检查
3	工作完工	不结束工作票		0.5	1	1	0.5	1	结束工作票
四			作业环境						
1	粉尘环境	(1) 粉尘处理不当； (2) 呼吸系统保护不当； (3) 遗留粉尘	职业危害	0.2	3	3	1.8	1	(1) 采取控制粉尘措施，加强日常维护； (2) 佩戴防尘口罩、呼吸器等； (3) 定期体检； (4) 及时清扫地面，清理积灰
2	噪声	旁边其他设备运行	职业危害	0.2	3	3	1.8	1	正确佩戴耳塞

51 真空吸尘装置检修

主要作业风险：	控制措施：
（1）动火作业气割、气焊造成火灾、化学爆炸和其他人身伤害； （2）起重伤害； （3）中毒与窒息； （4）机械伤害； （5）高处坠落	（1）办理工作票； （2）吊装前检查吊装器具、禁止站在吊件下； （3）如动火需开动火工作票、使用阻燃垫布、专人监护

编号	作业步骤	危害因素	可能导致的后果	风险评价					控制措施
				L	E	C	D	风险程度	
一		检修前准备							
1	办理工作票	（1）无票作业； （2）措施未执行	（1）人身伤害； （2）设备事故	1	0.5	1	0.5	1	（1）办理工作票，确认并执行安全措施； （2）双人共同确认检修设备隔离、挂警示牌
2	临时用电	（1）电源、电压等级和接线方式不符合要求； （2）负荷过载	（1）触电； （2）火灾	0.5	2	1	1	1	（1）检查电源； （2）验电
3	动火作业（气割、气焊）	（1）附近有易燃易爆气体或易燃物； （2）气管老化、漏气、打结，未使用氧气减压器和乙炔回火阀； （3）气管与钢瓶接口没有固定；	（1）火灾； （2）化学爆炸； （3）人身伤害	1	2	1	2	1	（1）办理动火作业票，执行安全措施，监护人到位； （2）作业人员必须参加动火作业培训； （3）检查气管有无破损，使用氧气减压器和乙炔回火阀；

编号	作业步骤	危害因素	可能导致的后果	风险评价					控制措施
				L	*E*	*C*	*D*	风险程度	
3	动火作业（气割、气焊）	（4）气体钢瓶没有固定； （5）乙炔气瓶与氧气钢瓶距离太近； （6）没有使用阻燃垫； （7）割碴飞溅，没有使用阻燃垫； （8）没有穿戴或使用合适的工作服、防护鞋、防护眼镜和面罩等； （9）交叉作业或登高作业	（1）火灾； （2）化学爆炸； （3）人身伤害	1	2	1	2	1	（4）氧气瓶、乙炔瓶垂直放置并固定，距离不小于 8m； （5）做好防火隔离措施，如使用阻燃垫和警示标识，准备灭火器等； （6）穿戴合适工作服、防护鞋、防护眼镜、面罩和安全带等； （7）交叉作业及时沟通和设置警示
4	安全交底	（1）走错间隔； （2）机械伤害； （3）工器具遗留； （4）高处作业； （5）起重伤害； （6）火灾事故	（1）人身伤害； （2）设备损坏； （3）火灾	0.5	2	10	10	1	（1）作业前注意认真核对设备； （2）严禁在转动设备上站立、跨越或行走，不得在皮带上跨越、行走或传递工具； （3）检修作业前及作业结束后，注意清点工器具无误，防止工器具遗留在所检修的设备内； （4）高处作业必须佩带安全带； （5）使用合格起重工器具，使用前认真检查起吊设备，严格按照操作规程操作； （6）动火作业需办理动火票、作业时备好必要的消防设施，实施电、火焊作业时下方做好隔离措施

编号	作业步骤	危害因素	可能导致的后果	风险评价					控制措施
				L	E	C	D	风险程度	
5	准备工具/材料	工具/材料选择不当	物体打击	1	2	10	20	2	(1) 选择合适的操作工器具; (2) 检查所用的工具必须完好; (3) 正确使用工器具
二		检修							
1	空气压缩机检修	(1) 接触粉尘; (2) 起重作业; (3) 设备滑落; (4) 未使用专用工具; (5) 接临时照明	(1) 人身伤害; (2) 触电; (3) 设备损坏	0.5	1	3	1.5	1	(1) 采取控制粉尘措施,加强日常维护; (2) 佩戴防尘口罩、呼吸器等; (3) 定期进行粉尘监测; (4) 定期体检; (5) 及时清扫,清理积灰; (6) 使用前检查手摇机构、钢丝绳吊扣等; (7) 戴防护手套、安全帽; (8) 吊物必须捆绑牢固,保持重心稳定; (9) 设专人指挥起吊,避免吊物下站人; (10) 设置隔离措施; (11) 使用专用工具
2	滤筒检修	(1) 接触粉尘; (2) 高处作业; (3) 设备滑落; (4) 接临时照明;	(1) 设备损坏; (2) 人身伤害; (3) 触电; (4) 机械伤害	0.5	1	3	1.5	1	(1) 采取控制粉尘措施,加强日常维护; (2) 佩戴防尘口罩、呼吸器等; (3) 定期进行粉尘监测; (4) 定期体检;

编号	作业步骤	危害因素	可能导致的后果	风险评价					控制措施
				L	E	C	D	风险程度	
2	滤筒检修	(5) 落物伤人	(1) 设备损坏; (2) 人身伤害; (3) 触电; (4) 机械伤害	0.5	1	3	1.5	1	(5) 及时清扫,清理积灰; (6) 工作人员没有妨碍高处作业的病症; (7) 使用合格的安全带,且将安全带挂在腰部以上牢固的物件上; (8) 在高处改变作业位置时,安全带不能解除或采用双绳安全带; (9) 检修现场必须戴好安全帽并系紧帽带
3	罗茨风机检修	(1) 接触粉尘; (2) 起重作业; (3) 设备滑落; (4) 未使用专用工具; (5) 接临时照明	(1) 人身伤害; (2) 设备损坏; (3) 机械伤害; (4) 触电	0.5	1	3	1.5	1	(1) 采取控制粉尘措施,加强日常维护; (2) 佩戴防尘口罩、呼吸器等; (3) 定期进行粉尘监测; (4) 定期体检; (5) 及时清扫,清理积灰; (6) 检修现场必须戴好安全帽并系紧帽带; (7) 使用前检查手摇机构、钢丝绳吊扣等; (8) 戴防护手套、安全帽; (9) 吊物必须捆绑牢固,保持重心稳定; (10) 设专人指挥起吊,避免吊物下站人; (11) 设置隔离措施; (12) 使用专用工具

编号	作业步骤	危害因素	可能导致的后果	风险评价					控制措施
				L	E	C	D	风险程度	
4	吸尘管检修	(1) 接触粉尘； (2) 高处作业； (3) 动火作业； (4) 架设脚手架； (5) 设备滑落； (6) 接临时照明； (7) 落物伤人	(1) 人身伤害； (2) 火灾； (3) 触电； (4) 设备损坏； (5) 机械伤害	0.5	1	3	1.5	1	(1) 采取控制粉尘措施，加强日常维护； (2) 佩戴防尘口罩、呼吸器等； (3) 定期进行粉尘监测； (4) 定期体检； (5) 及时清扫，清理积灰； (6) 工作人员没有妨碍高处作业的病症； (7) 使用合格的安全带，且将安全带挂在腰部以上牢固的物件上； (8) 在高处改变作业位置时，安全带不能解除或采用双绳安全带； (9) 检修现场必须戴好安全帽并系紧帽带； (10) 办理动火作业票，执行安全措施，监护人到位、准备灭火器、使用阻燃垫布； (11) 按电焊或气割作业规程作业； (12) 按标准搭设脚手架，验收合格后使用； (13) 脚手架牢固，能够承受其上人和物的重量； (14) 脚手架所用材料符合要求，无虫蛀和机械损伤

续表

编号	作业步骤	危害因素	可能导致的后果	风险评价					控制措施
				L	*E*	*C*	*D*	风险程度	
5	空气压缩机恢复	（1）接触粉尘； （2）起重作业； （3）设备滑落； （4）接临时照明	（1）人身伤害； （2）设备损坏； （3）机械伤害	0.5	1	3	1.5	1	（1）采取控制粉尘措施，加强日常维护； （2）佩戴防尘口罩、呼吸器等； （3）定期进行粉尘监测； （4）定期体检； （5）及时清扫，清理积灰； （6）使用前检查手摇机构、钢丝绳吊扣等； （7）戴防护手套、安全帽； （8）吊物必须捆绑牢固，保持重心稳定； （9）设专人指挥起吊，避免吊物下站人； （10）设置隔离措施
6	罗茨风机恢复	（1）接触粉尘； （2）起重作业； （3）设备滑落； （4）未使用专用工具； （5）接临时照明	（1）人身伤害； （2）设备损坏； （3）机械伤害； （4）触电	0.5	1	3	1.5	1	（1）采取控制粉尘措施，加强日常维护； （2）佩戴防尘口罩、呼吸器等； （3）定期进行粉尘监测； （4）定期体检； （5）及时清扫，清理积灰； （6）检修现场必须戴好安全帽并系紧帽带； （7）使用前检查手摇机构、钢丝绳吊扣等；

编号	作业步骤	危害因素	可能导致的后果	风险评价					控制措施
				L	E	C	D	风险程度	
6	罗茨风机恢复	(1) 接触粉尘; (2) 起重作业; (3) 设备滑落; (4) 未使用专用工具; (5) 接临时照明	(1) 人身伤害; (2) 设备损坏; (3) 机械伤害; (4) 触电	0.5	1	3	1.5	1	(8) 戴防护手套、安全帽; (9) 吊物必须捆绑牢固,保持重心稳定; (10) 设专人指挥起吊,避免吊物下站人; (11) 设置隔离措施; (12) 使用专用工具
三			完工恢复						
1	检修工作结束	(1) 遗漏工器具; (2) 现场遗留检修杂物; (3) 不拆除临时用电	(1) 触电; (2) 人身伤害	0.5	1	3	1.5	1	(1) 收齐检查工器具; (2) 清扫检修现场; (3) 拆除临时用电
2	真空吸尘装置试运行	(1) 工作票未交给运行值班员; (2) 现场没专人监护	(1) 人身伤害; (2) 设备故障	0.5	1	3	1.5	1	(1) 押回工作票; (2) 现场有专人检查
3	工作完工	不结束工作票		0.5	1	3	1.5	1	结束工作票
四			作业环境						
1	粉尘环境	(1) 粉尘处理不当; (2) 呼吸系统保护不当; (3) 遗留粉尘	职业危害	0.2	3	3	1.8	1	(1) 采取控制粉尘措施,加强日常维护; (2) 佩戴防尘口罩、呼吸器等; (3) 定期体检; (4) 及时清扫地面,清理积灰
2	噪声	旁边其他设备运行	职业危害	0.2	3	3	1.8	1	正确佩戴耳塞

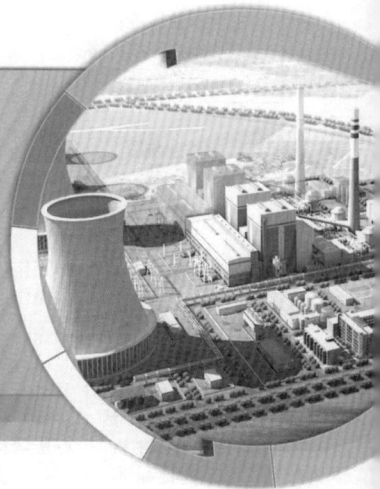

二、除灰部分

1 二级输送系统程控操作

<table>
<tr>
<td colspan="6">主要作业风险：
（1）作业环境危害；
（2）设备事故</td>
<td colspan="2">控制措施：
（1）操作前认真核对操作对象；
（2）运行时加强监盘力度和现场巡检力度</td>
</tr>
<tr>
<td rowspan="2">编号</td>
<td rowspan="2">作业步骤</td>
<td rowspan="2">危害因素</td>
<td rowspan="2">可能导致的后果</td>
<td colspan="5">风险评价</td>
<td rowspan="2">控制措施</td>
</tr>
<tr>
<td>L</td>
<td>E</td>
<td>C</td>
<td>D</td>
<td>风险
程度</td>
</tr>
<tr>
<td>一</td>
<td colspan="7" align="center">操作前准备</td>
<td></td>
</tr>
<tr>
<td>1</td>
<td>接收指令</td>
<td>工作对象不清楚，引发误操作，造成设备损坏</td>
<td>（1）设备事故；
（2）作业环境危害</td>
<td>6</td>
<td>6</td>
<td>1</td>
<td>36</td>
<td>2</td>
<td>（1）确认目的，防止弄错对象；
（2）台账记录</td>
</tr>
<tr>
<td>2</td>
<td>准备巡检工具（测温仪、测震仪、活板、对讲机、巡检记录本、检修包）</td>
<td>（1）拿错或使用错误工具；
（2）充电不足或信号不好影响及时通信；
（3）照明不足造成绊倒、摔伤等</td>
<td>其他伤害</td>
<td>3</td>
<td>6</td>
<td>1</td>
<td>18</td>
<td>1</td>
<td rowspan="2">（1）检查各类工具符合安全要求；
（2）加强沟通；
（3）交待安全注意事项；
（4）正确佩戴安全帽、防尘口罩、耳塞、手套、工作鞋；
（5）规范着装；
（6）携带状况良好的通信工具；
（7）携带手电筒，电源要充足，亮度要足够</td>
</tr>
<tr>
<td>3</td>
<td>准备合适的个人防护用品（安全帽、防粉口罩、耳塞、手套、工作鞋）</td>
<td>使用不充分或不合适防护品造成烫伤、化学伤害、滑跌绊跌、碰撞、落物伤害等</td>
<td>（1）灼烫；
（2）其他伤害</td>
<td>3</td>
<td>6</td>
<td>1</td>
<td>18</td>
<td>1</td>
</tr>
</table>

编号	作业步骤	危害因素	可能导致的后果	风险评价					控制措施
				L	E	C	D	风险程度	
4	向值班负责人汇报操作动作，值班负责人核实并批准，交代安全注意事项	（1）操作对象不明引发误操作； （2）准备不充分	（1）其他伤害； （2）设备事故	3	6	1	18	1	（1）熟悉运行规程，精心操作； （2）确认目的，防止弄错对象； （3）台账记录
二	开启二级输送操作								
1	检查系统设备是否符合运行要求（输送空气压缩机、冷干机、码头布袋除尘器、卸料布袋、输送罐、各管道阀门、天气、潮位等）	（1）设备检查不到位，系统在故障情况或阀门开度不正确，开启设备引发设备损坏和系统瘫痪； （2）管道破裂时开启设备引发设备损坏和环境污染； （3）恶劣天气或潮位不正确引发安全事故	（1）设备事故； （2）作业环境危害	6	6	1	36	2	（1）系统运行前操作人员对系统做全面检查，有台账记录； （2）系统运行前操作人员对天气和潮位做全面分析，具有较好的辨别能力； （3）定期检查、维护各设备发现异常点及时入缺； （4）挂设备铭牌，巡检记录本中设有标准运行数据
2	开启对应管道切换阀	（1）走错间隔引发系统瘫痪； （2）阀门开不到位，引发系统堵灰	（1）设备事故； （2）机械伤害； （3）作业环境危害	6	6	1	36	2	（1）确认目的，防止弄错对象； （2）切换阀具有联锁功能，当走错间隔时无法开启； （3）切换阀具有报警装置阀体不到位会报警； （4）定期检查维护； （5）操作计算机上有系统图

续表

编号	作业步骤	危害因素	可能导致的后果	风险评价					控制措施
				L	E	C	D	风险程度	
3	开启输送空气压缩机冷干机	(1) 误操作； (2) 走错间隔	设备事故	3	6	1	18	1	(1) 正确核对设备名称，就地有人进行监视； (2) 冷干机具有保护装置； (3) 具有报警装置； (4) 定期检查维护； (5) 悬挂设备铭牌
4	开启输送空气压缩机	(1) 误操作； (2) 走错间隔	设备事故	3	6	1	18	1	(1) 正确核对设备名称，就地有人进行监视； (2) 具有保护装置； (3) 具有报警装置； (4) 定期检查维护； (5) 悬挂设备铭牌
5	码头接线完毕后开启布袋除尘器	(1) 误操作； (2) 走错间隔	(1) 设备事故； (2) 作业环境危害	3	6	1	18	1	(1) 正确核对设备名称，就地有人进行监视； (2) 具有保护装置； (3) 具有报警装置； (4) 定期检查维护； (5) 悬挂设备铭牌
6	系统吹管（手动）	(1) 误操作； (2) 管道存在余灰引发管道堵塞	(1) 设备事故； (2) 作业环境危害	6	6	1	36	2	(1) 操作时认真核对管道压力，具有辨别能力； (2) 定期检查维护

编号	作业步骤	危害因素	可能导致的后果	风险评价					控制措施
				L	E	C	D	风险程度	
7	开启对应单元程控操作（自动）	（1）误操作；（2）走错间隔	（1）设备事故；（2）作业环境危害	6	6	1	36	2	（1）正确核对设备名称；（2）具有联锁保护装置；（3）具有报警装置；（4）定期检查维护；（5）悬挂设备铭牌
三	关闭二级输送操作								
1	接收指令	工作对象不清楚，引发误操作，造成设备损坏	（1）其他伤害；（2）设备事故；（3）作业环境危害	6	6	1	36	2	（1）确认目的，防止弄错对象；（2）台账记录
2	关闭对应单元程控操作（自动）	（1）误操作；（2）走错间隔	设备事故	3	6	1	18	1	（1）正确核对设备名称；（2）具有联锁保护装置；（3）具有报警装置；（4）定期检查维护；（5）悬挂设备铭牌
3	系统吹管（手动）	（1）误操作；（2）管道存在余灰引发管道堵塞	（1）设备事故；（2）作业环境危害	6	6	1	36	2	（1）操作时认真核对管道压力，具有辨别能力；（2）定期检查维护
4	码头拆线完毕后关闭布袋除尘器	（1）误操作；（2）走错间隔	设备事故	3	6	1	18	1	（1）正确核对设备名称，就地有人进行监视；（2）具有保护装置；（3）具有报警装置；（4）定期检查维护；（5）悬挂设备铭牌

编号	作业步骤	危害因素	可能导致的后果	风险评价					控制措施
				L	E	C	D	风险程度	
5	关闭输送空气压缩机	(1) 误操作; (2) 走错间隔	设备事故	3	6	1	18	1	(1) 正确核对设备名称,就地有人进行监视; (2) 具有保护装置; (3) 具有报警装置; (4) 定期检查维护; (5) 悬挂设备铭牌
6	关闭输送空气压缩机冷干机	(1) 误操作; (2) 走错间隔	设备事故	3	6	1	18	1	(1) 正确核对设备名称,就地有人进行监视; (2) 冷干机具有保护装置; (3) 具有报警装置; (4) 定期检查维护; (5) 悬挂设备铭牌
7	关闭对应管道切换阀	(1) 走错间隔引发系统瘫痪; (2) 阀门开不到位,引发系统堵灰	(1) 设备事故; (2) 作业环境危害	3	6	1	18	1	(1) 确认目的,防止弄错对象; (2) 切换阀有联锁功能,当走错间隔时无法开启; (3) 切换阀具有报警装置阀体不到位会报警; (4) 定期检查维护; (5) 操作计算机上有系统图
四	作业环境								
1	天气	(1) 风速超 7 级,综合码头吊臂损坏,卸料布袋扭曲	(1) 坍塌;	3	1	3	9	1	(1) 操作人员危险源分析,提前预控;

续表

编号	作业步骤	危害因素	可能导致的后果	风险评价					控制措施
				L	E	C	D	风险程度	
1	天气	（2）大雨，飞灰淋湿流动性差不能输送，严重时造成系统瘫痪	（2）设备事故	3	1	3	9	1	（2）现场设置操作人员
2	潮位	（1）潮位过高船泊碰到吊臂； （2）潮位过低卸料布袋不够长	（1）坍塌； （2）设备事故	10	6	1	60	2	（1）操作人员危险源分析，提前预控； （2）现场设置操作人员
五		以往发生的事件							
1	潮位	潮位过低卸料布袋不够长	设备事故（卸料布袋钢丝绳断）	10	6	1	60	2	（1）操作人员危险源分析，提前预控； （2）现场设置操作人员

2 **二级输送系统综合码头卸灰接线操作**

主要作业风险：	控制措施：
(1) 作业环境危害； (2) 淹溺； (3) 坍塌	(1) 正确佩戴防尘口罩； (2) 操作人员操作时穿救生衣； (3) 加强巡检力度，具有较好的辨别能力

编号	作业步骤	危害因素	可能导致的后果	风险评价					控制措施
				L	E	C	D	风险程度	
一		操作前准备							
1	接收指令	工作对象不清楚，引发误操作，造成设备损坏	(1) 其他伤害； (2) 设备事故； (3) 作业环境危害	6	6	1	36	2	(1) 确认目的，防止弄错对象； (2) 台账记录
2	准备巡检工具（活板、对讲机、巡检记录本、橡皮垂）	(1) 拿错或使用错误工具； (2) 充电不足或信号不好影响及时通信； (3) 照明不足造成绊倒、摔伤等	其他伤害	3	6	1	18	1	(1) 使用合适工具； (2) 加强沟通； (3) 交待安全注意事项； (4) 正确佩戴安全帽、防尘口罩、耳塞、手套，穿工作鞋等； (5) 规范着装； (6) 携带状况良好的通信工具； (7) 携带手电筒，电源要充足，亮度要足够
3	准备合适的个人防护用品（安全帽、防粉口罩、耳塞、手套、工作鞋、救生衣）	使用不充分或不合适防护用品造成滑跌绊跌、碰撞、落物伤害、溺水等	(1) 灼烫； (2) 其他伤害	3	6	1	18	1	

编号	作业步骤	危害因素	可能导致的后果	风险评价					控制措施
				L	E	C	D	风险程度	
4	向值班负责人汇报操作动作，值班负责人核实并批准，交代安全注意事项	（1）操作对象不明引发误操作； （2）准备不充分	（1）其他伤害； （2）设备事故	3	6	1	18	1	（1）熟悉运行规程，精心操作； （2）确认目的，防止弄错对象； （3）台账记录
二		二级输送系统卸灰接线操作							
1	检查系统设备是否符合运行要求（潮位、天气、卸料布袋钢丝绳、吊臂、各指示电源、管道等）	（1）设备检查不到位，系统在故障情况下开启设备引发设备损坏和系统瘫痪； （2）管道破裂时开启设备引发设备损坏和环境污染； （3）恶劣天气或潮位不正确引发安全事故	（1）设备事故； （2）作业环境危害； （3）人身伤害	6	6	1	36	2	（1）系统运行前操作人员对系统做全面检查，有台账记录； （2）系统运行前操作人员对天气和潮位做全面分析，具有较好的辨别能力； （3）定期检查、维护各设备发现异常点及时入缺； （4）挂设备名牌，巡检记录本中设有标准运行数据
2	拉开吊臂保护装置（钢丝绳）	（1）钢丝绳拉不开，吊臂不能拉出； （2）操作人员容易滑倒溺水	（1）设备事故； （2）淹溺	1	6	3	18	1	（1）操作人员操作时穿救生衣； （2）定期检查维护； （3）就地悬挂安全警示牌
3	启动吊臂上升	（1）走错间隔，设备故障；	（1）设备事故；	1	6	3	18	1	（1）就地观察就地操作； （2）操作人员操作时穿救生衣；

续表

编号	作业步骤	危害因素	可能导致的后果	风险评价					控制措施
				L	E	C	D	风险程度	
3	启动吊臂上升	(2) 吊臂失控，引发吊臂突然下落砸人	(2) 坍塌	1	6	3	18	1	(3) 定期检查维护； (4) 悬挂设备铭牌
4	人工将吊臂向外拉到指定位置	(1) 吊臂拉不动，吊臂向内摆动将人反拉，造成人员滑倒； (2) 吊臂拉出摆动速度过快，造成岸上人员滑倒溺水； (3) 吊臂底脚不牢固，吊臂倾翻，砸人	(1) 其他伤害； (2) 淹溺； (3) 坍塌； (4) 设备事故	3	6	3	54	2	(1) 定期检查更换绳锁； (2) 就地观察就地操作； (3) 两端拉时事先将绳锁拴在支架上，轻拉慢放； (4) 操作人员操作时穿救生衣
5	拴上吊臂底脚螺栓	(1) 吊臂摆动，夹手或将人员碰到； (2) 吊臂底脚孔洞对不牢，不能拴上螺栓，产生吊臂摆动伤人	(1) 机械伤害； (2) 设备事故	3	6	1	18	1	(1) 定期检查螺栓； (2) 就地悬挂安全警示牌
6	卸料布袋下降到船舶甲板上	(1) 潮位低卸料布袋不够长，无法接线； (2) 钢丝绳断，卸料布袋失控不能动作； (3) 卸料布袋脱落砸人	(1) 设备事故； (2) 坍塌	3	6	1	18	1	(1) 就地观察就地操作； (2) 操作人员操作时穿救生衣； (3) 定期检查维护； (4) 操作时速度放慢； (5) 悬挂设备铭牌
7	卸料布袋底脚螺栓与船舶甲板连接	(1) 螺栓打滑固定不牢，在卸灰过程中脱落造成冒灰；	(1) 作业环境危害；	3	6	3	54	2	(1) 就地操作有人监护；

编号	作业步骤	危害因素	可能导致的后果	风险评价					控制措施
				L	E	C	D	风险程度	
7	卸料布袋底脚螺栓与船舶甲板连接	(2) 在上螺栓过程中人员容易掉进船舱内； (3) 突然来灰，人员掩埋	(2) 设备损坏； (3) 人身伤害	3	6	3	54	2	(2) 操作人员操作时穿救生衣； (3) 保护装置，不允许输送时不卸灰； (4) 定期检查维护
8	开启允许输送程控信号	(1) 走错间隔； (2) 允许输送程控信号坏，不能出灰，耽误生产	(1) 作业环境危害； (2) 设备事故	3	6	1	18	1	(1) 定期检查维护； (2) 悬挂设备铭牌
三		关闭二级输送卸灰接线操作							
1	接收指令	工作对象不清楚，引发误操作，造成设备损坏	(1) 设备事故； (2) 其他伤害； (3) 作业环境危害	3	6	1	18	1	(1) 确认目的，防止弄错对象； (2) 台账记录
2	检查管路内是否存在余灰	管道存在余灰引发管道堵塞，造成系统瘫痪	(1) 设备事故； (2) 作业环境危害	6	6	1	36	2	(1) 停止前就地进行巡检； (2) 系统出现余灰时管路压力不正确
3	关闭允许输送程控信号	走错间隔	(1) 作业环境危害； (2) 设备事故； (3) 其他伤害	3	6	1	18	1	(1) 定期检查维护； (2) 悬挂设备铭牌
4	卸卸料布袋底脚螺栓与船舶甲板脱离	(1) 卸螺栓过程中人员容易掉进船舱内； (2) 卸料布袋内突然下灰将人掩埋	(1) 作业环境危害； (2) 设备事故； (3) 人身伤害	3	6	3	54	2	(1) 就地操作有人监护； (2) 操作人员操作时穿救生衣； (3) 保护装置，不允许输送时不卸灰； (4) 定期检查维护

编号	作业步骤	危害因素	可能导致的后果	风险评价					控制措施
				L	E	C	D	风险程度	
5	卸料布袋上升	（1）钢丝绳断，卸料布袋失控，不能动作；（2）卸料布袋脱落砸人	（1）设备事故；（2）坍塌	3	6	1	18	1	（1）就地观察就地操作；（2）操作人员操作时穿救生衣；（3）定期检查维护；（4）操作时速度放慢；（5）悬挂设备铭牌
6	卸掉吊臂底脚螺栓	（1）吊臂摆动，夹手或将人员碰倒；（2）孔洞对不牢，不能拔螺栓	（1）机械伤害；（2）设备事故	3	6	1	18	1	（1）就地操作有人监护；（2）操作人员操作时穿救生衣；（3）定期检查维护
7	人工将吊臂向内拉到指定位置	（1）吊臂拉不动，吊臂向外摆动将人反拉，造成人员滑倒；（2）吊臂拉进摆动速度过快，造成船上人员滑倒溺水；（3）吊臂底脚不牢固，吊臂倾翻，砸人	（1）其他伤害；（2）淹溺；（3）坍塌	3	6	3	54	2	（1）定期检查更换绳锁；（2）就地观察就地操作；（3）两端拉动时事先将绳锁拴在支架上，轻拉慢放；（4）操作人员操作时穿救生衣
8	启动吊臂上降到支架	（1）走错间隔，设备故障；（2）吊臂失控，引发吊臂突然下落	（1）设备事故；（2）坍塌	1	6	3	18	1	（1）就地观察就地操作；（2）操作人员操作时穿救生衣；（3）定期检查维护；（4）悬挂设备铭牌
9	拴上吊臂保护装置（钢丝绳）	钢丝绳断不能起到保护作用，大风时将吊臂吹出支架上	（1）设备事故；（2）坍塌	1	6	1	6	1	（1）操作人员操作时穿救生衣；（2）定期检查维护；（3）就地悬挂安全警示牌

编号	作业步骤	危害因素	可能导致的后果	风险评价					控制措施
				L	E	C	D	风险程度	
四		作业环境							
1	天气	（1）风速超 7 级，综合码头吊臂损坏，卸料布袋扭曲； （2）大雨，飞灰淋湿流动性差不能输送，严重时造成系统瘫痪	（1）坍塌； （2）设备事故	3	1	3	9	1	（1）操作人员危险源分析，提前预控； （2）现场设置操作人员
2	潮位	（1）潮位过高船泊碰到吊臂； （2）潮位过低卸料布袋不够长	（1）坍塌； （2）设备事故	10	6	1	60	2	（1）操作人员危险源分析，提前预控； （2）现场设置操作人员
五		以往发生的事件							
1	潮位	潮位过低卸料布袋不够长	设备损坏（卸料布袋钢丝绳断）	10	6	1	60	2	（1）操作人员危险源分析，提前预控； （2）现场设置操作人员

3 分选系统操作

主要作业风险：								控制措施：	
(1) 作业环境危害；								(1) 运行时加强监盘力度和现场巡检力度，正确佩戴防尘口罩；	
(2) 设备事故								(2) 定期检查维护设备	

编号	作业步骤	危害因素	可能导致的后果	风险评价					控制措施
				L	*E*	*C*	*D*	风险程度	
一	操作前准备								
1	接收指令	工作对象不清楚，引发误操作，造成设备损坏	(1) 其他伤害； (2) 设备事故； (3) 作业环境危害	3	6	1	18	1	(1) 确认目的，防止弄错对象； (2) 台账记录
2	准备巡检工具（测温仪、测震仪、活板、对讲机、巡检记录本、检修包）	(1) 拿错或使用错误工具； (2) 充电不足或信号不好影响及时通信； (3) 照明不足造成绊倒、摔伤等	其他伤害	3	6	1	18	1	(1) 使用合适工具； (2) 加强沟通； (3) 交待安全注意事项； (4) 正确佩戴安全帽、防尘口罩、耳塞、手套，穿工作鞋等； (5) 规范着装； (6) 携带状况良好的通信工具； (7) 携带手电筒，电源要充足，亮度要足够
3	准备合适的个人防护用品（安全帽、防粉口罩、耳塞、手套、工作鞋）	使用不充分或不合适防护用品造成烫伤、化学伤害、滑跌绊跌、碰撞、落物伤害等	(1) 灼烫； (2) 其他伤害	3	6	1	18	1	

续表

编号	作业步骤	危害因素	可能导致的后果	风险评价					控制措施
				L	E	C	D	风险程度	
4	向值班负责人汇报操作动作，值班负责人核实并批准，交代安全注意事项	(1) 操作对象不明引发误操作； (2) 准备不充分	(1) 其他伤害； (2) 设备事故	3	6	1	18	1	(1) 熟悉运行规程，精心操作； (2) 确认目的，防止弄错对象； (3) 台账记录
二	开启分选操作								
1	检查系统设备是否符合运行要求（主风机、各给料机、布袋除尘器、排风风机、分选二次风门、补风门）	(1) 设备检查不到位，系统在故障情况或阀门开度不正确，开启设备引发设备损坏和系统瘫痪； (2) 管道破裂时开启系统引发设备损坏和环境污染； (3) 恶劣天气，大雨引起飞灰流动性差造成系统堵灰	(1) 设备事故； (2) 作业环境危害	6	6	1	36	2	(1) 系统运行前操作人员对系统做全面检查，有台账记录； (2) 系统运行前操作人员对天气做全面分析，具有较好的辨别能力； (3) 定期检查、维护各设备发现异常点及时入缺； (4) 挂设备名牌，巡检记录本中设有标准运行数据
2	开启布袋除尘器给料机	(1) 走错间隔； (2) 设备就地不运行引发系统堵灰	(1) 设备事故； (2) 作业环境危害	3	6	1	18	1	(1) 确认目的，防止弄错对象； (2) 布袋除尘器具有联锁功能，当走错间隔时无法启动下个程序； (3) 具有报警装置，故障会黄闪，正常运行红色，停止为绿色，失电为蓝色；

255

编号	作业步骤	危害因素	可能导致的后果	风险评价					控制措施
				L	E	C	D	风险程度	
2	开启布袋除尘器给料机	（1）走错间隔； （2）设备就地不运行引发系统堵灰	（1）设备事故； （2）作业环境危害	3	6	1	18	1	（4）定期检查维护； （5）操作计算机上有系统图； （6）就地悬挂设备铭牌； （7）加强巡检力度，发现异常及时采取措施
3	开启清洗电源	（1）走错间隔； （2）设备就地不运行引发系统堵灰	（1）设备事故； （2）作业环境危害	3	6	1	18	1	（1）确认目的，防止弄错对象； （2）具有联锁功能，当走错间隔时无法启动下个程序； （3）具有报警装置，故障会黄闪，正常运行红色，停止为绿色，失电为蓝色； （4）定期检查维护； （5）操作计算机上有系统图
4	开启排风风机	（1）走错间隔； （2）设备就地不运行引发系统堵灰	（1）设备事故； （2）作业环境危害	3	6	1	18	1	（1）确认目的，防止弄错对象； （2）具有联锁功能，当走错间隔时无法启动下个程序； （3）具有报警装置，故障会黄闪，正常运行红色，停止为绿色，失电为蓝色； （4）定期检查维护； （5）操作计算机上有系统图； （6）就地悬挂设备铭牌； （7）加强巡检力度，发现异常及时采取措施

续表

编号	作业步骤	危害因素	可能导致的后果	L	E	C	D	风险程度	控制措施
5	开启检漏装置电源	(1) 走错间隔; (2) 设备就地不运行引发系统堵灰	(1) 设备事故; (2) 作业环境危害	3	6	1	18	1	(1) 确认目的,防止弄错对象; (2) 具有联锁功能,当走错间隔时无法启动下个程序; (3) 具有报警装置,故障会黄闪,正常运行红色,停止为绿色,失电为蓝色; (4) 定期检查维护; (5) 操作计算机上有系统图
6	开启分选主风机	(1) 走错间隔; (2) 管道存在余灰引发管道堵塞; (3) 设备就地不运行引发系统堵灰	(1) 设备事故; (2) 作业环境危害	6	6	1	36	2	(1) 确认目的,防止弄错对象; (2) 具有联锁功能,当走错间隔时无法启动下个程序; (3) 具有报警装置,故障会黄闪,正常运行红色,停止为绿色,失电为蓝色; (4) 定期检查维护; (5) 操作计算机上有系统图; (6) 就地悬挂设备铭牌; (7) 加强巡检力度,发现异常及时采取措施
7	开启1号、2号涡流锁气器,1号、2号旋风锁气器	(1) 走错间隔引发系统堵灰; (2) 设备就地不运行引发系统堵灰	(1) 设备事故; (2) 作业环境危害	6	6	1	36	2	(1) 确认目的,防止弄错对象; (2) 具有报警装置,故障会黄闪,正常运行红色,停止为绿色,失电为蓝色;

编号	作业步骤	危害因素	可能导致的后果	L	E	C	D	风险程度	控制措施
7	开启1号、2号涡流锁气器，1号、2号旋风锁气器	(1) 走错间隔引发系统堵灰； (2) 设备就地不运行引发系统堵灰	(1) 设备事故； (2) 作业环境危害	6	6	1	36	2	(3) 具有联锁功能，当走错间隔时无法启动下个程序； (4) 定期检查维护； (5) 操作计算机上有系统图； (6) 就地悬挂设备铭牌； (7) 加强巡检力度，发现异常及时采取措施
8	开启压力风机	(1) 走错间隔； (2) 设备就地不运行影响飞灰流动性	(1) 设备事故； (2) 作业环境危害	3	6	1	18	1	(1) 确认目的，防止弄错对象； (2) 具有联锁功能，当走错间隔时无法启动下个程序； (3) 具有报警装置，故障会黄闪，正常运行红色，停止为绿色，失电为蓝色； (4) 定期检查维护； (5) 操作计算机上有系统图； (6) 就地悬挂设备铭牌； (7) 加强巡检力度，发现异常及时采取措施
9	开启电加热器	(1) 走错间隔； (2) 设备就地不运行影响飞灰流动性； (3) 电加器漏电	(1) 设备事故； (2) 作业环境危害； (3) 触电	1	6	3	18	1	(1) 确认目的，防止弄错对象； (2) 具有联锁功能，当走错间隔时无法启动下个程序； (3) 具有报警装置，故障会黄闪，正常运行红色，停止为绿色，失电为蓝色；

续表

编号	作业步骤	危害因素	可能导致的后果	风险评价					控制措施
				L	*E*	*C*	*D*	风险程度	
9	开启电加热器	(1) 走错间隔； (2) 设备就地不运行影响飞灰流动性； (3) 电加器漏电	(1) 设备事故； (2) 作业环境危害； (3) 触电	1	6	3	18	1	(4) 定期检查维护； (5) 操作计算机上有系统图； (6) 就地悬挂设备铭牌； (7) 加强巡检力度，发现异常及时采取措施
10	开启分选给料机	(1) 走错间隔； (2) 设备就地不运行影响飞灰流动性	(1) 设备事故； (2) 作业环境危害	3	6	1	18	1	(1) 确认目的，防止弄错对象； (2) 具有报警装置，故障会黄闪，正常运行红色，停止为绿色，失电为蓝色； (3) 定期检查维护； (4) 操作计算机上有系统图； (5) 就地悬挂设备铭牌； (6) 加强巡检力度，发现异常及时采取措施
11	开启分选圆顶阀	(1) 走错间隔； (2) 飞灰流量过大引起系统压力不够，造成冒灰	(1) 设备事故； (2) 作业环境危害	3	6	1	18	1	(1) 确认目的，防止弄错对象； (2) 具有报警装置，故障会黄闪，正常运行红色，停止为绿色，失电为蓝色； (3) 定期检查维护； (4) 操作计算机上有系统图； (5) 就地悬挂设备铭牌； (6) 加强巡检力度，发现异常及时采取措施

编号	作业步骤	危害因素	可能导致的后果	风险评价					控制措施
				L	E	C	D	风险程度	
三			关闭分选操作						
1	接收指令	工作对象不清楚,引发误操作,造成设备损坏	(1) 设备事故; (2) 作业环境危害	3	6	1	18	1	(1) 确认目的,防止弄错对象; (2) 台账记录
2	关闭分选圆顶阀	(1) 走错间隔; (2) 圆顶阀未关闭系统冒灰	(1) 设备事故; (2) 作业环境危害	3	6	1	18	1	(1) 确认目的,防止弄错对象; (2) 具有联锁功能,当走错间隔时无法关闭下个程序; (3) 圆顶阀未关闭时主风机电流不正确; (4) 具有报警装置,故障会黄闪,正常运行红色,停止为绿色,失电为蓝色; (5) 定期检查维护; (6) 操作计算机上有系统图
3	关闭分选给料机	走错间隔	(1) 设备事故; (2) 作业环境危害	3	6	1	18	1	(1) 确认目的,防止弄错对象; (2) 具有联锁功能,当走错间隔时无法关闭下个程序; (3) 具有报警装置,故障会黄闪,正常运行红色,停止为绿色,失电为蓝色; (4) 定期检查维护; (5) 操作计算机上有系统图;

编号	作业步骤	危害因素	可能导致的后果	风险评价					控制措施
				L	E	C	D	风险程度	
3	关闭分选给料机	走错间隔	（1）设备事故； （2）作业环境危害	3	6	1	18	1	（6）就地悬挂设备铭牌； （7）加强巡检力度，发现异常及时采取措施
4	关闭电加热器	（1）走错间隔； （2）电加器漏电	（1）设备事故； （2）触电	1	6	3	18	1	（1）确认目的，防止弄错对象； （2）具有联锁功能，当走错间隔时无法关闭下个程序； （3）具有报警装置，故障会黄闪，正常运行红色，停止为绿色，失电为蓝色； （4）定期检查维护； （5）操作计算机上有系统图； （6）加强巡检力度，发现异常及时采取措施
5	关闭压力风机	走错间隔	设备事故	3	6	1	18	1	（1）确认目的，防止弄错对象； （2）具有联锁功能，当走错间隔时无法关闭下个程序； （3）具有报警装置，故障会黄闪，正常运行红色，停止为绿色，失电为蓝色； （4）定期检查维护； （5）操作计算机上有系统图； （6）就地悬挂设备铭牌

续表

编号	作业步骤	危害因素	可能导致的后果	风险评价					控制措施
				L	E	C	D	风险程度	
6	检查管道是否存有余灰	管道内有余灰造成系统堵灰	(1) 设备事故； (2) 作业环境危害	10	6	1	60	2	(1) 正确核对设备名称，停止前就地进行巡检； (2) 系统出现余灰时主分机电流不正确
7	关闭1号、2号旋风锁气器，1号、2号涡流锁气器	走错间隔	(1) 设备事故； (2) 作业环境危害	3	6	1	18	1	(1) 确认目的，防止弄错对象； (2) 具有联锁功能，当走错间隔时无法关闭下个程序； (3) 具有报警装置，故障会黄闪，正常运行红色，停止为绿色，失电为蓝色； (4) 定期检查维护； (5) 操作计算机上有系统图； (6) 就地悬挂设备铭牌
8	关闭分选主风机	走错间隔	设备事故	6	6	1	18	1	(1) 确认目的，防止弄错对象； (2) 具有联锁功能，当走错间隔时无法关闭下个程序； (3) 具有报警装置，故障会黄闪，正常运行红色，停止为绿色，失电为蓝色； (4) 定期检查维护； (5) 操作计算机上有系统图； (6) 就地悬挂设备铭牌

续表

编号	作业步骤	危害因素	可能导致的后果	风险评价					控制措施
				L	E	C	D	风险程度	
9	关闭检漏装置电源	走错间隔	设备事故	1	6	1	6	1	（1）确认目的，防止弄错对象； （2）具有联锁功能，当走错间隔时无法关闭下个程序； （3）具有报警装置，故障会黄闪，正常运行红色，停止为绿色，失电为蓝色； （4）定期检查维护； （5）操作计算机上有系统图； （6）就地悬挂设备铭牌
10	关闭清洗电源	走错间隔	设备事故	3	6	1	18	1	（1）确认目的，防止弄错对象； （2）具有联锁功能，当走错间隔时无法关闭下个程序； （3）具有报警装置，故障会黄闪，正常运行红色，停止为绿色，失电为蓝色； （4）定期检查维护； （5）操作计算机上有系统图； （6）就地悬挂设备铭牌
11	关闭布袋除尘器给料机	走错间隔	设备事故	3	6	1	18	1	（1）确认目的，防止弄错对象； （2）具有联锁功能，当走错间隔时无法关闭下个程序；

编号	作业步骤	危害因素	可能导致的后果	风险评价					控制措施
				L	E	C	D	风险程度	
11	关闭布袋除尘器给料机	走错间隔	设备事故	3	6	1	18	1	（3）具有报警装置，故障会黄闪，正常运行红色，停止为绿色，失电为蓝色； （4）定期检查维护； （5）操作计算机上有系统图； （6）就地悬挂设备铭牌
四			作业环境						
1	恶劣天气	大雨管道进水，飞灰流动性差系统堵灰	（1）设备事故； （2）作业环境危害	10	2	1	20	1	操作人员危险源分析，提前预控

4 干灰散装机就地操作

主要作业风险: (1) 作业环境危害; (2) 机械伤害								控制措施: (1) 操作前双人确定车辆位置,操作时人员加强监管; (2) 操作时与转动设备保持距离
编号	作业步骤	危害因素	可能导致的后果	风险评价				控制措施
				L	E	C	D	风险程度	

编号	作业步骤	危害因素	可能导致的后果	L	E	C	D	风险程度	控制措施
一	操作前准备								
1	准备合适的个人防护用品(安全帽、防粉口罩、耳塞、工作鞋)	使用不充分或不合适防护品造成滑跌绊跌、碰撞、落物伤害等	其他伤害	1	10	1	10	1	(1) 使用合适工具; (2) 正确佩戴安全帽、防尘口罩、耳塞,穿工作鞋等; (3) 规范着装
2	交接班	危险源不清楚,引发误指挥造成设备损坏,人员伤害	(1) 其他伤害; (2) 设备事故; (3) 作业环境危害	1	10	3	30	2	(1) 上班人员和下班人员共同巡检,确认目的,防止弄错对象; (2) 下班人员交待安全注意事项; (3) 台账记录
3	接收指令	工作对象不清楚,引发误操作造成设备损坏	(1) 其他伤害; (2) 设备事故; (3) 作业环境危害	1	10	1	10	1	(1) 确认目的,防止弄错对象; (2) 台账记录
二	开启干灰散装机								
1	启动前检查(作业环境、指示电源、气源等)	(1) 车辆放位置不准确; (2) 各指示异常;	(1) 其他伤害; (2) 设备事故; (3) 作业环境危害	3	10	1	30	2	(1) 核对车辆停放位置准确,符合运行要求; (2) 核对设备各指示电源正常,且无挂检修排

265

续表

编号	作业步骤	危害因素	可能导致的后果	风险评价					控制措施
				L	E	C	D	风险程度	
1	启动前检查（作业环境、指示电源、气源等）	（3）观察时人员易碰到设备上； （4）带电设备漏电伤人	（1）其他伤害； （2）设备事故； （3）作业环境危害	3	10	1	30	2	（1）核对车辆停放位置准确，符合运行要求； （2）核对设备各指示电源正常，且无挂检修排
2	卸料布袋下降至车罐内	（1）卸料布袋歪斜造成设备损坏； （2）观察操作时头碰到设备上	（1）其他伤害； （2）设备事故	3	10	1	30	2	（1）两人确定车辆位置停放准确； （2）操作时卸料布袋尽可能放慢速度； （3）定期检查维护设备
3	开启布袋除尘器	走错间隔，设备未启动，进入下一步操作	（1）设备事故； （2）作业环境危害	1	10	1	10	1	（1）启动时注意观察，发现异常时及时停运入缺； （2）定期检查维护设备； （3）悬挂设备铭牌； （4）具有联锁反应，误操作时不能开启
4	开启给料机	（1）走错间隔，设备未启动，进入下一步操作； （2）电动设备伤人	（1）设备事故； （2）作业环境危害； （3）机械伤害	1	10	1	10	1	（1）启动时注意观察，发现异常时及时停运入缺； （2）定期检查维护设备； （3）悬挂设备铭牌； （4）具有联锁反应，误操作时不能开启； （5）操作时保持距离

编号	作业步骤	危害因素	可能导致的后果	L	E	C	D	风险程度	控制措施
				风险评价\					
5	开启圆顶阀	走错间隔	（1）设备事故；（2）作业环境危害	1	10	1	10	1	（1）启动时注意观察，发现异常时及时停运入缺；（2）定期检查维护设备；（3）悬挂设备铭牌
三		关闭干灰散装机							
1	接收指令（料满报警）	（1）料满不会报警，灰喷出；（2）料满不会自停，灰喷出	（1）设备事故；（2）作业环境危害；（3）其他伤害	3	10	1	30	2	（1）设备具有保护装置料满后会自动停止，卸料布袋升起；（2）设备运行期间操作人员始终在现场；（3）定期检查维护设备
2	关闭圆顶阀	走错间隔	（1）设备事故；（2）作业环境危害	3	10	1	30	2	（1）关闭时注意观察，发现异常时及时停运入缺；（2）定期检查维护设备；（3）悬挂设备铭牌
3	关闭给料机	（1）走错间隔，设备未启动，进入下一步操作；（2）电动设备伤人	（1）设备事故；（2）作业环境危害；（3）机械伤害	1	10	1	10	1	（1）关闭时注意观察，发现异常时及时停运入缺；（2）定期检查维护设备；（3）悬挂设备铭牌；（4）具有联锁反应，误操作时不能关闭；（5）操作时保持距离

续表

编号	作业步骤	危害因素	可能导致的后果	L	E	C	D	风险程度	控制措施
4	关闭布袋除尘器	走错间隔，设备未启动，进入下一步操作	(1) 设备事故；(2) 作业环境危害	1	10	1	10	1	(1) 关闭时注意观察，发现异常时及时停运入缺；(2) 定期检查维护设备；(3) 悬挂设备铭牌；(4) 具有联锁反应，误操作时不能关闭
5	卸料布袋上升到位	(1) 卸料布袋断砸人；(2) 观察操作时头碰到设备上	(1) 设备事故；(2) 作业环境危害	1	10	1	10	1	(1) 两人确定车辆停放位置准确；(2) 操作时卸料布袋尽可能放慢速度
四	作业环境								
1	夜间	夜晚车辆和设备看不清楚	(1) 设备事故；(2) 作业环境危害	3	10	1	30	2	(1) 灰库安装照明系统，天黑时及时开启照明；(2) 加强设备巡检工作，异常时及时入缺；(3) 操作人员配带应急灯
五	以往发生的事件								
1	料满报警	料满不会报警出现喷灰	(1) 作业环境危害；(2) 设备事故	6	10	1	60	2	(1) 设备运行期间操作人员始终在现场；(2) 引车员、灰控员加强监控力度，发现异常及时联系操作员停运设备，必要时及时关闭手动插板门；(3) 定期检查维护设备

5 灰库空气压缩机启停操作

主要作业风险： 设备事故				控制措施： 　操作前认真检查操作对象，运行时加强监督力度，发现异常时停运设备及时入缺					

编号	作业步骤	危害因素	可能导致的后果	风险评价					控制措施
				L	E	C	D	风险程度	
一			操作前准备						
1	准备合适的个人防护用品（安全帽、防粉口罩、耳塞、工作鞋）	使用不充分或不合适防护用品造成滑跌绊跌、碰撞、落物伤害等	(1) 灼烫； (2) 其他伤害	1	3	1	3	1	(1) 使用合适工具； (2) 正确佩戴安全帽、防尘口罩、耳塞、穿工作鞋等； (3) 规范着装
2	交接班	危险源不清楚，引发误指挥造成设备损坏，人员伤害	设备事故	3	10	1	30	2	(1) 上班人员和下班人员共同巡检，确认目的，防止弄错对象； (2) 下班人员交待安全注意事项； (3) 台账记录
3	接收指令	工作对象不清楚，引发误操作，造成设备损坏	设备事故	3	3	1	9	1	(1) 确认目的，防止弄错对象； (2) 台账记录
4	向值班负责人汇报操作动作，值班负责人核实并批准，交代安全注意事项	(1) 操作对象不明引发误操作； (2) 准备不充分	(1) 其他伤害； (2) 设备事故	3	3	1	9	1	(1) 熟悉运行规程，精心操作； (2) 确认目的，防止弄错对象； (3) 台账记录

编号	作业步骤	危害因素	可能导致的后果	风险评价					控制措施
				L	E	C	D	风险程度	
二			启动空气压缩机						
1	启动前检查（作业环境、指示电源、水源、手动阀门、冷干机等）	（1）各指示异常，造成设备故障； （2）阀门开度不正确造成设备故障； （3）带电设备漏电伤人； （4）水压不够造成设备故障； （5）检查时地面积水滑倒摔伤； （6）管道绊倒摔伤	（1）其他伤害； （2）设备事故	3	10	1	30	2	（1）行走时注意观察，注意安全； （2）检查接地情况否则禁止触摸； （3）设有设备铭牌； （4）台账内设有安全范围运行数据； （5）设备异常时及时入缺； （6）定期检查维护设备
2	打开手动碟阀（出水阀、进水阀、出气阀、储器罐链接阀）	（1）开错阀门，设备故障； （2）阀门内漏或未到位； （3）阀门位置位于受限空间打滑碰伤	（1）设备事故； （2）其他伤害	3	3	1	9	1	（1）开关时意观察，注意安全； （2）操作时需套手套； （3）悬挂设备铭牌； （4）定期检查维护设备
3	合闸电源开关	（1）走错间隔； （2）开关绝缘不良或损坏	（1）设备事故； （2）触电	3	3	1	9	1	（1）操作前注意观察，注意安全； （2）检查接地情况否则禁止触摸； （3）操作前用电笔验电； （4）设有设备铭牌； （5）定期检查维护设备； （6）设备异常时及时入缺

编号	作业步骤	危害因素	可能导致的后果	风险评价					控制措施
				L	E	C	D	风险程度	
4	由就地切换至程控	手动切换阀坏	设备事故	3	3	1	9	1	（1）操作前注意观察，注意安全； （2）设备异常时及时入缺
5	程控启动空气压缩机	（1）走错间隔； （2）压力高出现爆炸； （3）温度高出现停机	（1）设备事故； （2）人身伤害	3	10	1	30	2	（1）启动时始终有人监护； （2）设有设备铭牌； （3）定期检查维护设备； （4）设备异常时及时入缺； （5）空气压缩机设有保护装置压力高时安全释放阀打开卸压，温度高时自动停机； （6）空气压缩机设有报警装置，异常时产生报警信号
三		停运空气压缩机							
1	接收指令	工作对象不清楚，引发误操作，造成设备损坏	（1）其他伤害； （2）设备事故	1	10	1	10	1	（1）确认目的，防止弄错对象； （2）台账记录
2	程控停运空气压缩机	走错间隔	设备事故	1	10	1	10	1	（1）停运时有人监护； （2）具有停运信号； （3）定期检查维护设备； （4）设备异常时及时入缺
3	由程控切换至就地	手动切换阀坏	设备事故	3	3	1	9	1	（1）操作前注意观察，注意安全； （2）设备异常时及时入缺
4	分闸电源开关	（1）走错间隔； （2）开关绝缘不良或损坏	（1）设备事故； （2）触电	3	3	1	9	1	（1）操作前注意观察，注意安全； （2）检查接地情况否则禁止触摸； （3）操作前用电笔验电；

续表

编号	作业步骤	危害因素	可能导致的后果	风险评价					控制措施
				L	E	C	D	风险程度	
4	分闸电源开关	(1) 走错间隔； (2) 开关绝缘不良或损坏	(1) 设备事故； (2) 触电	3	3	1	9	1	(4) 设有设备铭牌； (5) 定期检查维护设备； (6) 设备异常时及时入缺
5	关闭手动碟阀（出水阀、进水阀、出气阀、储器罐链接阀）	(1) 开错阀门，设备故障； (2) 阀门内漏或未到位； (3) 阀门位置位于受限空间打滑碰伤	(1) 设备事故； (2) 其他伤害	3	3	1	9	1	(1) 开关时意观察，注意安全； (2) 操作时需套手套； (3) 悬挂设备铭牌； (4) 定期检查维护设备
四				作业环境					
1	夜间	(1) 照明不足引起滑倒摔伤，被管道绊倒摔伤； (2) 走错间隔	(1) 其他伤害； (2) 设备事故	3	10	1	30	2	(1) 空气压缩机房安装照明系统，天黑时及时开启照明； (2) 加强设备巡检工作，异常时及时入缺； (3) 操作人员配带应急灯

6 灰库排污水泵启停操作

主要作业风险： （1）机械伤害； （2）设备事故		控制措施： （1）操作时与转动设备保持距离； （2）操作前认真检查操作对象，运行时加强监督力度，发现异常时停运设备及时入缺

编号	作业步骤	危害因素	可能导致的后果	风险评价					控制措施
				L	E	C	D	风险程度	
一		操作前准备							
1	准备合适的个人防护用品（安全帽、防粉口罩、耳塞、工作鞋）	使用不充分或不合适防护用品造成滑跌绊跌、碰撞、落物伤害等	（1）灼烫； （2）其他伤害	1	6	1	6	1	（1）使用合适工具； （2）正确佩戴安全帽、防尘口罩、耳塞，穿工作鞋等； （3）规范着装
2	交接班	危险源不清楚，引发误指挥，造成设备损坏、人员伤害	设备事故	3	10	1	30	2	（1）上班人员和下班人员共同巡检，确认目的，防止弄错对象； （2）下班人员交待安全注意事项； （3）台账记录
3	接收指令	工作对象不清楚，引发误操作，造成设备损坏	设备事故	1	6	1	6	1	（1）确认目的，防止弄错对象； （2）台账记录
4	向值班负责人汇报操作动作，值班负责人核实并批准，交代安全注意事项	（1）操作对象不明引发误操作； （2）准备不充分	（1）其他伤害； （2）设备事故	1	6	1	6	1	（1）熟悉运行规程，精心操作； （2）确认目的，防止弄错对象； （3）台账记录

续表

编号	作业步骤	危害因素	可能导致的后果	风险评价					控制措施
				L	E	C	D	风险程度	
二		启动排污水泵							
1	启动前检查（作业环境、指示电源、水位等）	（1）各指示异常造成设备故障； （2）带电设备漏电伤人； （3）检查时地面积水滑倒摔伤； （4）围栏不牢落水	（1）设备事故； （2）触电； （3）其他伤害； （4）淹溺	1	6	1	6	1	（1）行走时注意观察，注意安全； （2）检查绝缘情况否则禁止触摸； （3）设有设备铭牌； （4）设备异常时及时入缺； （5）定期检查维护设备
2	合闸电源开关	（1）走错间隔； （2）开关绝缘不良或损坏	（1）设备事故； （2）触电	1	6	1	6	1	（1）操作前注意观察，注意安全； （2）检查绝缘情况否则禁止触摸； （3）设有设备铭牌； （4）定期检查维护设备； （5）设备异常时及时入缺
3	由程控切换至就地	手动切换阀坏	设备事故	1	6	1	6	1	（1）操作前注意观察，注意安全； （2）设备异常时及时入缺
4	启动排污水泵	（1）走错间隔； （2）皮带伤人	（1）设备事故； （2）机械伤害	1	6	1	6	1	（1）启动时始终有人监护； （2）设有设备铭牌； （3）定期检查维护设备； （4）设备异常时及时入缺； （5）设有报警装置，异常时产生报警信号
三		停运空气压缩机							
1	接收指令	工作对象不清楚，引发误操作，造成设备损坏	（1）其他伤害； （2）设备事故	1	6	1	6	1	（1）确认目的，防止弄错对象； （2）台账记录

续表

编号	作业步骤	危害因素	可能导致的后果	风险评价					控制措施
				L	E	C	D	风险程度	
2	停运排污水泵	走错间隔	设备事故	1	6	1	6	1	(1) 停运时有人监护; (2) 具有停运信号; (3) 设有设备铭牌; (4) 定期检查维护设备; (5) 设备异常时及时入缺
3	由就地切换至程控	手动切换阀坏	设备事故	1	6	1	6	1	(1) 操作前注意观察,注意安全; (2) 设备异常时及时入缺
4	分闸电源开关	(1) 走错间隔; (2) 开关绝缘不良或损坏	(1) 设备事故; (2) 触电	3	6	1	18	1	(1) 操作前注意观察,注意安全; (2) 检查绝缘情况否则禁止触摸; (3) 设有设备铭牌; (4) 定期检查维护设备; (5) 设备异常时及时入缺
四	作业环境								
1	夜间	(1) 照明不足引发滑倒摔伤,被管道绊倒摔伤; (2) 落水	(1) 其他伤害; (2) 淹溺	3	6	1	18	1	(1) 灰库 0m 层安装照明系统,天黑时及时开启照明; (2) 加强设备巡检工作,异常时及时入缺; (3) 操作人员配带应急灯

7　灰库手测料位

主要作业风险：	控制措施：
(1) 高处坠落； (2) 作业环境危害； (3) 其他伤害	(1) 上、下楼梯时抓牢、蹬稳； (2) 正确佩戴安全帽、防尘口罩、耳塞、手套，穿工作鞋等； (3) 熟悉作业流程危害点并进行分析

编号	作业步骤	危害因素	可能导致的后果	风险评价					控制措施
				L	E	C	D	风险程度	
一	巡检前准备								
1	准备工具（对讲机、专业测绳、木棍、卷尺等）	(1) 拿错或使用错误工具； (2) 充电不足或信号不好影响及时通信； (3) 照明不足造成绊倒、摔伤等	(1) 机械伤害； (2) 设备事故； (3) 其他伤害	3	1	1	3	1	(1) 使用合适工具； (2) 加强沟通； (3) 交待安全注意事项； (4) 正确佩戴安全帽、防尘口罩、耳塞、手套，穿工作鞋等； (5) 规范着装； (6) 携带状况良好的通信工具
2	向值班负责人汇报操作动作，值班负责人核实并批准，交代安全注意事项	(1) 作业不明，发生事故时不能及时救援； (2) 准备不充分	其他伤害	3	1	1	3	1	
3	准备合适的个人防护用品（如安全帽、防粉口罩、耳塞、手套、工作鞋）	使用不充分或不合适防护用品造成烫伤、化学伤害、滑跌绊跌、碰撞、落物伤害等	(1) 灼烫； (2) 其他伤害； (3) 作业环境危害	3	1	1	3	1	

续表

编号	作业步骤	危害因素	可能导致的后果	风险评价					控制措施
				L	*E*	*C*	*D*	风险程度	
二			测料位操作						
1	切换对应灰库进灰阀进其他灰库	走错间隔	作业环境危害	3	1	1	3	1	(1) 切换时有反馈信号； (2) 测料位前在现场再次进行确认
2	关闭库顶对应排风机	走错间隔	作业环境危害	3	1	1	3	1	(1) 排风机具有反馈信号； (2) 测料位前在现场再次进行确认
3	打开库顶安全释放阀并用木棍横着做保险	(1) 帽盖伤人； (2) 喷灰； (3) 滑跌绊跌、碰撞	(1) 机械伤害； (2) 作业环境危害； (3) 其他伤害	3	1	3	9	1	(1) 该项作业需要至少3人（2人操作，1人监护）； (2) 作业前对现场危险点进行分析； (3) 正确佩戴防尘口罩
4	用专业测绳放进灰库内放到为止并在测绳上作标记	(1) 帽盖伤人； (2) 喷灰； (3) 绊跌掉进灰库内； (4) 将测绳掉进灰库内	(1) 机械伤害； (2) 作业环境危害； (3) 高处坠落； (4) 设备事故	3	1	1	3	1	(1) 测绳放进灰库时在测绳尾端系保险； (2) 正确佩戴防尘口罩
5	拉出专业测绳关闭安全释放阀	(1) 帽盖伤人； (2) 喷灰； (3) 滑跌绊跌、碰撞； (4) 将测绳掉进灰库内	(1) 机械伤害； (2) 作业环境危害； (3) 高处坠落； (4) 设备事故	3	1	1	3	1	(1) 正确佩戴防尘口罩； (2) 现场安全监护

编号	作业步骤	危害因素	可能导致的后果	风险评价					控制措施
				L	E	C	D	风险程度	
三		恢复操作							
1	在测绳标记处用卷尺计量并计算	测绳标记不清楚	设备事故	3	1	1	3	1	将测绳打结方法进行标记
2	开启库顶对应排风机	走错间隔	作业环境危害	3	1	1	3	1	(1) 排风机具有反馈信号；(2) 现场再次进行确认
3	切换对应灰库进灰阀	走错间隔	作业环境危害	3	1	1	3	1	(1) 切换时有反馈信号；(2) 现场再次进行确认
四		作业环境							
1	夜间作业	(1) 照明不足碰伤、滑倒；(2) 测绳标记或计量时看不清楚	(1) 其他伤害；(2) 设备事故	3	0.5	7	11.5	1	(1) 操作时增加照明；(2) 使用个人防护用品；(2) 操作时观察四周注意安全

8 灰库引车操作

主要作业风险：	控制措施：
(1) 车辆伤害； (2) 作业环境危害	(1) 现场始终有人员做好指挥调度工作； (2) 加强巡检力度和监督力度

编号	作业步骤	危害因素	可能导致的后果	风险评价					控制措施
				L	E	C	D	风险程度	
一		工作前准备							
1	准备合适的个人防护用品（安全帽、防粉口罩、耳塞、工作鞋）	使用不充分或不合适防护用品造成滑跌绊跌、碰撞、落物伤害等	其他伤害	3	10	1	30	2	(1) 使用合适工具； (2) 正确佩戴安全帽、防尘口罩、耳塞，穿工作鞋等； (3) 规范着装
2	交接班	危险源不清楚，引发误指挥造成设备损坏，人员伤害	(1) 车辆伤害； (2) 设备事故； (3) 作业环境危害	3	10	1	30	2	(1) 上班人员和下班人员共同巡检，确认目的，防止弄错对象； (2) 下班人员交待安全注意事项； (3) 台账记录
3	接收指令	工作对象不清楚，引发误操作，造成设备损坏	(1) 其他伤害； (2) 设备事故； (3) 作业环境危害	1	10	1	10	1	(1) 确认目的，防止弄错对象； (2) 台账记录
二		引车装灰操作							
1	核对（待装区）车辆票据	(1) 走错间隔，将车引入危险区域； (2) 车辆碰撞，伤人	(1) 其他伤害； (2) 设备事故	1	10	1	10	1	(1) 设立警示标示； (2) 灰罐车设立待装区域，引车员未到时车辆严禁进入灰库；

编号	作业步骤	危害因素	可能导致的后果	L	E	C	D	风险程度	控制措施
1	核对（待装区）车辆票据	（1）走错间隔，将车引入危险区域； （2）车辆碰撞，伤人	（1）其他伤害； （2）设备事故	1	10	1	10	1	（3）装灰前有票据开出； （4）设备检修维护时通知引车员； （5）加强区域巡检工作； （6）严禁无关车辆和人员进入灰库区域
2	引车入库	车辆碰撞伤人、损坏设备	（1）车辆伤害； （2）设备事故	3	10	1	30	2	（1）规定行车路线； （2）设立警示标示（灰库区画好行驶路线）； （3）加强区域巡检工作
3	检查停放位置	（1）车辆放置位置不准确； （2）各指示异常； （3）观察是人员易碰到设备上	（1）设备事故； （2）作业环境危害						核对车辆停放位置准确，符合运行要求
4	督促驾驶员上车顶安全保护齐全	（1）驾驶员上车顶作业未系安全带时滑倒摔伤； （2）穿脱下上车顶易滑倒摔伤； （3）未佩戴安全帽滑倒摔伤、碰撞	人身伤害	1	10	3	30	2	（1）设立警示牌； （2）引车员加强监督提醒工作； （3）引车员现场监护，驾驶员操作完毕后方可离开
5	装灰观察，装满后通知驾驶员	（1）料位过满，出现喷灰；	作业环境危害	6	10	1	60	2	（1）干灰散装机具有报警装置料满后会停止，同时会将卸料头上升；

编号	作业步骤	危害因素	可能导致的后果	风险评价					控制措施
				L	E	C	D	风险程度	
5	装灰观察，装满后通知驾驶员	（2）料已装满，驾驶员不清楚，影响生产	作业环境危害	6	10	1	60	2	（2）就地安装监视器，出现设备故障喷灰时监盘也可发现； （3）加强区域监督巡检工作
三		引车出库操作							
1	督促驾驶员上车顶安全保护齐全	（1）驾驶员上车顶作业未系安全带时滑倒摔伤； （2）穿脱下上车顶易滑倒摔伤； （3）未佩戴安全帽滑倒摔伤、碰撞	人身伤害	1	10	3	30	2	（1）设立警示牌； （2）引车员加强监督提醒工作； （3）引车员现场监护，驾驶员操作完毕后方可离开
2	引车出库	车辆碰撞伤人、损坏设备	（1）车辆伤害； （2）设备事故	3	10	1	30	2	（1）规定行车路线； （2）设立警示标示（灰库区画好行驶路线）； （3）加强区域巡检工作
四		作业环境							
1	雨天	引车员露天作业雨天易发生监督不到位车辆碰撞；地面积水滑倒	（1）车辆伤害； （2）设备事故	3	3	1	9	1	（1）规定行车路线； （2）设立警示标示（灰库区画好行驶路线）； （3）引车员穿合适雨衣、雨鞋等； （4）严禁无关车辆和人员进入灰库区域

续表

编号	作业步骤	危害因素	可能导致的后果	风险评价					控制措施
				L	E	C	D	风险程度	
2	夜间	夜晚地面看不清楚易发生监督不到位车辆碰撞、滑倒	(1) 车辆伤害; (2) 设备事故	6	6	1	36	2	(1) 灰库安装照明系统,天黑时及时开启照明; (2) 加强设备巡检工作,异常时及时入缺; (3) 引车员配带应急灯; (4) 规定行车路线; (5) 严禁无关车辆和人员进入灰库区域
五		以往发生的事件							
1	车辆倒车入库	引车员指挥不到位干灰车碰撞灰库外墙	(1) 车辆伤害; (2) 设备事故	1	10	3	30	2	(1) 加强巡检力度; (2) 加强现场指挥力度; (3) 灰库外墙设反光牌

9 加湿搅拌机就地操作

主要作业风险：	控制措施：
（1）作业环境危害； （2）机械伤害	（1）操作前双人确定车辆位置，操作时人员加强监管； （2）操作时与转动设备保持距离

编号	作业步骤	危害因素	可能导致的后果	风险评价					控制措施
				L	E	C	D	风险程度	
一		操作前准备							
1	准备合适的个人防护用品（安全帽、防粉口罩、耳塞、工作鞋）	使用不充分或不合适防护用品造成滑跌绊跌、碰撞、落物伤害等	其他伤害	1	10	1	10	1	（1）使用合适工具； （2）正确佩戴安全帽、防尘口罩、耳塞、工作鞋等； （3）规范着装
2	交接班	危险源不清楚，引发误指挥，造成设备损坏，人员伤害	（1）其他伤害； （2）设备事故； （3）作业环境危害	1	10	3	30	2	（1）上班人员和下班人员共同巡检，确认目的，防止弄错对象； （2）下班人员交待安全注意事项； （3）台账记录
3	接收指令	工作对象不清楚，引发误操作，造成设备损坏	（1）其他伤害； （2）设备事故； （3）作业环境危害	1	1	1	10	1	（1）确认目的，防止弄错对象； （2）台账记录
二		开启加湿搅拌机							
1	启动前检查（作业环境、指示电源、水源、双轴搅拌机内体等）	（1）车辆放位置不准确； （2）各指示异常； （3）观察时人员易碰到设备上； （4）带电设备漏电伤人	（1）设备事故； （2）作业环境危害	3	10	1	30	2	（1）核对车辆停放位置准确，符合运行要求； （2）核对设备各指示电源正常，且无挂检修排

续表

编号	作业步骤	危害因素	可能导致的后果	风险评价					控制措施
				L	E	C	D	风险程度	
2	开启双轴搅拌机	(1) 双轴搅拌机内存有余灰，电机超负荷跳机； (2) 检查时转动设备伤人	(1) 设备事故； (2) 作业环境危害； (3) 机械伤害	3	3	1	9	1	(1) 规范着装； (2) 操作指定位置； (3) 启动时注意观察，发现异常时及时停运入缺； (4) 定期检查维护设备； (5) 电动机具有热偶保护
3	开启给料机	(1) 走错间隔，设备未启动，进入下一步操作； (2) 检查时转动设备伤人	(1) 作业环境危害； (2) 机械伤害	3	3	1	9	1	(1) 启动时注意观察，发现异常时及时停运入缺； (2) 定期检查维护设备； (3) 悬挂设备铭牌； (4) 具有联锁反应，误操作时不能开启
4	开启水源	(1) 走错间隔，设备未启动，进入下一步操作； (2) 出口喷头堵塞，调灰不均匀	作业环境危害	3	3	1	9	1	(1) 启动时注意观察，发现异常时及时停运入缺； (2) 定期检查维护设备
5	开启圆顶阀	走错间隔	作业环境危害	6	1	1	6	1	(1) 启动时注意观察，发现异常时及时停运入缺； (2) 定期检查维护设备； (3) 悬挂设备铭牌
三		关闭加湿搅拌机							
1	接收指令	料满未停止，造成湿灰洒在外面	(1) 作业环境危害；	3	1	1	3	1	(1) 设备运行期间操作人员始终在现场；

续表

编号	作业步骤	危害因素	可能导致的后果	风险评价					控制措施
				L	E	C	D	风险程度	
1	接收指令	料满未停止，造成湿灰洒在外面	（2）其他伤害	3	1	1	3	1	（2）定期检查维护设备； （3）装车时有引车员始终在现场监督
2	关闭圆顶阀	走错间隔	作业环境危害	3	1	1	3	1	（1）关闭时注意观察，发现异常时及时停运入缺； （2）定期检查维护设备； （3）悬挂设备铭牌
3	关闭给料机	（1）走错间隔，设备未启动，进入下一步操作； （2）转动设备伤人	（1）机械伤害； （2）作业环境危害	6	3	1	18	1	（1）关闭时注意观察，发现异常时及时停运入缺； （2）定期检查维护设备； （3）悬挂设备铭牌； （4）具有联锁反应，误操作时不能关闭
4	关闭双轴搅拌机	（1）双轴搅拌机内存有余灰产生结垢； （2）检查时转动设备伤人	（1）作业环境危害； （2）机械伤害	3	3	3	27	2	（1）结束操作前尽可能将灰搅尽，以清水流出为标准； （2）规范着装； （3）操作指定位置； （4）关闭时注意观察，发现异常时及时停运入缺； （5）定期检查维护设备
5	关闭水源	水源关闭不了	其他伤害	3	3	1	9	1	（1）关闭注意观察，发现异常时及时停运入缺； （2）定期检查维护设备

编号	作业步骤	危害因素	可能导致的后果	风险评价					控制措施
				L	E	C	D	风险程度	
四		作业环境							
1	夜间	夜晚车辆和设备看不清楚	(1) 作业环境危害; (2) 设备事故; (3) 其他伤害	3	10	1	30	2	(1) 灰库内安装照明系统,天黑时及时开启照明; (2) 加强设备巡检工作,异常时及时入缺; (3) 操作人员配带应急灯
五		以往发生的事件							
1	装车时料满出车外	料满未停止湿灰满出车外	(1) 作业环境危害; (2) 设备事故; (3) 其他伤害	6	1	1	6	1	(1) 设备运行期间操作人员始终在现场; (2) 引车员、灰控员加强监控力度,发现异常及时联系操作员停运设备,必要时及时关闭手动插板门; (3) 定期检查维护设备

10 临时渣场装载操作

主要作业风险：	控制措施：
(1) 车辆装载货物时与周围的设备设施发生碰撞； (2) 车辆交叉作业	(1) 专人引车入库、严格遵照作业规程； (2) 控制行驶速度，作业时安排专人现场指挥

编号	作业步骤	危害因素	可能导致的后果	L	E	C	D	风险程度	控制措施
一		准备工作							
1	通知相关作业人员就位	(1) 装载机操作人员未到位； (2) 保洁工未到位； (3) 安全监护人员未到位	(1) 环境污染； (2) 人身伤害； (3) 车辆伤害	6	3	3	54	2	(1) 提前通知上班时间； (2) 要求保持通信畅通
2	对装载机进行检查	(1) 油料不充足； (2) 设备存在机械故障	(1) 车辆故障； (2) 设备损坏	6	3	3	54	2	(1) 备足燃料； (2) 定期对车辆设备进行维护、保养
3	准备合适的工具（铁锹、扫帚、铁棒）	(1) 拿错或使用错误工具； (2) 工具存在质量问题	(1) 环境污染； (2) 人身伤害	6	2	1	12	1	(1) 工具定点放置、定期检查； (2) 专人专管
4	准备合适的劳保用品（如安全帽、防尘口罩、手套、工作鞋）	(1) 使用不充分或不合适防护用品造成滑跌绊跌、碰撞、落物伤害等； (2) 高处落物	(1) 人身伤害； (2) 设备故障	3	2	3	18	1	(1) 正确佩戴安全帽、安全帽、防尘口罩、耳塞、手套、穿工作鞋等；规范着装； (2) 注意安全，戴好安全帽

编号	作业步骤	危害因素	可能导致的后果	风险评价					控制措施
				L	E	C	D	风险程度	
二			装载过程						
1	车辆入库	(1) 发生碰撞； (2) 碰到作业人员	(1) 人身伤害； (2) 车辆伤害； (3) 设备损坏	3	3	3	27	2	(1) 专人引车入库； (2) 禁止引车人员靠近车辆，远距离指引
2	车辆交叉作业	(1) 车辆与车辆发生碰撞； (2) 装载机与车辆发生碰撞； (3) 驾驶员站在车顶时装载作业	(1) 人身伤害； (2) 车辆伤害	6	3	3	54	2	(1) 禁止两辆车同时进入一个库口作业； (2) 进入后依照指定位置停稳，禁止擅自移动
3	装载机堆推作业	(1) 坍塌； (2) 驾驶员行驶速度过快； (3) 装车装的过满； (4) 铲斗碰到车辆	(1) 人身伤害； (2) 车辆伤害； (3) 环境污染	6	3	3	54	2	(1) 严禁深挖； (2) 必须有安全监护人员在场； (3) 装的量与车身持平； (4) 禁止铲斗过低倒渣
4	作业环境	(1) 起吊口高处落物； (2) 库内照明不够； (3) 碰到石膏库内立柱	(1) 人身伤害； (2) 物体打击； (3) 车辆伤害	6	3	3	54	2	(1) 起吊口作业要求拉上防护带隔离； (2) 提供足够亮的照明设备； (3) 在柱体上刷上反光漆
5	车辆保洁	车身未打扫干净，导致道路洒落石膏	环境污染	10	3	1	30	2	安排专人对石膏车辆车身进行清扫

编号	作业步骤	危害因素	可能导致的后果	风险评价					控制措施
				L	E	C	D	风险程度	
三		结束后恢复工作							
1	清洗作业	(1) 车辆未清洗； (2) 石膏库门前未冲洗； (3) 道路未冲洗	(1) 车辆伤害； (2) 环境污染	6	3	3	54	2	安排人员及时进行冲洗
2	人员作业	(1) 驾驶员不按规定从装载上下来； (2) 装载机钥匙未拔； (3) 石膏库大门不关闭	(1) 人身伤害； (2) 车辆伤害； (3) 环境污染	10	2	3	60	2	(1) 禁止驾驶员从车上直接跃下； (2) 钥匙专人专管； (3) 规定作业完毕第一时间关上大门，并检查

11 石膏、煤灰、灰渣、垃圾、污泥至灰场运输作业

主要作业风险：	控制措施：
(1) 车辆装载货物时与周围的设备设施发生碰撞；	(1) 专人引车入库、严格遵照作业规程；
(2) 车辆交叉作业；	(2) 控制行驶速度，作业时安排专人现场指挥；
(3) 灰场卸料时车辆发生侧翻	(3) 与卸料点边缘保持安全距离

编号	作业步骤	危害因素	可能导致的后果	L	E	C	D	风险程度	控制措施
一			准备工作						
1	作业车辆的准备	(1) 车辆带病作业； (2) 车辆未清洗干净	(1) 车辆伤害； (2) 设备事故	10	3	3	90	3	(1) 出车前对车辆进行细致检查； (2) 对作业车辆进行冲洗干净
2	准备合适的防护用品如安全帽、防尘口罩、耳塞、手套	(1) 高处落物； (2) 粉尘； (3) 噪声	(1) 职业病； (2) 人身伤害	10	3	3	90	3	正确佩戴劳动防护用品
二			运输作业						
1	石膏库作业	(1) 车辆进出大门转弯角度过大或过小； (2) 石膏库内立柱较多； (3) 石膏库内照明不足； (4) 渣车与装载机发生碰撞； (5) 渣车撞到清扫作业人员； (6) 渣车与其他车辆发生碰撞	(1) 车辆伤害； (2) 设备损坏； (3) 人身伤害	3	6	3	54	2	(1) 专人引车入库； (2) 库内作业严格控制车速； (3) 提供足够的照明； (4) 在库内严格遵照作业规程； (5) 严禁多辆车同时交叉作业

编号	作业步骤	危害因素	可能导致的后果	风险评价					控制措施
				L	E	C	D	风险程度	
2	渣仓接渣作业	（1）倒车入渣仓接渣时与渣仓设备发生碰撞； （2）车未停到指定放渣位置，导致渣放到地上； （3）未注意接渣的量，导致渣溢出车斗	（1）设备损坏； （2）车辆伤害； （3）环境污染	3	6	3	54	2	（1）安排人员对倒车作业进行安全监护； （2）对车辆未停到指定位置不予放渣； （3）注意观察放的量，并随时停掉
3	灰库调湿灰作业	（1）车辆倒车入库碰到库体； （2）车辆交叉作业； （3）车辆位置未停准，灰放到地面； （4）碰到引车人员	（1）车辆伤害； （2）设备损坏； （3）环境污染； （4）人身伤害	3	6	3	54	2	（1）注意观察周边作业环境； （2）严格控制车速； （3）将车辆停靠准确
4	拉污泥作业	（1）车辆位置未停准，导致污泥外流； （2）车辆装得过满，导致污泥溢出； （3）后锁钩未锁紧，导致污泥外流； （4）与周边设备发生碰撞	（1）环境污染； （2）设备损坏； （3）车辆伤害	6	2	1	12	1	（1）将车辆按指定位置停稳； （2）严禁装得过满； （3）装完后，对后锁钩进行检查； （4）注意周边作业环境，严格控制车速
5	运垃圾作业	（1）车辆交叉作业； （2）装得过满； （3）发生碰撞	（1）车辆伤害； （2）环境污染	6	6	3	108	3	（1）控制车速； （2）禁止装得过满； （3）注意观察周边

编号	作业步骤	危害因素	可能导致的后果	风险评价					控制措施
				L	E	C	D	风险程度	
6	运输路线	(1) 北门口行人车辆较多； (2) 三叉桥头车辆行人较多； (3) 灰场上下坡坡度较大； (4) 灰场下坡转弯处叉口行人车辆较多	(1) 车辆伤害； (2) 人身伤害； (3) 设备损坏	6	6	3	108	3	(1) 严格控制行车速度； (2) 一看、二慢、三通过
7	灰场卸料	(1) 未与卸料点边缘保持安全距离； (2) 卸完料，厢体未落下； (3) 利用车辆紧急制动卸粘住厢体的污泥； (4) 车辆交叉作业； (5) 夜间作业灰场照明不足	(1) 车辆伤害； (2) 设备损坏	6	6	3	108	3	(1) 与卸料点边缘保持安全距离； (2) 落下厢体； (3) 禁止利用车辆紧急制动卸污泥； (4) 控制车速，注意观察周边作业环境
三	运输完毕恢复作业								
1	清洗作业	(1) 沿途路面洒落未清理干净； (2) 灰渣车辆车身未作冲洗	(1) 环境污染； (2) 设备损坏	10	3	1	30	2	(1) 作业完成后及时联系洒水车清洗路面； (2) 工作完成时及时清洗车身

编号	作业步骤	危害因素	可能导致的后果	风险评价					控制措施
				L	E	C	D	风险程度	
2	碾压作业	(1) 未将垃圾掩埋； (2) 车辆交叉作业； (3) 灰场陷入	(1) 环境污染； (2) 车辆伤害； (3) 设备损坏	6	6	3	108	3	(1) 每天定期检查，及时碾压新倒卸的货物； (2) 现场安排人员指挥作业； (3) 及时对灰场碾压、修复灰场路面

12 渣仓放渣操作

主要作业风险：	控制措施：
（1）使用不充分或不合适防护用品造成烫伤、滑跌绊跌、碰撞、落物伤害等；	（1）正确佩戴安全帽、安全帽、防尘口罩、耳塞、手套，穿工作鞋等，规范着装；
（2）高处落物；	（2）注意安全，戴好安全帽；
（3）设备漏电	（3）使用前验电

编号	作业步骤	危害因素	可能导致的后果	风险评价					控制措施
				L	E	C	D	风险程度	
一		准备工作							
1	准备合适的防护用品如安全帽、防尘口罩、耳塞、手套、工作鞋	（1）使用不充分或不合适防护用品造成烫伤、滑跌绊跌、碰撞、落物伤害等；（2）高处落物；（3）设备漏电	（1）灼烫；（2）其他伤害；（3）触电	6	3	3	54	2	（1）正确佩戴安全帽、安全帽、防尘口罩、耳塞、手套，穿工作鞋等，规范着装；（2）注意安全，戴好安全帽；（3）使用前验电
2	准备合适的工器具（铁锹、铁棒、扫帚）	（1）不使用工具，导致渣掉地面；（2）工器具使用不当	（1）环境污染；（2）人身伤害；（3）设备损坏	6	3	3	54	2	规定作业完毕必须立即清扫干净现场
3	确定仓内的渣量	（1）上渣仓手不扶扶梯；（2）掉进人孔门；（3）人孔门压到脚	人身伤害	6	10	1	60	2	（1）规定上渣仓严禁手叉口袋；（2）做上防护栏；（3）轻拿轻放

续表

编号	作业步骤	危害因素	可能导致的后果	风险评价					控制措施
				L	E	C	D	风险程度	
4	切换双向皮带机	(1) 渣仓皮带跑偏; (2) 碰到双向皮带	(1) 设备损坏; (2) 人身伤害	6	10	1	60	2	(1) 定时对双向皮带走向进行检查; (2) 禁止触碰双向皮带
5	联系运渣车辆	(1) 车辆未及时到位; (2) 联系不上驾驶员	设备损坏	6	6	1	36	2	要求必须保持通信畅通
二	排放过程								
1	上渣仓5m层	(1) 上楼梯不扶扶手; (2) 楼梯湿滑; (3) 扶梯不牢固; (4) 扶手上有油迹	人身伤害	6	6	3	108	3	(1) 规定上、下楼梯时禁止双手叉口袋,必须手扶扶手; (2) 扶手擦拭干净; (3) 发现楼梯有缺陷及时上报维修
2	渣排放操作	(1) 未按规定时间排放造成排渣口堵料; (2) 误操作排渣控制面板; (3) 设备漏电; (4) 行程开关失灵,导致排渣门关不掉,渣落地上; (5) 电动机异响、漏油	(1) 设备事故; (2) 触电; (3) 人身伤害	6	10	1	60	2	(1) 按时排放; (2) 清理时注意安全; (3) 各按钮做好标示; (4) 操作前验电,带好防护用品
3	上渣仓17m层	(1) 清理双向皮带时工具被卷入; (2) 高处落物; (3) 双向皮带跑偏	(1) 设备事故; (2) 人身伤害	6	6	3	108	3	(1) 清理时必须严格按照操作规程; (2) 禁止高处落物; (3) 及时上报纠正

续表

编号	作业步骤	危害因素	可能导致的后果	L	E	C	D	风险程度	控制措施
4	车辆接渣作业	(1) 倒车入渣仓接渣时与渣仓设备发生碰撞; (2) 车未停到指定放渣位置,导致渣放到地上; (3) 未注意接渣的量,导致渣溢出车斗	(1) 设备损坏; (2) 车辆伤害; (3) 环境污染	6	10	1	60	2	(1) 安排人员对倒车作业进行安全监护; (2) 对车辆未停到指定位置不予放渣; (3) 注意观察放的量,并随时停掉
三		结束工作							
1	清扫卫生	(1) 未将地面的落渣清扫干净; (2) 未将车身冲洗干净,导致沿途落渣; (3) 冲洗作业完毕冲水管未摆放整齐,导致勾绊	(1) 环境污染; (2) 人身伤害	6	6	3	108	3	(1) 作业完毕后第一时间将作业现场冲洗干净; (2) 车辆装完启动前将车身打扫干净; (3) 冲洗作业完毕将冲水管摆放整齐
2	拉走渣	(1) 行驶速度过快,导致地面洒落; (2) 灰渣车辆后锁钩未锁紧,导致沿途掉渣; (3) 未按规定的路线行驶	(1) 环境污染; (2) 车辆伤害; (3) 设备损坏	6	6	3	108	3	(1) 规定厂区内行驶速度; (2) 装完渣后必须对后锁盖进行检查; (3) 按规定行驶路线
四		以往发生的事件							
1	地面洒落	车辆后锁钩未锁紧,导致落渣	环境污染	6	6	3	108	3	(1) 按照厂区内规定行驶速度行驶; (2) 装完渣后必须对后锁盖进行检查

13 灰库0～30m层巡检

| 主要作业风险：
(1) 高处坠落；
(2) 作业环境危害；
(3) 其他伤害 | 控制措施：
(1) 上、下楼梯时抓牢、蹬稳；
(2) 正确佩戴安全帽、防尘口罩、耳塞、手套、穿工作鞋等；
(3) 熟悉巡检路线和沿途及巡检点安全危害分析 |

编号	作业步骤	危害因素	可能导致的后果	风险评价					控制措施
				L	E	C	D	风险程度	
一		巡检前准备							
1	准备巡检工具（测温仪、测震仪、活板、对讲机、巡检记录本）	(1) 拿错或使用错误工具； (2) 充电不足或信号不好影响及时通信； (3) 照明不足造成绊倒、摔伤等	(1) 机械伤害； (2) 设备事故； (3) 其他伤害	3	10	1	30	2	(1) 使用合适工具； (2) 加强沟通； (3) 交待安全注意事项； (4) 仔细核对钥匙编号； (5) 正确佩戴安全帽、防尘口罩、耳塞、手套、穿工作鞋等； (6) 规范着装； (7) 携带状况良好的通信工具； (8) 携带手电筒，电源要充足，亮度要足够
2	向值班负责人汇报操作动作，值班负责人核实并批准，交代安全注意事项	(1) 不熟悉巡检路线或去向不明，发生事故时不能及时救援； (2) 准备不充分	其他伤害	0.5	10	1	5	1	
3	准备合适的个人防护用品（如安全帽、防粉口罩、耳塞、手套、工作鞋）	使用不充分或不合适防护用品造成烫伤、化学伤害、滑跌绊跌、碰撞、落物伤害等	(1) 灼烫； (2) 其他伤害； (3) 作业环境危害	3	10	1	30	2	

编号	作业步骤	危害因素	可能导致的后果	风险评价					控制措施
				L	E	C	D	风险程度	
二		巡检内容							
1	空气压缩机检查（仅用空气压缩机、气化空气压缩机、输送空气压缩机）	（1）温度高造成跳机、着火； （2）压力高造成爆炸； （3）压力低各阀门不能正常使用； （4）电源异常造成触电、着火； （5）轴承漏油发生着火、环境污染； （6）检查时人员容易碰到管道造成碰伤或摔倒； （7）温度表不准或自动装置设备失灵造成设备故障	（1）火灾； （2）物理性爆炸； （3）设备事故； （4）触电； （5）作业环境危害； （6）其他伤害	0.5	10	2	10	1	（1）空气压缩机装有压力调节器和自动压力释放阀； （2）配有报警装置电磁阀打开或关闭时有反馈信号，故障时报警跳机； （3）配有储气罐和备用空气压缩机； （4）定期检查、维护各装置系统； （5）检查电动机金属外壳接地良好，否则禁止触摸； （6）检查轴承油位； （7）发现异常时及时入缺； （8）挂设备名牌，巡检记录本中设有标准运行数据； （9）关闭检查门时避免机械挤压； （10）检查前做好撤离路线
2	干燥机检查	（1）过滤器堵塞，水喷出造成污染或烫伤； （2）与空气压缩机连接的电磁阀打不开造成气压升高产生泄漏； （3）检查时人员容易碰到管道造成碰伤或摔倒	（1）作业环境危害； （2）设备事故； （3）其他伤害	1	10	1	10	1	（1）定期检查、维护各装置系统； （2）配有报警装置电磁阀打开或关闭时有反馈信号，故障时报警； （3）行走时注意观察，注意安全； （4）发现异常时及时入缺； （5）挂设备名牌

编号	作业步骤	危害因素	可能导致的后果	风险评价					控制措施
				L	E	C	D	风险程度	
3	冷干机检查	(1) 冷煤高压造成设备损坏; (2) 冷煤低压造成设备损坏; (3) 与空气压缩机连接的电磁阀打不开造成气压升高产生泄漏	(1) 设备事故; (2) 其他伤害; (3) 作业环境危害	3	10	1	30	2	(1) 定期检查、维护各装置系统; (2) 配有报警装置电磁阀打开或关闭时有反馈信号,故障时报警; (3) 行走时注意观察,注意安全; (4) 发现异常时及时入缺; (5) 挂设备名牌
4	电加热器检查	(1) 温度高造成设备损坏,引起火灾; (2) 温度低影响灰库卸灰; (3) 接地损坏身体直接接触产生触电; (4) 温度表不准或自动装置设备损坏造成设备损坏	(1) 火灾; (2) 设备事故; (3) 触电; (4) 其他伤害	3	10	1	30	2	(1) 定期检查、维护各装置系统; (2) 配有自动装置,温度高时自动停止,温度低时自动加热,故障时报警; (3) 运行时不得用手直接摸电加热器外壳; (4) 保证气化风压力达 0.2~0.4MPa; (5) 巡检记录本中设有标准运行数据; (6) 定期检查灭火器; (7) 发现异常时及时入缺
5	储气罐检查(仪用气、气化、输送)	(1) 压力高引发爆炸; (2) 压力低造成各电磁阀管道不能正常使用; (3) 排出水 2min 以上造成电磁阀损坏;	(1) 物理性爆炸; (2) 设备事故; (3) 其他伤害	0.2	10	7	35	1	(1) 定期检查、维护各装置系统; (2) 每天至少 6 次排水; (3) 配有压力表和自动卸压阀;

续表

编号	作业步骤	危害因素	可能导致的后果	风险评价					控制措施
				L	E	C	D	风险程度	
5	储气罐检查（仅用气、气化、输送）	（4）检查时人员容易碰到管道造成碰伤或摔倒；（5）压力表不准造成设备损坏；（6）高处落物人员伤害	（1）物理性爆炸；（2）设备事故；（3）其他伤害	0.2	10	7	35	1	（4）禁止用硬物敲打储气罐；（5）设有设备名牌，和安全警示牌；（6）巡检记录本中设有标准运行数据；（7）发现异常时及时入缺
6	气化风管压力检查	（1）压力高灰库内正压排风机损坏；（2）压力低电加器气损坏，影响灰库卸灰；（3）检查时容易碰到管道造成碰伤；（4）压力表不准影响判断；（5）高处落物造成人员伤害；（6）管道泄漏造成人员伤害	（1）设备事故；（2）其他伤害	3	10	1	30	2	（1）定期检查、维护各装置系统；（2）设有设备名牌；（3）设有压力表；（4）巡检记录本中设有标准运行数据；（5）发现异常时及时入缺
7	布袋除尘器检查	（1）脉冲不正常造成设备损坏；（2）隔离布袋破损引起飞灰泄漏；（3）上、下楼梯人员容易滑倒摔伤；	（1）设备事故；（2）高处坠落；（3）其他伤害	6	10	1	60	2	（1）定期检查、维护各装置系统；（2）设有设备名牌；（3）设有压力表；

编号	作业步骤	危害因素	可能导致的后果	风险评价					控制措施
				L	E	C	D	风险程度	
7	布袋除尘器检查	（4）压力表不准造成设备损坏； （5）仪用气泄漏造成设备损坏和人员伤害	（1）设备事故； （2）高处坠落； （3）其他伤害	6	10	1	60	2	（4）巡检记录本中设有标准运行数据； （5）配有报警装置有反馈信号，故障时报警； （6）发现异常时及时入缺； （7）上、下楼梯时抓牢、蹬稳，不得两人同蹬一梯
8	布袋除器排风机检查	（1）轴承震动大于15s造成设备损坏； （2）轴承温度高造成设备损坏； （3）轴承、电动机漏油，造成环境污染和着火； （4）身体接触造成触电或机械伤害	（1）设备事故； （2）作业环境危害； （3）火灾； （4）机械伤害	1	10	3	30	2	（1）定期检查、维护各装置系统； （2）设有设备名牌； （3）配有报警装置有反馈信号，故障时报警； （4）巡检记录本中设有标准运行数据； （5）不得靠近转到设备； （6）发现异常时及时入缺； （7）上、下楼梯时抓牢、蹬稳，不得两人同蹬一梯； （8）检查前做好撤离路线
9	各给料机	（1）轴承震动大于15s造成设备损坏； （2）轴承温度高造成设备损坏；	（1）设备事故； （2）作业环境危害；	3	10	1	30	2	（1）定期检查、维护各装置系统； （2）设有设备名牌；

续表

编号	作业步骤	危害因素	可能导致的后果	风险评价					控制措施
				L	E	C	D	风险程度	
9	各给料机	（3）轴承、电动机漏油，造成环境污染和着火； （4）身体接触造成触电或机械伤害	（3）火灾； （4）机械伤害	3	10	1	30	2	（3）配有报警装置有反馈信号，故障时报警； （4）巡检记录本中设有标准运行数据； （5）不得靠近转到设备； （6）发现异常时及时入缺； （7）上、下楼梯时抓牢、蹬稳，不得两人同蹬一梯
10	各管道	（1）跑冒漏滴造成设备损坏、人员伤害、环境污染； （2）冒灰时造成人员掩埋； （3）水直接漏在电器设备上引起触电	（1）设备事故； （2）作业环境危害； （3）触电	0.5	10	3	15	1	（1）定期检查、维护各装置系统； （2）设有设备名牌； （3）上、下楼梯时抓牢、蹬稳，不得两人同蹬一梯； （4）检查前做好撤离路线
三		巡检路线							
1	灰库空压机房	（1）地面积水或油脂人员容易摔倒； （2）管道碰伤； （3）管道卸漏造成物理伤害	其他伤害	3	10	1	30	2	（1）设置警示牌； （2）使用个人防护用品； （3）规范着装； （4）行走时观察四周注意安全

编号	作业步骤	危害因素	可能导致的后果	风险评价					控制措施
				L	E	C	D	风险程度	
2	灰库 0m 层室外	（1）地面积水或油脂，人员容易摔倒； （2）管道碰伤； （3）管道卸漏造成物理伤害； （4）高处落物人员伤害； （5）车辆碰撞； （6）井孔坠落	（1）其他伤害； （2）车辆伤害	1	10	3	30	2	（1）设置警告牌； （2）使用个人防护用品； （3）行走时观察四周注意安全
3	灰库 0~30m 层楼道	（1）上、下楼梯人员滑倒摔伤； （2）高处坠落人员伤害	（1）其他伤害； （2）高处坠落	1	10	7	70	2	（1）上、下爬梯时抓牢、蹬稳，不得两人同蹬一梯； （2）设置警示牌； （3）行走时观察四周注意安全； （4）严禁高处落物
4	灰库 30m 层	（1）地面积水或油脂，人员容易摔倒； （2）管道碰伤； （3）管道卸漏造成物理伤害； （4）高处坠落人员伤害	（1）其他伤害； （2）高处坠落	1	10	7	70	2	（1）设置警示牌； （2）使用个人防护用品； （3）规范着装； （4）行走时观察四周注意安全； （5）严禁高处落物

14　灰库空气压缩机房巡检

<table>
<tr>
<td colspan="2">
主要作业风险：
（1）因使用不合的工器具、穿戴不合适劳动防护用品导致巡检人员伤害；
（2）因地面盖板不平、地面积油、积水导致巡检人员滑倒、摔伤；
（3）因管道复杂、阀门悬空导致巡检人员绊倒、碰撞；
（4）转动设备造成的机械伤害；
（5）电气设备造成的触电伤害
</td>
<td colspan="2">
控制措施：
（1）仔细核对工器具和正确使用工器具；
（2）正确佩戴安全帽、耳塞、手套，穿工作鞋等；
（3）携带良好的通信工具和手电筒；
（4）定期清理空压机房积油、积水
</td>
</tr>
</table>

编号	作业步骤	危害因素	可能导致的后果	L	E	C	D	风险程度	控制措施
一		巡检前准备							
1	向值班负责人汇报巡检内容	不熟悉巡检路线或去向不明	伤害后得不到及时救援	3	10	1	30	2	（1）使用合适工器具； （2）加强沟通； （3）交待安全注意事项； （4）仔细核对门禁卡上的机组编号； （5）正确佩戴安全帽、防尘口罩、耳塞、手套，穿工作鞋等； （6）规范着装；
2	选择合适的工器具，如对讲机、测温仪、操作扳手、门禁卡、手电筒等	对讲机充电不足或信号不好影响及时通信	（1）伤害后得不到及时救援； （2）设备异常	6	10	1	60	2	
		照明不足	作业环境危害	3	10	3	90	3	
		拿错或使用错误工具	（1）设备异常； （2）机械伤害	3	10	3	90	3	
3	准备合适的防护用具，如安全帽、防粉口罩、耳塞、手套、工作鞋等	不合适的防护造成伤害	（1）灼烫； （2）机械伤害； （3）高处坠落； （4）物体打击	3	10	3	90	3	

编号	作业步骤	危害因素	可能导致的后果	风险评价					控制措施
				L	E	C	D	风险程度	
4	值班负责人核实并批准，交代安全注意事项	(1) 准备不充分； (2) 工作无序，去向不明	伤害后得不到及时救援	1	10	3	30	2	(7) 携带状况良好的通信工具； (8) 携带手电筒，电源要充足，亮度要足够
二		巡检内容							
1	灰库空气压缩机	空气压缩机漏油	火灾	3	10	1	30	2	(1) 行走时看清路面状况； (2) 设置警示标识； (3) 及时清理油污、积水； (4) 不得触及转动部分； (5) 检查电动机金属外壳接地良好，检查空气压缩机外壳接地良好否则禁止触摸； (6) 照明良好，并携带足够亮度的手电筒； (7) 正确佩戴安全帽、隔声耳塞、手套，穿工作鞋等
		机械转动	机械伤害	1	10	3	30	2	
		电动机外壳接地不良	触电	1	10	3	30	2	
		地面积水	(1) 其他伤害； (2) 触电	3	10	1	30	2	
		地面积油	其他伤害	3	10	1	30	2	
		噪声	作业环境危害	1	3	10	30	1	
		管路布置复杂	其他伤害	3	10	1	30	2	
2	冷干机	地面积水	(1) 其他伤害； (2) 触电	3	10	1	30	2	(1) 行走时看清路面状况； (2) 设置警示标识； (3) 及时清理油污、积水； (4) 不得触及转动部分； (5) 检查电动机金属外壳接地良好，检查空气压缩机外壳接地良好否则禁止触摸；
		地面积油	(1) 火灾； (2) 其他伤害	3	10	1	30	2	
		噪声	作业环境危害	1	3	10	30	1	

续表

编号	作业步骤	危害因素	可能导致的后果	风险评价					控制措施
				L	E	C	D	风险程度	
2	冷干机	管路布置复杂	其他伤害	3	10	1	30	2	(6) 照明良好，并携带足够亮度的手电筒； (7) 正确佩戴安全帽、隔音耳塞、手套、穿工作鞋等
		就地带电控制柜	触电	1	10	3	30	2	
3	气化风机加热器就地控制柜	就地带电控制柜	触电	1	10	3	30	2	(1) 行走时看清路面状况； (2) 设置警示标识； (3) 及时清理油污、积水； (4) 检查控制柜外壳接地良好否则禁止触摸； (5) 照明良好，并携带足够亮度的手电筒； (6) 正确佩戴安全帽、隔音耳塞、手套、穿工作鞋等
		地面积水	(1) 触电； (2) 其他伤害	3	10	1	30	2	
		地面积油	(1) 火灾； (2) 其他伤害	3	10	3	90	3	
		噪声	作业环境危害	1	3	10	30	2	
4	储气罐	管路布置复杂	其他伤害	3	10	1	30	2	(1) 照明良好，携带足够亮度的手电筒； (2) 正确佩戴安全帽、隔音耳塞、手套、穿工作鞋等； (3) 设备定期保养，检查
		储气罐疏水阀门位置不便操作	作业环境危害	3	10	1	30	2	
		安全阀动作时尖锐的气流声	作业环境危害	10	10	1	30	2	
		罐体锈蚀	爆炸	0.5	10	7	35	2	
5	灰库配电间	变压器、母线、开关柜	触电	1	10	3	30	2	(1) 设置警示标识； (2) 配电间轴流风机运行规定； (3) 及时清理地面积水
		变压器、开关、电压互感器	爆炸	1	10	3	30	2	

续表

编号	作业步骤	危害因素	可能导致的后果	风险评价					控制措施
				L	E	C	D	风险程度	
5	灰库配电间	地面积水	(1) 触电； (2) 其他伤害	3	10	1	30	2	(1) 设置警示标识； (2) 配电间轴流风机运行规定； (3) 及时清理地面积水
		盘柜结露	触电	1	10	7	70	2	
三			巡检路线						
1	灰库空气压缩机房	管路布置复杂	其他伤害	3	10	1	30	2	(1) 行走时看清路面状况； (2) 设置警示标识； (3) 及时清理油污、积水； (4) 检查控制柜外壳接地良好否则禁止触摸； (5) 照明良好，并携带足够亮度的手电筒； (6) 正确佩戴安全帽、隔音耳塞、手套，穿工作鞋等； (7) 设备定期保养，检查
		地面不平、地沟盖板缺失、不平	高处坠落	3	2	1	6	1	
		地面积水	触电	3	10	1	30	2	
		地面积油	(1) 火灾； (2) 其他伤害	3	10	3	90	3	
		噪声	作业环境危害	1	3	10	1	30	
		电气设备	触电	1	10	3	30	2	
		机械转动	机械伤害	1	10	3	30	2	
		储气罐疏水阀门位置不便操作	作业环境危害	3	10	1	30	2	

15 灰渣专业检修人员巡检

| 主要作业风险：
人身伤害、设备故障、灼伤、其他伤害 | | | | 控制措施：
(1) 使用合适工具；
(2) 携带手电筒，电源要充足，亮度要足够；
(3) 正确佩戴安全帽、防尘口罩、耳塞、手套、穿工作鞋等；
(4) 禁止跨越 | | | | | |

编号	作业步骤	危害因素	可能导致的后果	风险评价					控制措施
				L	E	C	D	风险程度	
一	检修前准备								
1	准备巡检工具	拿错或使用错误工具	(1) 人身伤害； (2) 设备故障	3	10	1	30	2	使用合适工具
2	检查手电筒电池完好状况	照明不足的地方造成绊倒、摔伤等	人身伤害	3	10	1	30	2	携带手电筒，电源要充足，亮度要足够
3	准备通信设备	充电不足或信号不好影响及时通信	(1) 人身伤害； (2) 设备故障	0.5	10	1	5	1	携带状况良好的通信工具
4	准备合适的防护用品如安全帽、防粉口罩、耳塞、手套、工作鞋	使用不充分或不合适防护用品造成烫伤、滑跌绊跌、碰撞、落物伤害等	(1) 灼烫； (2) 其他伤害	0.5	10	7	35	2	正确佩戴安全帽、安全帽、防尘口罩、耳塞、手套，穿工作鞋等
二	巡检内容								
1	双向皮带机巡检	(1) 楼梯滑跌、坠落； (2) 跨越皮带机或误碰转动皮带	人身伤害	0.1	10	15	15	1	(1) 上、下楼梯时抓牢护栏； (2) 禁止跨越或触碰转动皮带机

编号	作业步骤	危害因素	可能导致的后果	风险评价					控制措施
				L	E	C	D	风险程度	
2	二级刮板机巡检	(1) 楼梯滑跌、坠落; (2) 跨越二级刮板机时摔倒	人身伤害	0.1	10	15	15	1	(1) 上、下楼梯时抓牢护栏; (2) 禁止跨越二级刮板机
3	碎渣机巡检	(1) 楼梯滑跌、坠落; (2) 误碰或穿戴衣物绞进转动设备	(1) 人身伤害; (2) 设备损坏	0.1	10	15	15	1	(1) 上、下楼梯时抓牢护栏; (2) 禁止触碰转动设备和穿戴需整齐
4	捞渣机巡检	(1) 爬梯滑跌、坠落; (2) 误碰或穿戴衣物绞进转动设备; (3) 尾部张紧油压过高或过低就地操作	(1) 人身伤害; (2) 设备伤害	3	1	15	45	2	(1) 上、下爬梯时抓牢护栏; (2) 禁止触碰转动设备和穿戴需整齐; (3) 需要就地操作应通知运行人员操作
5	水泵及沉淀池巡检	(1) 楼梯滑跌、坠落; (2) 误碰或穿戴衣物绞进转动设备; (3) 转动水泵时调整盘根压盖螺栓	(1) 人身伤害; (2) 设备伤害	3	1	7	21	2	(1) 上、下楼梯时抓牢护栏,及时系好安全带; (2) 禁止触碰转动设备和穿戴需整齐; (3) 调整水泵盘根压盖时工作票
6	电除尘区域巡检	(1) 楼梯滑跌、坠落; (2) 仓部附件漏灰时没有及时戴口罩和防尘眼睛	(1) 人身伤害; (2) 职业危害	3	1	7	21	2	(1) 上、下楼梯时抓牢护栏; (2) 正确佩戴安全帽、安全帽、防尘口罩、耳塞、手套,穿工作鞋等
7	灰库分选风机巡检	噪声伤害耳膜	人身伤害	1	1	7	7	1	噪声过大应戴耳塞

续表

编号	作业步骤	危害因素	可能导致的后果	风险评价					控制措施
				L	*E*	*C*	*D*	风险程度	
8	灰库5m层巡检	(1) 泄漏或扬起的粉尘伤害肺部或眼睛； (2) 触碰气化风加热器或气化风管道造成烫伤； (3) 楼梯滑跌、坠落	(1) 职业危害； (2) 烫伤； (3) 人身伤害	3	1	7	21	2	(1) 有扬尘或煤灰泄漏时带好呼吸器和放风眼睛； (2) 不得触碰高温设备和管道； (3) 上、下楼梯时抓牢护栏
9	灰库30m层设备巡检	(1) 泄漏、扬起或排气风机排出的粉尘伤害肺部或眼睛； (2) 楼梯滑跌、坠落	(1) 人身伤害； (2) 职业危害	3	1	7	21	2	(1) 有扬尘或煤灰泄漏时带好呼吸器和放风眼睛； (2) 上、下楼梯时抓牢护栏
三	作业环境								
1	粉尘	粉尘伤害肺部或眼睛	职业危害	1	1	7	7	1	巡检人员佩戴防尘口罩和放风眼镜

16 输灰运行人员巡检

<table>
<tr><td colspan="2">主要作业风险：
（1）使用不充分或不合适防护用品造成烫伤、滑跌绊跌、碰撞、落物伤害等；
（2）高处落物；
（3）设备漏电</td><td colspan="2">控制措施：
（1）正确佩戴安全帽、安全帽、防尘口罩、耳塞、手套，穿工作鞋等；规范着装；
（2）注意安全，戴好安全帽；
（3）注意检查设备接地情况，使用前验电</td></tr>
</table>

编号	作业步骤	危害因素	可能导致的后果	L	E	C	D	风险程度	控制措施
一		巡检前的准备							
1	准备合适的工具	（1）拿错或使用错误工具； （2）照明不足造成绊倒、摔伤等； （3）拿错钥匙而匆忙往返引起绊倒、摔伤等； （4）充电不足或信号不好影响及时通信	（1）人身伤害； （2）设备故障	3	10	1	30	2	（1）使用合适工具； （2）仔细核对钥匙编号； （3）携带状况良好的通信工具； （4）携带手电筒，电源要充足，亮度要足够
2	向值班长汇报去向	（1）不熟悉巡检路线或去向不明； （2）准备不充分	伤害后得不到及时救援	3	10	1	30	2	（1）加强沟通； （2）交待安全注意事项
3	准备合适的防护用品（如安全帽、防尘口罩、耳塞、手套、工作鞋）	（1）使用不充分或不合适防护用品造成烫伤、滑跌绊跌、碰撞、落物伤害等；	（1）灼烫；	1	10	3	30	2	（1）正确佩戴安全帽、安全帽、防尘口罩、耳塞、手套，穿工作鞋等，规范着装；

编号	作业步骤	危害因素	可能导致的后果	风险评价					控制措施
				L	E	C	D	风险程度	
3	准备合适的防护用品（如安全帽、防尘口罩、耳塞、手套、工作鞋）	（2）高处落物； （3）设备漏电	（2）其他伤害； （3）触电	1	10	3	30	2	（2）注意安全，戴好安全帽； （3）使用前验电
二		巡检内容							
1	脱水楼 0m 石膏料位	（1）库内不通风，温度过高； （2）吸入粉尘和有毒有害气体； （3）石膏料位过高冒顶； （4）落料不均匀出现坍塌	（1）作业环境危害； （2）设备故障； （3）坍塌	1	10	15	150	3	（1）石膏库大门常打开保持库内通风； （2）及时倒料，降低料堆高度； （3）单人巡检勿进入石膏堆内中间区域
2	渣仓 5m 操作层	（1）设备操作控制面板漏电； （2）插板门未开启或关闭不到位； （3）误动控制面板按钮	（1）触电； （2）设备故障	1	10	7	70	2	（1）检查设备接地情况； （2）严格执行设备操作规程
3	渣仓 17m 层双向皮带机	（1）皮带机跑偏； （2）用脚纠正跑偏的玻带机时脚被卷入皮带内； （3）衣角卷入皮带内	（1）设备事故； （2）机械伤害	3	6	7	126	3	（1）皮带跑偏及时报修严禁私自处理； （2）不得用脚或身体其他部门直接纠正皮带机； （3）穿合适的工作服并扣好拉链和袖口

编号	作业步骤	危害因素	可能导致的后果	风险评价					控制措施
				L	E	C	D	风险程度	
4	渣仓 17m 层观测料位	（1）仓内无照明无法准确判断料位情况； （2）观察料位时被人孔门绊倒或跌入	（1）设备事故； （2）人身伤害	1	10	15	150	3	（1）17m 层加装了照明电源； （2）用镂空的铁板将人孔门封堵
5	磨煤机	（1）噪声过大； （2）高处落物； （3）排放出的石子煤有火星引起自燃； （4）设备漏电； （5）地面积水，地面湿滑	（1）作业环境危害； （2）物体打击； （3）火灾； （4）触电； （5）其他伤害	3	6	7	126	3	（1）佩戴耳塞； （2）戴好安全帽； （3）及时上报并将斗内带火星的及时排出； （4）检查设备接地； （5）及时清理地面积水、油渍等
三		巡检路线							
1	至临时渣场	（1）十字路口交能复杂； （2）道路上有阴井和坑洞	（1）车辆伤害； （2）其他伤害	1	6	7	42	2	（1）遵守交通规则； （2）发现未盖好井盖的阴井或坑洞及时汇报
2	脱水楼 0m 库内	（1）照明不足光线过暗； （2）装载机作业空间小	（1）人身伤害； （2）车辆伤害	1	6	7	42	2	（1）库内两边各加装了两盏大灯提高照明度； （2）巡检时不要靠作业中的装载车太近
3	渣仓 0～17m	（1）楼梯湿滑容易跌倒； （2）管道碰头；	其他伤害	6	10	1	60	2	（1）上、下楼梯时必须扶好扶手； （2）对楼梯上的水、油渍及时清理干净；

编号	作业步骤	危害因素	可能导致的后果	风险评价					控制措施
				L	E	C	D	风险程度	
4	渣仓 0~17m	(3) 17m 层地面管道绊脚	其他伤害	6	10	1	60	2	(3) 佩戴安全帽; (4) 挂安全警示牌
5	渣仓与渣仓之间	(1) 交叉作业; (2) 高处落物	(1) 人身伤害; (2) 物体	3	10	1	30	2	(1) 巡检时走安全通道; (2) 配戴合格的防护用品
四		以往发生的事件							
1	南通电厂皮带伤人	用脚纠正跑偏的运行皮带	人身伤害	6	10	1	60	2	(1) 制定制度,严禁用脚纠正跑偏皮带; (2) 通知检修人员协助处理

17 综合码头巡检作业危害分析

主要作业风险： (1) 淹溺； (2) 作业环境危害； (3) 其他伤害									控制措施： (1) 巡检时穿救生衣； (2) 正确佩戴防尘口罩等； (3) 熟悉巡检路线和沿途及巡检点安全危害分析
编号	作业步骤	危害因素	可能导致的后果	风险评价					控制措施
				L	E	C	D	风险程度	
一		巡检前准备							
1	准备巡检工具（测温仪、测震仪、活板、对讲机、巡检记录本）	(1) 拿错或使用错误工具； (2) 充电不足或信号不好影响及时通信； (3) 照明不足造成绊倒、摔伤等	(1) 机械伤害； (2) 设备故障； (3) 其他伤害	3	6	1	18	2	(1) 使用合适工具； (2) 加强沟通； (3) 交待安全注意事项； (4) 仔细核对钥匙编号； (5) 正确佩戴安全帽、防尘口罩、耳塞、手套，穿工作鞋等； (6) 规范着装； (7) 携带状况良好的通信工具； (8) 携带手电筒，电源要充足，亮度要足够
2	向值班负责人汇报操作，值班负责人核实并批准，交代安全注意事项	(1) 不熟悉巡检路线或去向不明，发生事故时不能及时救援； (2) 准备不充分	其他伤害	1	6	1	6	1	
3	准备合适的个人防护用品（如安全帽、防粉口罩、耳塞、手套、工作鞋）	使用不充分或不合适防护用品造成烫伤、化学伤害、滑跌绊跌、碰撞、落物伤害等	(1) 灼烫； (2) 其他伤害； (3) 作业环境危害	3	6	1	18	1	

续表

编号	作业步骤	危害因素	可能导致的后果	风险评价					控制措施
				L	E	C	D	风险程度	
二			巡检内容						
1	布袋除尘器检查	(1) 脉冲不正常造成设备损坏; (2) 隔离布袋破损引起飞灰泄漏; (3) 上、下楼梯人员容易滑倒摔伤; (4) 压力表不准造成设备损坏; (5) 仪用气泄漏造成设备损坏和人员伤害	(1) 设备事故; (2) 高处坠落; (3) 其他伤害	3	6	1	18	1	(1) 定期检查、维护各装置系统; (2) 设有设备名牌; (3) 设有压力表; (4) 配有报警装置有反馈信号,故障时报警; (5) 发现异常时及时入缺; (6) 上、下爬梯时抓牢、蹬稳,不得两人同蹬一梯
2	布袋除尘器给料机	(1) 轴承振动大于 15s 造成设备损坏; (2) 轴承温度高造成设备损坏; (3) 轴承、电动机漏油,造成环境污染和着火; (4) 身体接触造成触电或机械伤害	(1) 设备事故; (2) 作业环境危害; (3) 火灾; (4) 机械伤害	3	6	1	18	1	(1) 定期检查、维护各装置系统; (2) 设有设备名牌; (3) 配有报警装置有反馈信号,故障时报警; (4) 巡检记录本中设有标准运行数据; (5) 不得靠近转到设备; (6) 发现异常时及时入缺; (7) 上、下楼梯时抓牢、蹬稳,不得两人同蹬一梯
3	储气罐检查	(1) 压力高引发爆炸; (2) 压力低造成各电磁阀管道不能正常使用;	(1) 物理性爆炸; (2) 设备事故;	1	6	3	18		(1) 定期检查、维护各装置系统; (2) 每天至少1次排水;

编号	作业步骤	危害因素	可能导致的后果	风险评价					控制措施
				L	E	C	D	风险程度	
3	储气罐检查	（3）排出水 2min 以上造成电磁阀损坏； （4）检查时人员容易碰到管道造成碰伤或摔倒； （5）压力表不准造成设备损坏	（3）其他伤害	1	6	3	18	1	（3）配有压力表和自动卸压阀； （4）禁止用硬物敲打储气罐； （5）设有设备名牌，和安全警示牌； （6）巡检记录本中设有标准运行数据； （7）发现异常时时入缺
4	各管道	（1）跑冒漏滴造成设备损坏、人员伤害、环境污染； （2）冒灰时造成人员掩埋	（1）设备事故； （2）作业环境危害	1	6	1	6	1	（1）定期检查、维护各装置系统； （2）设有设备名牌； （3）上下楼梯时抓牢、蹬稳，不得两人同蹬一梯； （4）检查前做好撤离路线
5	卷扬机	（1）钢丝绳磨损造成吊臂下落伤人； （2）滑跌绊跌、碰撞	（1）坍塌； （2）其他伤害	1	6	3	18	1	（1）定期检查、维护各装置系统； （2）发现异常时及时入缺； （3）挂安全警示标示
6	卸料布袋	（1）钢丝绳磨损造成卸料布袋下落伤人； （2）卸料布袋破洞造成环境污染； （3）地面积水打滑摔倒、淹溺； （4）管道绊跌、碰撞	（1）坍塌； （2）作业环境危害； （3）淹溺； （4）其他伤害	1	6	3	18	1	（1）穿救生衣； （2）定期检查、维护各装置系统； （3）发现异常时及时入缺； （4）挂安全警示牌

编号	作业步骤	危害因素	可能导致的后果	风险评价					控制措施
				L	E	C	D	风险程度	
三		巡检路线							
1	岸上（码头上）	（1）地面积水或油脂人员容易摔倒；（2）管道碰伤；（3）管道卸漏造成环境污染；（4）车辆碰撞	（1）其他伤害；（2）作业环境危害；（3）车辆伤害	1	6	3	18	1	（1）设置警告牌；（2）使用个人防护用品；（3）行走时观察四周注意安全
2	岸边（码头上）	管道绊跌淹溺	（1）其他伤害；（2）高处坠落	3	6	3	54	2	（1）设置警告牌；（2）行走时观察四周注意安全；（3）穿救生衣

18 沉淀池、贮水池水泵检修

主要作业风险：	控制措施：
走错间隔、起重伤害、人身伤害和设备事故	（1）办理工作票、确认检修开关、验电、上锁挂牌； （2）使用绝缘手套、绝缘鞋、面罩和防电弧服； （3）吊装前检查吊装器具、禁止站在吊件下； （4）如动火需开动火工作票、使用阻燃垫布、专人监护

编号	作业步骤	危害因素	可能导致的后果	L	E	C	D	风险程度	控制措施
一		检修前准备							
1	确认安全措施执行完毕	（1）拉错开关、走错间隔； （2）关错阀门； （3）阀门内漏或阀门未关到位； （4）捞渣机内部存水过多	（1）设备事故； （2）人身伤害； （3）环境污染	6	1	1	6	1	办理工作票，确认执行安全措施
2	使用手动工具	（1）手动工具如敲击工具锤头松脱、破损等； （2）使用不合适工具，小工具准备不全或遗漏等	（1）人身伤害； （2）设备损坏	6	1	3	18	1	（1）检查各类工具符合安全要求； （2）检查锤头与锤柄连接牢固； （3）使用工具包
3	使用电动工具	（1）不熟悉和正确使用电动工具；	（1）触电；	3	1	15	45	2	（1）阅读工具说明书，学会正确使用；

319

编号	作业步骤	危害因素	可能导致的后果	风险评价					控制措施
				L	E	C	D	风险程度	
3	使用电动工具	（2）电动工具不符合要求如电线破损、绝缘和接地不良； （3）工具或工具易损件质量不良； （4）电源无触电保护和工具设备无接地保护； （5）不使用正确的劳动保护用品	（2）机械伤害； （3）其他人身伤害	3	1	15	45	2	（2）使用前检查电源线、接地和其他部件良好，经检验合格在有效期内； （3）电源盘等必须使用漏电保护器； （4）使用正确劳动防护用品如眼镜、面罩等
4	使用手拉葫芦等手动起吊工具	（1）吊钩和卡扣损坏引起葫芦脱扣砸人； （2）手拉葫芦、钢丝绳断裂； （3）起吊物重心不稳或绑扎不当； （4）物件过重超载	（1）起重伤害； （2）其他人身伤害	3	1	15	45	2	（1）使用前检查手拉葫芦、钢丝绳吊扣等； （2）戴防护手套、戴安全帽； （3）吊物必须捆绑牢固，保持重心稳定； （4）设专人指挥起吊，避免吊物下站人； （5）设置隔离措施
5	布置场地	（1）工具摆放凌乱； （2）场地选择不当； （3）场地条件不足（照明等）	（1）人身伤害； （2）影响人员通行	6	1	1	6	1	（1）严格执行定制管理要求； （2）进场前进行确认检查； （3）正确使用工器具
二	检修								
1	积渣清理	用力不当或蛮干	设备损坏	6	1	1	6	1	（1）系好安全带； （2）正确使用工机具

续表

编号	作业步骤	危害因素	可能导致的后果	风险评价					控制措施
				L	E	C	D	风险程度	
2	转耙机靠背轮拆卸	(1) 用力不当或蛮干; (2) 使用工具不当; (3) 零部件遗失、错位	(1) 人机工程伤害; (2) 设备损坏	6	1	1	6	1	(1) 拆下的部件进行定制管理; (2) 正确使用工机具
3	减速机拆卸	(1) 使用工具不当; (2) 工具滑脱; (3) 零部件遗失、错位	(1) 人身伤害; (2) 设备损坏; (3) 影响工作进度	6	1	1	6	1	(1) 使用手动工具安全绳; (2) 拆前做好标记; (3) 拆下的部件进行定制管理
4	减速机解体	(1) 卸拉用品损坏; (2) 使用工具不当; (3) 工具滑脱; (4) 零部件遗失; (5) 润滑油洒落地面	(1) 人身伤害; (2) 设备损坏; (3) 环境污染	6	1	1	6	1	(1) 使用手动工具安全绳; (2) 拆前做好标记; (3) 润滑油可靠接入装油容器内
5	提耙机拆卸、移位	(1) 使用工具不当; (2) 工具滑脱; (3) 零部件遗失、错位; (4) 润滑油洒落地面; (5) 起吊物重心不稳或绑扎不当; (6) 物件过重超载	(1) 人身伤害; (2) 设备损坏; (3) 环境污染	6	1	3	18	1	(1) 使用手动工具安全绳; (2) 拆前做好标记; (3) 拆下的部件进行定制管理; (4) 吊物必须捆绑牢固,保持重心稳定; (5) 设专人指挥起吊,避免吊物下站人; (6) 设置隔离措施
6	冲洗水管理拆卸	(1) 使用工具不当; (2) 工具滑脱; (3) 零部件遗失、错位	(1) 人身伤害; (2) 设备损坏	6	1	1	6	1	(1) 使用手动工具安全绳; (2) 拆前做好标记; (3) 拆下的部件进行定制管理

编号	作业步骤	危害因素	可能导致的后果	风险评价					控制措施
				L	E	C	D	风险程度	
7	冲洗水管路移位、疏通、回装	(1) 使用工具不当； (2) 起吊物重心不稳或绑扎不当； (3) 物件过重超载	(1) 人身伤害； (2) 设备损坏； (3) 高处危害	6	1	1	6	1	(1) 使用前检查手拉葫芦、钢丝绳吊扣等； (2) 戴防护手套、安全帽； (3) 吊物必须捆绑牢固，保持重心稳定
8	减速机回装	见减速机解体							
9	整体回装	见提耙机拆卸、移位；减速机拆卸；转耙机靠背轮拆卸							
三	完工恢复								
1	整体试转	(1) 走错间隔； (2) 误操作； (3) 转动设备碰伤人身； (4) 转动设备局部卡涩	(1) 设备事故； (2) 人身伤害	6	1	15	90	3	(1) 不得误碰转动部位； (2) 观察转动部位
四	作业环境								
1	提耙机油箱室清扫，润滑油更换	润滑油污染	污染环境	1	1	7	7	1	(1) 换下的润滑油及清洗零件后的煤油必须放入废油桶； (2) 不得随意倾倒

19 二级刮板检修

主要作业风险： 走错间隔、灼伤、火灾和其他人身伤害和设备事故	控制措施： (1) 办理工作票、确认检修开关、验电、上锁挂牌； (2) 使用绝缘手套、绝缘鞋、面罩和防电弧服； (3) 吊装前检查吊装器具、禁止站在吊件下； (4) 如动火需办动火工作票、使用阻燃垫布、专人监护

编号	作业步骤	危害因素	可能导致的后果	风险评价					控制措施
				L	E	C	D	风险程度	
一		检修前准备							
1	确认安全措施执行完毕	(1) 拉错开关、走错间隔； (2) 关错阀门； (3) 阀门内漏或阀门未关到位； (4) 捞渣机内部存水过多	(1) 设备事故； (2) 人身伤害； (3) 环境污染	6	1	1	6	1	办理工作票，确认执行安全措施
2	使用手动工具	(1) 手动工具如敲击工具锤头松脱、破损等； (2) 使用不合适工具，小工具准备不全或遗漏等	(1) 人身伤害； (2) 设备损坏	6	1	3	18	1	(1) 检查各类工具符合安全要求； (2) 检查锤头与锤柄连接牢固； (3) 使用工具包
3	动火作业 (气割)	(1) 附近有易燃易爆气体或易燃物；	(1) 火灾；	6	1	3	18	1	(1) 办理动火作业票，执行安全措施，监护人到位；

续表

编号	作业步骤	危害因素	可能导致的后果	L	E	C	D	风险程度	控制措施
3	动火作业（气割）	（2）气管老化、漏气、打结，未使用氧气减压器和乙炔回火阀； （3）气管与钢瓶接口没有固定； （4）气体钢瓶没有固定； （5）乙炔气瓶与氧气钢瓶距离太近； （6）没有使用阻燃垫； （7）割碴飞溅，没有使用阻燃垫； （8）没有穿戴或使用不合适的工作服、防护鞋、防护眼镜和面罩等； （9）交叉作业或登高作业	（2）化学爆炸； （3）人身伤害	6	1	3	18	1	（2）作业人员必须参加动火作业培训； （3）检查气管有无破损，使用氧气减压器和乙炔回火阀； （4）氧气瓶、乙炔瓶垂直放置并固定，距离不小于8m； （5）做好防火隔离措施，如使用阻燃垫和警示标识，准备灭火器等； （6）穿戴合适工作服、防护鞋、防护眼镜、面罩和安全带等
4	使用电动工具	（1）不熟悉和正确使用电动工具； （2）电动工具不符合要求如电线破损、绝缘和接地不良； （3）工具或工具易损件质量不良；	（1）触电； （2）机械伤害； （3）其他人身伤害	6	1	15	90	3	（1）阅读工具说明书，学会正确使用； （2）使用前检查电源线、接地和其他部件良好，经检验合格在有效期内； （3）电源盘等必须使用漏电保护器；

编号	作业步骤	危害因素	可能导致的后果	风险评价					控制措施
				L	E	C	D	风险程度	
4	使用电动工具	（4）电源无触电保护和工具设备无接地保护； （5）不使用正确的劳动保护用品	（1）触电； （2）机械伤害； （3）其他人身伤害	6	1	15	90	3	（4）使用正确劳动防护用品如眼镜、面罩等
5	使用手拉葫芦等手动起吊工具	（1）吊钩和卡扣损坏引起葫芦脱扣砸人； （2）手拉葫芦、钢丝绳断裂； （3）起吊物重心不稳或绑扎不当； （4）物件过重超载	（1）起重伤害； （2）其他人身伤害	6	1	15	90	3	（1）使用前检查手拉葫芦、钢丝绳吊扣等； （2）戴防护手套、戴安全帽； （3）吊物必须捆绑牢固，保持重心稳定； （4）设专人指挥起吊，避免吊物下站人； （5）设置隔离措施
6	布置场地	（1）工具摆放凌乱； （2）场地选择不当； （3）场地条件不足（照明等）	（1）人身伤害； （2）影响人员通行	6	1	1	6	1	（1）严格执行定制管理要求； （2）进场前进行确认检查； （3）正确使用工器具
二		检修							
1	箱体盖板拆卸	（1）使用工具不当； （2）工具滑脱	人身伤害	6	1	1	6	1	正确使用工器具
2	过渡轮拆卸	（1）使用工具不当； （2）工具滑脱； （3）零部件遗失、错位	（1）人身伤害； （2）设备损坏； （3）影响工作进度	6	1	1	6	1	（1）使用手动工具安全绳； （2）拆前做好标记； （3）拆下的部件进行定制管理

续表

编号	作业步骤	危害因素	可能导致的后果	风险评价					控制措施
				L	E	C	D	风险程度	
3	链条与连接器、刮板、耐磨板拆卸	(1) 两人手工搬运方法或搬运姿势、配合不当; (2) 用力不当或蛮干; (3) 没有穿戴或使用不合适的工作服、防护鞋、防护眼镜和面罩等	(1) 人机工程伤害; (2) 设备损坏	6	1	1	6	1	(1) 用正确姿势搬运; (2) 正确使用工机具
4	联轴器分离	(1) 使用工具不当; (2) 工具滑脱; (3) 零部件遗失、错位	(1) 人身伤害; (2) 设备损坏; (3) 影响工作进度	6	1	1	6	1	(1) 使用手动工具安全绳; (2) 拆前做好标记; (3) 拆下的部件进行定制管理
5	驱动轴轴承拆卸	(1) 动火作业(火焊割轴承); (2) 卸拉用品损坏; (3) 被高温轴承烫伤	(1) 灼伤; (2) 火灾; (3) 人身伤害	6	1	3	18	1	(1) 穿防护鞋; (2) 戴阻燃布手套; (3) 准备灭火器、使用阻燃垫布
6	轴承清洗	使用煤油清洗轴承时周围有明火	火灾	6	1	1	6	1	清洗轴承时严禁烟火
7	驱动齿轮的拆卸、移位	(1) 使用工具不当; (2) 工具滑脱; (3) 吊装装置失灵; (4) 误操作; (5) 物件碰伤人身	(1) 人身伤害; (2) 设备损坏; (3) 高处危害	6	1	15	90	3	(1) 正确使用安全带; (2) 使用配套、专用工具; (3) 严格执行《起重安全控制程序》培训有证者操作; (4) 工作时指挥、信号正确; (5) 精力集中,设围栏、监护人,无关人员不得入内

续表

编号	作业步骤	危害因素	可能导致的后果	风险评价					控制措施
				L	*E*	*C*	*D*	风险程度	
8	驱动齿轮解体，更换齿轮片	（1）零部件遗失、错位； （2）使用工具不当； （3）物件碰伤人身	（1）人身伤害； （2）设备损坏	6	1	3	18	1	（1）使用配套、专用工具； （2）拆前做好标记； （3）拆下的部件进行定制管理
9	尾部张紧装置张紧拉杆、张紧轴承拆卸	（1）零部件遗失、错位； （2）使用工具不当	（1）人身伤害； （2）设备损坏	6	1	1	6	1	（1）拆前做好标记； （2）拆下的部件进行定制管理； （3）使用配套、专用工具
10	驱动装置回装（拆卸逆过程）	（1）零部件遗失、错位； （2）使用工具不当	（1）人身伤害； （2）设备损坏	6	1	1	6	1	（1）按标记回装； （2）使用配套、专用工具
11	链条与连接器、刮板、耐磨板更换回装	（1）两人手工搬运方法或搬运姿势、配合不当； （2）用力不当或蛮干； （3）没有穿戴或使用不合适的工作服、防护鞋、防护眼镜和面罩等	（1）人机工程伤害； （2）设备损坏	6	1	1	6	1	（1）用正确姿势搬运； （2）正确使用工机具
12	过渡轮回转	（1）使用工具不当； （2）工具滑脱	（1）人身伤害； （2）设备损坏； （3）影响工作进度	6	1	1	6	1	使用手动工具安全绳
13	尾部张紧装置回装（拆卸逆过程）	（1）零部件遗失、错位； （2）使用工具不当	（1）人身伤害； （2）设备损坏	6	1	1	6	1	（1）按标记回装； （2）使用配套、专用工具

续表

编号	作业步骤	危害因素	可能导致的后果	风险评价					控制措施
				L	E	C	D	风险程度	
三	完工恢复								
1	整体试转	(1) 走错间隔; (2) 误操作; (3) 转动设备碰伤人身; (4) 转动设备局部卡涩	(1) 设备事故; (2) 人身伤害	6	1	15	90	3	(1) 不得误碰转动部位; (2) 观察转动部位
四	作业环境								
1	轴承室清扫,润滑油更换	润滑油污染环境	污染环境	1	1	7	7	1	(1) 换下的润滑油及清洗零件后的煤油必须放入废油桶; (2) 不得随意倾倒
2	粉尘环境	(1) 上方飞灰、保温棉散落,灰尘清理不当; (2) 呼吸系统保护不当	职业危害,导致呼吸系统疾病或眼睛伤害如肺脏功能减低、鼻/喉发炎、皮炎	1	1	7	7	1	佩戴合格防尘口罩、呼吸器等

20 分选系统检修

主要作业风险：走错间隔、火灾和其他人身伤害和设备事故				控制措施：办理工作票、确认检修阀门						

编号	作业步骤	危害因素	可能导致的后果	风险评价					控制措施
				L	E	C	D	风险程度	
一	检修前准备								
1	确认安全措施执行完毕	(1) 拉错开关、走错间隔；(2) 关错阀门	(1) 设备事故；(2) 人身伤害	1	2	15	30	2	办理工作票，确认并执行安全措施
2	使用手动工具	(1) 手动工具如敲击工具锤头松脱、破损等；(2) 使用不合适工具，小工具准备不全或遗漏等	(1) 人身伤害；(2) 设备损坏	1	1	3	3	1	(1) 检查各类工具符合安全要求；(2) 检查锤头与锤柄连接牢固；(3) 使用工具包
3	使用电动工具	(1) 不熟悉和正确使用电动工具；(2) 电动工具不符合要求如电线破损、绝缘和接地不良；(3) 工具或工具易损件质量不良；(4) 电源无触电保护和工具设备无接地保护；(5) 不使用正确的劳动保护用品	(1) 触电；(2) 机械伤害；(3) 其他人身伤害	3	1	15	45	2	(1) 阅读工具说明书，学会正确使用；(2) 使用前检查电源线、接地和其他部件良好，经检验合格在有效期内；(3) 电源盘等必须使用漏电保护器；(4) 使用正确劳动防护用品如眼镜、面罩等

续表

编号	作业步骤	危害因素	可能导致的后果	风险评价					控制措施
				L	E	C	D	风险程度	
4	使用手拉葫芦等手动起吊工具	（1）吊钩和卡扣损坏引起葫芦脱扣砸人； （2）手拉葫芦、钢丝绳断裂； （3）起吊物重心不稳或绑扎不当； （4）物件过重超载	（1）起重伤害； （2）其他人身伤害	3	1	15	45	2	（1）使用前检查手拉葫芦、钢丝绳吊扣等； （2）戴防护手套、安全帽； （3）吊物必须捆绑牢固，保持重心稳定； （4）设专人指挥起吊，避免吊物下站人； （5）设置隔离措施
5	动火作业（气割）	（1）附近有易燃易爆气体或易燃物； （2）气管老化、漏气、打结，未使用氧气减压器和乙炔回火阀； （3）气管与钢瓶接口没有固定； （4）气体钢瓶没有固定； （5）乙炔气瓶与氧气钢瓶距离太近； （6）没有使用阻燃垫； （7）割碴飞溅，没有使用阻燃垫； （8）没有穿戴或使用不合适的工作服、防护鞋、防护眼镜和面罩等； （9）交叉作业或登高作业	（1）火灾； （2）化学爆炸； （3）人身伤害	3	1	3	9	1	（1）办理动火作业票，执行安全措施，监护人到位； （2）作业人员必须参加动火作业培训； （3）检查气管有无破损，使用氧气减压器和乙炔回火阀； （4）氧气瓶、乙炔瓶垂直放置并固定，距离不小于8m； （5）做好防火隔离措施，如使用阻燃垫和警示标识，准备灭火器等； （6）穿戴合适工作服、防护鞋、防护眼镜、面罩和安全带等

编号	作业步骤	危害因素	可能导致的后果	风险评价					控制措施
				L	E	C	D	风险程度	
6	布置场地	(1) 工具摆放凌乱； (2) 场地选择不当； (3) 场地条件不足	(1) 人身伤害； (2) 影响人员通行	1	1	1	1	1	(1) 严格执行定制管理要求； (2) 进场前进行确认检查； (3) 正确使用工器具
二			检修						
1	皮带罩拆卸	(1) 使用工具不当； (2) 工具滑脱	人身伤害	3	1	1	3	1	正确使用工机具
2	电机后移	(1) 使用工具不当； (2) 工具滑脱	人身伤害	3	1	1	3	1	正确使用工机具
3	皮带拆卸	(1) 使用工具不当； (2) 手、工具绞进皮带轮内	(1) 人身伤害； (2) 设备损坏	1	2	3	6	1	(1) 正确使用手动工具； (2) 将电动机向压缩机侧移动，使皮带松弛
4	皮带轮拆卸	(1) 使用工具不当； (2) 工具滑脱	人身伤害	3	1	1	3	1	正确使用工机具
5	风机进口管道、集流器拆除	(1) 高处作业发生跌落； (2) 吊装装置失灵； (3) 误操作； (4) 物件碰伤人身	(1) 人身伤害； (2) 设备损坏； (3) 高处危害	1	0.5	15	7.5	1	(1) 正确使用安全带； (2) 使用配套、专用工具； (3) 严格执行《起重安全控制程序》培训有证者操作； (4) 工作时指挥、信号正确； (5) 精力集中，设围栏、监护人，无关人员不得入内
6	轴承拆除	(1) 使用工具不当； (2) 工具滑脱	人身伤害	3	1	1	3	1	正确使用工机具

编号	作业步骤	危害因素	可能导致的后果	风险评价					控制措施
				L	E	C	D	风险程度	
7	叶轮拆除	(1) 专用工具使用不当或不配套; (2) 烘把烘叶轮部位不正确; (3) 使用手动工具不当	(1) 人身伤害; (2) 设备损坏	1	1	7	7	1	(1) 正确使用专用工具; (2) 正确使用工具; (3) 培训检修人员检修技能
8	风机回装(风机整个解体内过程)	见以上检修过程							
9	给料机链条拆卸	(1) 使用工具不当; (2) 工具、链条滑脱	(1) 人身伤害; (2) 设备损坏	3	1	1	3	1	(1) 使用手动工具安全绳; (2) 拆下的部件进行定制管理
10	减速机拆卸	(1) 使用工具不当; (2) 工具滑脱; (3) 零部件遗失、错位	(1) 人身伤害; (2) 设备损坏; (3) 影响工作进度	3	1	1	3	1	(1) 使用手动工具安全绳; (2) 拆前做好标记; (3) 拆下的部件进行定制管理
11	减速机解体	(1) 卸拉用品损坏; (2) 使用工具不当; (3) 工具滑脱; (4) 零部件遗失; (5) 润滑油洒落地面	(1) 人身伤害; (2) 设备损坏; (3) 环境污染	3	1	1	3	1	(1) 使用手动工具安全绳; (2) 拆前做好标记; (3) 润滑油可靠接入装油容器内
12	给料机解体	(1) 卸拉用品损坏; (2) 使用工具不当; (3) 工具滑脱; (4) 零部件遗失	(1) 人身伤害; (2) 设备损坏	3	1	1	3	1	(1) 使用手动工具安全绳; (2) 拆前做好标记

编号	作业步骤	危害因素	可能导致的后果	风险评价					控制措施
				L	E	C	D	风险程度	
13	给料机回装（解体逆过程）	见给料机解体							补充：1. 对施工人员进行详细的安全技术交底
三		完工恢复							
1	整体试转	(1) 走错间隔； (2) 误操作； (3) 转动设备局部卡涩	(1) 设备事故； (2) 人身伤害	3	1	15	45	2	(1) 终结工作票； (2) 确认恢复安全措施； (3) 转动前手动盘车灵活

21　灰库布袋除尘器检修

主要作业风险： 走错间隔、粉尘伤害、其他人身伤害和设备事故				控制措施： 办理工作票					

编号	作业步骤	危害因素	可能导致的后果	风险评价					控制措施
				L	E	C	D	风险程度	
一		检修前准备							
1	确认安全措施执行完毕	(1) 拉错开关、走错间隔； (2) 关错阀门； (3) 阀门内漏或阀门未关到位	(1) 人身伤害； (2) 粉尘伤害	1	1	1	1	1	办理工作票，确认并执行安全措施
2	使用手动工具	使用不合适工具，小工具准备不全或遗漏等	(1) 人身伤害； (2) 设备损坏	1	1	1	1	1	(1) 检查各类工具符合安全要求； (2) 使用工具包
3	布置场地	(1) 工具摆放凌乱； (2) 场地选择不当； (3) 场地条件不足	(1) 人身伤害； (2) 影响人员通行	1	1	1	1	1	(1) 严格执行定制管理要求； (2) 进场前进行确认检查
二		检修							
1	打开检修人孔门	(1) 使用工具不当； (2) 工具滑脱	人身伤害	1	1	1	1	1	正确使用工机具
2	布袋拆卸	(1) 用力不当或蛮干； (2) 没有穿戴或使用不合适的工作服、防护鞋、防护眼镜等； (3) 高处作业坠落	(1) 人身伤害； (2) 设备损坏； (3) 高处危害	1	1	1	3	1	(1) 用正确姿势搬运； (2) 正确使用工机具

续表

编号	作业步骤	危害因素	可能导致的后果	风险评价					控制措施
				L	E	C	D	风险程度	
3	布袋回装（布袋拆卸逆过程）								
4	关闭检修人孔门（打开检修人孔门逆过程								
三		完工恢复							
1	整体试运	（1）走错间隔；（2）误操作	设备伤害	0.1	1	1	0.1	1	观察有无人孔门泄漏情况
四		作业环境							
1	粉尘环境	（1）上方飞灰、保温棉散落，灰尘清理不当；（2）呼吸系统保护不当	职业危害	1	1	7	7	1	佩戴合格防尘口罩、呼吸器等

22 库顶排气风机检修

主要作业风险：	控制措施：
走错间隔、灼伤、火灾和其他人身伤害和设备事故	(1) 办理工作票、确认检修开关、验电、上锁挂牌； (2) 使用绝缘手套、绝缘鞋、面罩和防电弧服； (3) 吊装前检查吊装器具、禁止站在吊件下； (4) 如动火需开动火工作票、使用阻燃垫布、专人监护

编号	作业步骤	危害因素	可能导致的后果	风险评价					控制措施
				L	E	C	D	风险程度	
一			检修前准备						
1	确认安全措施执行完毕	(1) 拉错开关、走错间隔； (2) 关错阀门	(1) 设备事故； (2) 人身伤害	1	2	15	30	2	办理工作票，确认并执行安全措施
2	使用手动工具	(1) 手动工具如敲击工具锤头松脱、破损等； (2) 使用不合适工具，小工具准备不全或遗漏等	(1) 人身伤害； (2) 设备损坏	1	1	3	3	1	(1) 检查各类工具符合安全要求； (2) 检查锤头与锤柄连接牢固； (3) 使用工具包
3	使用电动工具	(1) 不熟悉和正确使用电动工具； (2) 电动工具不符合要求如电线破损、绝缘和接地不良； (3) 工具或工具易损件质量不良；	(1) 触电； (2) 机械伤害； (3) 其他人身伤害	3	1	15	45	2	(1) 阅读工具说明书，学会正确使用； (2) 使用前检查电源线、接地和其他部件良好，经检验合格在有效期内； (3) 电源盘等必须使用漏电保护器； (4) 使用正确劳动防护用品如眼镜、面罩等

续表

编号	作业步骤	危害因素	可能导致的后果	风险评价					控制措施
				L	*E*	*C*	*D*	风险程度	
3	使用电动工具	（4）电源无触电保护和工具设备无接地保护； （5）不使用正确的劳动保护用品	（1）触电； （2）机械伤害； （3）其他人身伤害	3	1	15	45	2	（1）阅读工具说明书，学会正确使用； （2）使用前检查电源线、接地和其他部件良好，经检验合格在有效期内； （3）电源盘等必须使用漏电保护器； （4）使用正确劳动防护用品如眼镜、面罩等
4	使用手拉葫芦等手动起吊工具	（1）吊钩和卡扣损坏引起葫芦脱扣砸人； （2）手拉葫芦、钢丝绳断裂； （3）起吊物重心不稳或绑扎不当； （4）物件过重超载	（1）起重伤害； （2）其他人身伤害	3	1	15	45	2	（1）使用前检查手拉葫芦、钢丝绳吊扣等； （2）戴防护手套、戴安全帽； （3）吊物必须捆绑牢固，保持重心稳定； （4）设专人指挥起吊，避免吊物下站人； （5）设置隔离措施
5	动火作业（气割）	（1）附近有易燃易爆气体或易燃物； （2）气管老化、漏气、打结，未使用氧气减压器和乙炔回火阀； （3）气管与钢瓶接口没有固定； （4）气体钢瓶没有固定； （5）乙炔气瓶与氧气钢瓶距离太近	（1）火灾； （2）化学爆炸； （3）人身伤害	3	1	3	9	1	（1）办理动火作业票，执行安全措施，监护人到位； （2）作业人员必须参加动火作业培训； （3）检查气管有无破损，使用氧气减压器和乙炔回火阀； （4）氧气瓶、乙炔瓶垂直放置并固定，距离不小于8m； （5）做好防火隔离措施，如使用阻燃垫和警示标识，准备灭火器等； （6）穿戴合适工作服、防护鞋、防护眼镜、面罩和安全带等

337

续表

编号	作业步骤	危害因素	可能导致的后果	风险评价					控制措施
				L	E	C	D	风险程度	
5	动火作业（气割）	(6) 没有使用阻燃垫； (7) 割碴飞溅，没有使用阻燃垫； (8) 没有穿戴或使用不合适的工作服、防护鞋、防护眼镜和面罩等； (9) 交叉作业或登高作业	(1) 火灾； (2) 化学爆炸； (3) 人身伤害	3	1	3	9	1	(1) 办理动火作业票，执行安全措施，监护人到位； (2) 作业人员必须参加动火作业培训； (3) 检查气管有无破损，使用氧气减压器和乙炔回火阀； (4) 氧气瓶、乙炔瓶垂直放置并固定，距离不小于 8m； (5) 做好防火隔离措施，如使用阻燃垫和警示标识，准备灭火器等； (6) 穿戴合适工作服、防护鞋、防护眼镜、面罩和安全带等
6	布置场地	(1) 工具摆放凌乱； (2) 场地选择不当； (3) 场地条件不足	(1) 人身伤害； (2) 影响人员通行	1	1	1	1	1	(1) 严格执行定制管理要求； (2) 进场前进行确认检查； (3) 正确使用工器具
二			检修						
1	皮带罩拆卸	(1) 使用工具不当； (2) 工具滑脱	人身伤害	3	1	1	3	1	正确使用工机具
2	电机后移	(1) 使用工具不当； (2) 工具滑脱	人身伤害	3	1	1	3	1	正确使用工机具
3	皮带拆卸	(1) 使用工具不当； (2) 手、工具绞进皮带轮内	(1) 人身伤害； (2) 设备损坏	1	2	3	6	1	(1) 正确使用手动工具； (2) 将电机向压缩机侧移动，使皮带松弛

编号	作业步骤	危害因素	可能导致的后果	风险评价					控制措施
				L	E	C	D	风险程度	
4	皮带轮拆卸	(1) 使用工具不当； (2) 工具滑脱	人身伤害	3	1	1	3	1	正确使用工机具
5	风机进口管道、集流器拆除	(1) 高处作业发生跌落； (2) 吊装装置失灵； (3) 误操作； (4) 物件碰伤人身	(1) 人身伤害； (2) 设备损坏； (3) 高处危害	1	0.5	15	7.5	1	(1) 正确使用安全带； (2) 使用配套、专用工具； (3) 严格执行《起重安全控制程序》培训有证者操作； (4) 工作时指挥、信号正确； (5) 精力集中，设围栏、监护人，无关人员不得入内
6	轴承拆除	(1) 使用工具不当； (2) 工具滑脱	人身伤害	3	1	1	3	1	正确使用工机具
7	叶轮拆除	(1) 专用工具使用不当或不配套； (2) 烘把烘叶轮部位不正确； (3) 使用手动工具不当	(1) 人身伤害； (2) 设备损坏	1	1	7	7	1	(1) 正确使用专用工具； (2) 正确使用工具； (3) 培训检修人员检修技能
8	风机回装（风机整个解体内过程）	见以上检修过程							
三	完工恢复								
1	整体试转	(1) 走错间隔； (2) 误操作； (3) 转动设备局部卡涩	(1) 设备事故； (2) 人身伤害	3	1	15	45	2	(1) 终结工作票； (2) 确认恢复安全措施； (3) 转动前手动盘车灵活

23 灰库内部清灰

主要作业风险：	控制措施：
走错间隔、他人身伤害和设备伤害	(1) 办理工作票、确认检修开关、验电、上锁挂牌； (2) 佩戴防护眼镜、呼吸器

编号	作业步骤	危害因素	可能导致的后果	L	E	C	D	风险程度	控制措施
一		检修前准备							
1	确认安全措施执行完毕	(1) 拉错开关、走错间隔； (2) 关错阀门； (3) 阀门内漏或阀门未关到位	人身伤害	1	1	15	15	1	办理工作票，确认并执行安全措施
2	使用手动工具	(1) 手动工具如敲击工具锤头松脱、破损等； (2) 使用不合适工具，小工具准备不全或遗漏等	(1) 人身伤害； (2) 设备损坏	3	1	1	3	1	(1) 检查各类工具符合安全要求； (2) 检查锤头与锤柄连接牢固； (3) 使用工具包
3	使用电动工具	(1) 不熟悉和正确使用电动工具； (2) 电动工具不符合要求如电线破损、绝缘和接地不良； (3) 工具或工具易损件质量不良；	(1) 触电； (2) 机械伤害； (3) 其他人身伤害	3	1	15	45	2	(1) 阅读工具说明书，学会正确使用； (2) 使用前检查电源线、接地和其他部件良好，经检验合格在有效期内； (3) 电源盘等必须使用漏电保护器； (4) 使用正确劳动防护用品如眼镜、面罩等

编号	作业步骤	危害因素	可能导致的后果	风险评价					控制措施
				L	E	C	D	风险程度	
3	使用电动工具	（4）电源无触电保护和工具设备无接地保护； （5）不使用正确的劳动保护用品	（1）触电； （2）机械伤害； （3）其他人身伤害	3	1	15	45	2	（1）阅读工具说明书，学会正确使用； （2）使用前检查电源线、接地和其他部件良好，经检验合格在有效期内； （3）电源盘等必须使用漏电保护器； （4）使用正确劳动防护用品如眼镜、面罩等
4	布置场地	（1）工具摆放凌乱； （2）场地选择不当； （3）场地条件不足（照明等）	（1）人身伤害； （2）影响人员通行	3	1	15	45	2	（1）严格执行定制管理要求； （2）进场前进行确认检查； （3）配备合格的安全带照明器具； （4）准备好进入灰库内部的爬梯
二		检修							
1	检修人孔门拆卸	（1）使用工具不当； （2）工具滑脱； （3）人孔门打开后灰洒落地面	（1）人身伤害； （2）环境污染	3	1	1	3	1	（1）使用手动工具安全绳； （2）在人孔门下方铺设大块彩条布； （3）开人孔前将灰库内部灰位放空，无法排放为止
2	灰库内部清灰	（1）粉尘进入呼吸道及眼睛； （2）没有穿戴或使用不合适的工作服、防护鞋等； （3）内部温度过高烫伤人身；	（1）人身伤害； （2）设备损坏； （3）职业危害	3	1	15	45	2	（1）对所有检修人员进安全技术交底； （2）所有人员必须佩戴呼吸器及防护眼镜； （3）穿戴连体服及劳动保护用品； （4）内部应用充足的照明；

续表

编号	作业步骤	危害因素	可能导致的后果	风险评价					控制措施
				L	E	C	D	风险程度	
2	灰库内部清灰	(4) 照明不足,人员摔倒或跌落下灰斗内； (5) 灰库内部扬尘太大； (6) 灰库内长时间工作,体力透支； (7) 积灰斜坡过大,积灰塌落将人员埋在里面； (8) 一人进入清灰,发生事故无人知道	(1) 人身伤害； (2) 设备损坏； (3) 职业危害	3	1	15	45	2	(5) 保持库顶排气风机正常运行； (6) 人员进入内部左右要保证休息好,体力不能透支,最好人员轮换作业； (7) 清理积灰要均匀,防止有斜坡过大积灰存在； (8) 进入灰库人员不得少于两人,而且灰库外边有人监护,并定时呼喊或查看确认内部人员安全工作
3	气化板检查	(1) 粉尘进入呼吸道及眼睛； (2) 没有穿戴或使用不合适的工作服、防护鞋等； (3) 照明不足,人员摔倒或跌落下灰斗内； (4) 灰库内部扬尘太大； (5) 使用工具不当； (6) 工具滑脱	(1) 人身伤害； (2) 设备损坏； (3) 职业危害	3	1	15	45	2	(1) 对所有检修人员进安全技术交底； (2) 所有人员必须佩戴呼吸器及防护眼镜； (3) 穿戴连体服及劳动保护用品； (4) 内部应用充足的照明； (5) 保持库顶排气风机正常运行； (6) 使用手动工具安全绳
三		完工恢复							
1	试运	(1) 工作票交给运行值班员； (2) 走错间隔； (3) 误操作； (4) 人孔门密封不严	设备损坏	3	1	1	3	1	(1) 终结工作票； (2) 确认恢复安全措施； (3) 及时消除漏点

编号	作业步骤	危害因素	可能导致的后果	风险评价					控制措施
				L	E	C	D	风险程度	
四		作业环境							
1	粉尘环境	（1）内部扬尘过大； （2）呼吸系统保护不当； （3）眼睛保护不当	职业危害	1	1	7	7	1	（1）佩戴合格防尘口罩、呼吸器等； （2）佩戴防护眼镜

24　捞渣机检修

主要作业风险： 走错间隔、灼伤、火灾和其他人身伤害和设备事故	控制措施： (1) 办理工作票、确认检修开关、验电、上锁挂牌； (2) 使用绝缘手套、绝缘鞋、面罩和防电弧服； (3) 吊装前检查吊装器具、禁止站在吊件下； (4) 如动火需开动火工作票、使用阻燃垫布、专人监护

编号	作业步骤	危害因素	可能导致的后果	风险评价					控制措施
				L	E	C	D	风险程度	
一		检修前准备							
1	确认安全措施执行完毕	(1) 拉错开关、走错间隔； (2) 关错阀门； (3) 阀门内漏或阀门未关到位； (4) 捞渣机内部存水过多	(1) 设备事故； (2) 人身伤害； (3) 环境污染	6	1	1	6	1	办理工作票，确认并执行安全措施
2	使用手动工具	(1) 手动工具如敲击工具锤头松脱、破损等； (2) 使用不合适工具，小工具准备不全或遗漏等	(1) 人身伤害； (2) 设备损坏	6	1	3	18	1	(1) 检查各类工具符合安全要求； (2) 检查锤头与锤柄连接牢固； (3) 使用工具包
3	动火作业（气割）	(1) 附近有易燃易爆气体或易燃物； (2) 气管老化、漏气、打结，未使用氧气减压器和乙炔回火阀；	(1) 火灾； (2) 化学爆炸； (3) 人身伤害	6	1	3	18	1	(1) 办理动火作业票，执行安全措施，监护人到位； (2) 作业人员必须参加动火作业培训；

续表

编号	作业步骤	危害因素	可能导致的后果	风险评价					控制措施
				L	E	C	D	风险程度	
3	动火作业（气割）	（3）气管与钢瓶接口没有固定； （4）气体钢瓶没有固定； （5）乙炔气瓶与氧气钢瓶距离太近； （6）没有使用阻燃垫； （7）割碴飞溅，没有使用阻燃垫； （8）没有穿戴或使用不合适的工作服、防护鞋、防护眼镜和面罩等； （9）交叉作业或登高作业	（1）火灾； （2）化学爆炸； （3）人身伤害	6	1	3	18	1	（3）检查气管有无破损，使用氧气减压器和乙炔回火阀； （4）氧气瓶、乙炔瓶垂直放置并固定，距离不小于8m； （5）做好防火隔离措施，如使用阻燃垫和警示标识，准备灭火器等； （6）穿戴合适工作服、防护鞋、防护眼镜、面罩和安全带等
4	使用电动工具	（1）不熟悉和正确使用电动工具； （2）电动工具不符合要求如电线破损、绝缘和接地不良； （3）工具或工具易损件质量不良； （4）电源无触电保护和工具设备无接地保护； （5）不使用正确的劳动保护用品	（1）触电； （2）机械伤害； （3）其他人身伤害	6	1	15	90	3	（1）阅读工具说明书，学会正确使用； （2）使用前检查电源线、接地和其他部件良好，经检验合格在有效期内； （3）电源盘等必须使用漏电保护器； （4）使用正确劳动防护用品如眼镜、面罩等

续表

编号	作业步骤	危害因素	可能导致的后果	风险评价					控制措施
				L	E	C	D	风险程度	
5	使用手拉葫芦等手动起吊工具	(1) 吊钩和卡扣损坏引起葫芦脱扣砸人; (2) 手拉葫芦、钢丝绳断裂; (3) 起吊物重心不稳或绑扎不当; (4) 物件过重超载	(1) 起重伤害; (2) 其他人身伤害	6	1	15	90	3	(1) 使用前检查手拉葫芦、钢丝绳吊扣等; (2) 戴防护手套、戴安全帽; (3) 吊物必须捆绑牢固,保持重心稳定; (4) 设专人指挥起吊,避免吊物下站人; (5) 设置隔离措施
6	布置场地	(1) 工具摆放凌乱; (2) 场地选择不当; (3) 场地条件不足(照明等)	(1) 人身伤害; (2) 影响人员通行	6	1	1	6	1	(1) 严格执行定制管理要求; (2) 进场前进行确认检查; (3) 正确使用工器具
二		检修							
1	动力油站油箱放油	(1) 润滑油洒落地面; (2) 周围有明火作业	(1) 人身伤害; (2) 火灾	6	1	1	6	1	(1) 润滑油可靠的放入专用油桶内; (2) 严禁周围有明火作业
2	链条与连接器、刮板更换	(1) 两人手工搬运方法或搬运姿势、配合不当; (2) 用力不当或蛮干; (3) 没有穿戴或使用不合适的工作服、防护鞋、防护眼镜和面罩等	(1) 人机工程伤害; (2) 设备损坏	6	1	1	6	1	(1) 用正确姿势搬运; (2) 正确使用工机具

编号	作业步骤	危害因素	可能导致的后果	风险评价					控制措施
				L	*E*	*C*	*D*	风险程度	
3	浸水轮拆卸	(1) 使用工具不当； (2) 工具滑脱； (3) 零部件遗失、错位	(1) 人身伤害； (2) 设备损坏； (3) 影响工作进度	6	1	3	18	1	(1) 使用手动工具安全绳； (2) 拆前做好标记； (3) 拆下的部件进行定制管理
4	浸水轮移位	(1) 吊装装置失灵； (2) 误操作	(1) 人身伤害； (2) 设备损坏	6	1	3	18	1	(1) 严格执行《起重安全控制程序》培训有证者操作； (2) 工作时指挥、信号正确； (3) 精力集中，设围栏、监护人，无关人员不得入内
5	浸水轮解体	(1) 卸拉用品损坏； (2) 使用工具不当； (3) 工具滑脱； (4) 零部件遗失	(1) 人身伤害； (2) 设备损坏	6	1	1	6	1	(1) 使用手动工具安全绳； (2) 拆前做好标记
6	轴承清洗	使用煤油清洗轴承时周围有明火	火灾	3	0.5	15	22.5	2	清洗轴承时严禁烟火
7	浸水轮回装（解体、移位、拆卸逆过程）	见浸水轮解体、移位、拆卸							补充：1. 对施工人员进行详细的安全技术交底
8	液压马达油管路拆卸	(1) 零部件遗失、错位； (2) 使用工具不当； (3) 电动机和油管路剩油洒落地面； (4) 异物进入油管路、电动机	(1) 人身伤害； (2) 设备损坏； (3) 火灾	3	1	15	45	2	(1) 使用配套、专用工具； (2) 拆前做好标记； (3) 拆下的部件进行定制管理； (4) 将油管路和电动机溢出的润滑油接入用容器中； (5) 将油管路和电动机接口进行可靠封堵

编号	作业步骤	危害因素	可能导致的后果	风险评价					控制措施
				L	E	C	D	风险程度	
9	液压电动机的拆卸、移位	(1) 进出平台时，不抓围栏扶手； (2) 使用工具不当； (3) 工具滑脱； (4) 吊装装置失灵； (5) 误操作； (6) 物件碰伤人身	(1) 人身伤害； (2) 设备损坏； (3) 高处危害	3	1	15	45	2	(1) 正确使用安全带； (2) 使用配套、专用工具； (3) 严格执行《起重安全控制程序》培训有证者操作； (4) 工作时指挥、信号正确； (5) 精力集中，设围栏、监护人，无关人员不得入内
10	驱动轴轴承座拆卸	(1) 使用工具不当； (2) 工具滑脱； (3) 驱动轴碰伤人身； (4) 吊装装置失灵	(1) 人身伤害； (2) 设备损坏； (3) 高处危害	3	1	3	9	1	(1) 正确使用安全带； (2) 正确使用配套工具； (3) 严格执行《起重安全控制程序》培训有证者操作，对驱动轴进行吊装前稳固
11	驱动轴轴承拆卸	(1) 动火作业（火焊割轴承）； (2) 卸拉用品损坏； (3) 被高温轴承烫伤	(1) 灼伤； (2) 火灾； (3) 人身伤害	3	1	3	9	1	(1) 穿防护鞋； (2) 戴阻燃布手套； (3) 准备灭火器、使用阻燃垫布
12	驱动轴轴承回装（更换轴承）	(1) 被高温轴承烫伤； (2) 轴承加热温度过高	(1) 人身伤害； (2) 设备损坏； (3) 灼伤	3	1	3	9	1	(1) 轴承加热时温度控制在120℃； (2) 戴阻燃布手套
13	液压马达回装（马达拆卸逆过程）								

编号	作业步骤	危害因素	可能导致的后果	风险评价					控制措施
				L	E	C	D	风险程度	
三		完工恢复							
1	动力油站系统试转	(1) 油管路有泄漏点; (2) 油箱加油量过少	(1) 污染环境; (2) 设备损坏	3	1	1	3	1	(1) 终结工作票; (2) 确认恢复安全措施; (3) 及时消除漏点; (4) 确保标准加油量
2	整体试转	(1) 走错间隔; (2) 误操作; (3) 转动设备碰伤人身; (4) 转动设备局部卡涩	(1) 设备事故; (2) 人身伤害	6	1	15	90	3	(1) 不得误碰转动部位; (2) 清理捞渣机内部异物; (3) 观察转动部位
四		作业环境							
1	轴承室清扫,润滑油更换	润滑油污染环境	污染环境	1	1	7	7	1	(1) 换下的润滑油及清洗零件后的煤油必须放入废油桶; (2) 不得随意倾倒
2	粉尘环境	(1) 上方飞灰、保温棉散落,灰尘清理不当; (2) 呼吸系统保护不当	职业危害,导致呼吸系统疾病或眼睛伤害如肺脏功能减低、鼻/喉发炎、皮炎	1	1	7	7	1	佩戴合格防尘口罩、呼吸器等

349

25　气化风机检修

主要作业风险： 走错间隔和其他人身伤害和设备事故								控制措施： (1) 办理工作票、确认检修开关、验电、上锁挂牌； (2) 吊装前检查吊装器具、禁止站在吊件下

编号	作业步骤	危害因素	可能导致的后果	风险评价					控制措施
				L	E	C	D	风险程度	
一			检修前准备						
1	确认安全措施执行完毕	(1) 拉错开关、走错间隔； (2) 关错阀门； (3) 阀门内漏或阀门未关到位	(1) 设备事故； (2) 人身伤害	1	1	1	1	1	办理工作票，确认并执行安全措施
2	使用手动工具	(1) 手动工具如敲击工具锤头松脱、破损等； (2) 使用不合适工具，小工具准备不全或遗漏等	(1) 人身伤害； (2) 设备损坏	1	1	3	3	1	(1) 检查各类工具符合安全要求； (2) 检查锤头与锤柄连接牢固； (3) 使用工具包
3	布置场地	(1) 工具摆放凌乱； (2) 场地选择不当； (3) 场地条件不足（照明等）	(1) 人身伤害； (2) 影响人员通行	1	1	1	1	1	(1) 严格执行定制管理要求； (2) 进场前进行确认检查； (3) 正确使用工器具
二			检修						
1	风机隔音罩拆卸	(1) 手工搬运方法或搬运姿势、配合不当； (2) 用力不当或蛮干；	(1) 人身伤害； (2) 设备损坏	1	1	1	1	1	(1) 用正确姿势搬运； (2) 佩戴合格防尘口罩等

编号	作业步骤	危害因素	可能导致的后果	风险评价					控制措施
				L	E	C	D	风险程度	
1	风机隔音罩拆卸	（3）没有穿戴或使用不合适的工作服、口罩等	（1）人身伤害；（2）设备损坏	1	1	1	1	1	（1）用正确姿势搬运；（2）佩戴合格防尘口罩等
2	空气过滤器拆卸	使用工具不当	人身伤害	1	1	1	1	1	使用手动工具安全绳
3	空气过滤器清理	吹扫出来的灰尘进入口、鼻、眼睛里	职业危害	1	1	7	7	1	佩戴合格防尘口罩、呼吸器等
4	风机皮带拆卸	（1）使用工具不当；（2）手、工具绞进皮带轮内	（1）人身伤害；（2）设备损坏	1	1	3	3	1	（1）正确使用手动工具；（2）将电机向压缩机侧移动，使皮带松弛
5	压缩机移位	（1）吊装装置失灵；（2）误操作	（1）人身伤害；（2）设备损坏	3	1	3	1		（1）严格执行《起重安全控制程序》培训有证者操作；（2）工作时指挥、信号正确；（3）精力集中，设围栏、监护人，无关人员不得入内
6	压缩机等各部位回装（各部位拆卸逆过程）								
三			作业环境						
1	隔音室清扫	粉尘污染环境	污染环境	1	1	7	7	1	不得用压缩空气吹扫各部位积灰

26　输灰仓泵圆顶阀检修

主要作业风险： 走错间隔人身伤害和设备伤害				控制措施： (1) 办理工作票、确认检修阀门关闭、挂牌； (2) 吊装前检查吊装器具、禁止站在吊件下						

编号	作业步骤	危害因素	可能导致的后果	L	E	C	D	风险程度	控制措施
一		检修前准备							
1	确认安全措施执行完毕	(1) 拉错开关、走错间隔； (2) 关错阀门； (3) 阀门内漏或阀门未关到位	(1) 人身伤害； (2) 环境污染	1	2	1	2	1	办理工作票，确认并执行安全措施
2	使用手动工具	(1) 手动工具如敲击工具锤头松脱、破损等； (2) 使用不合适工具，小工具准备不全或遗漏等	(1) 人身伤害； (2) 设备损坏	1	1	3	3	1	(1) 检查各类工具符合安全要求； (2) 检查锤头与锤柄连接牢固； (3) 使用工具包
3	使用手拉葫芦等手动起吊工具	(1) 吊钩和卡扣损坏引起葫芦脱扣砸人； (2) 手拉葫芦、钢丝绳断裂； (3) 起吊物重心不稳或绑扎不当； (4) 物件过重超载	(1) 起重伤害； (2) 其他人身伤害	3	1	15	45	2	(1) 使用前检查手拉葫芦、钢丝绳吊扣等； (2) 戴防护手套、戴安全帽； (3) 吊物必须捆绑牢固，保持重心稳定； (4) 设专人指挥起吊，避免吊物下站人； (5) 设置隔离措施

编号	作业步骤	危害因素	可能导致的后果	风险评价					控制措施
				L	E	C	D	风险程度	
4	布置场地	（1）工具摆放凌乱； （2）场地选择不当； （3）场地条件不足	（1）人身伤害； （2）影响人员通行	1	1	1	1	1	（1）严格执行定制管理要求； （2）进场前进行确认检查
二			检修						
1	进口膨胀节拆除	（1）使用工具不当； （2）仓泵或落料管温度高烫伤人身； （3）落料管内存有积灰	（1）人身伤害； （2）烫伤； （3）粉尘污染	3	2	1	6	1	（1）正确使用工机具； （2）带好劳动保护用品； （3）开工前打开圆顶阀清理落料管积灰
2	圆顶阀解体	（1）使用工具不当； （2）仓泵或落料管温度高烫伤人身； （3）拆卸工具或方法不当损害配件	（1）人机工程伤害； （2）设备损坏	3	1	1	3	1	（1）正确使用工机具； （2）带好劳动保护用品； （3）易损件应轻拿轻放
3	密封圈回装	密封圈没有完全装回支撑架或位置不对	（1）设备损坏； （2）影响工作进度	1	2	1	2	1	工作人员有一定技术，并装配仔细
4	圆顶阀圆顶补焊、打磨	（1）电焊时接地线接地位置不对； （2）没有使用合格的电动工具	（1）人身伤害； （2）设备损坏	1	2	1	2	1	（1）电焊时接地线应接着圆顶上； （2）使用合格得电动工具； （3）正确佩戴防护口罩和防尘眼镜
5	圆顶阀、膨胀剂回装（圆顶阀解体、膨胀剂拆卸逆过程）								

续表

编号	作业步骤	危害因素	可能导致的后果	风险评价				风险程度	控制措施
				L	E	C	D		
三			完工恢复						
1	圆顶阀调试	没有热控人员擅自调试	设备损坏	1	1	1	1	1	联系热控人员调试
四			作业环境						
1	粉尘环境	(1) 落料管内积灰散落； (2) 呼吸系统保护不当	(1) 职业危害； (2) 环境污染	1	1	7	7	1	(1) 打开落料圆顶阀清空落料管积灰； (2) 佩戴合格防尘口罩、呼吸器等

27 输灰车辆和专用机械检修维护

主要作业风险:	控制措施:
（1）使用不充分或不合适防护用品造成烫伤、化学伤害、滑跌绊跌、碰撞、落物伤害、职业病等； （2）车辆未支稳，造成车辆倾覆； （3）大箱举升未撑保险架	（1）工作前穿戴好各种防护用品； （2）用垫木支好车辆，拉紧手刹； （3）举升后及时打好支撑

编号	作业步骤	危害因素	可能导致的后果	L	E	C	D	风险程度	控制措施
一		车辆维修前准备							
1	准备合适的防护用品如安全帽、防尘口罩、护目镜、耳塞、手套、工作鞋	使用不充分或不合适防护用品造成烫伤、化学伤害、滑跌绊跌、碰撞、落物伤害，职业病等	（1）灼烫； （2）其他伤害	6	10	1	60	2	工作前穿戴好各种防护用品
2	切断车辆电源	电焊操作高压烧毁车辆线路电器	车辆损坏	1	6	15	90	3	电焊操作前及时关闭电源总开关
3	电动工具使用前验电	（1）误判无电； （2）使用错误或破损的验电设备； （3）触及其他有电部位	（1）触电、电弧灼伤； （2）火灾	1	6	15	90	3	（1）及时验电； （2）使用专用验电工具； （3）带好防护用品，注意安全
4	临时用电	（1）电源、电压等级和接线方式不符要求； （2）负荷过载	（1）触电； （2）火灾	1	6	7	42	2	（1）检查电源； （2）验电

续表

编号	作业步骤	危害因素	可能导致的后果	L	E	C	D	风险程度	控制措施
5	车辆固定	(1) 车辆未支稳，造成车辆倾覆； (2) 大箱举升未撑保险架	人身伤害/车辆损坏	1	6	7	42	2	(1) 用垫木支好车辆，拉紧手刹； (2) 举升后及时打好支撑
二		车辆维修过程							
1	拆装作业	(1) 不正确使用工具； (2) 不按照规定力矩安装	(1) 人身伤害/设备损坏； (2) 设备损坏	6	6	1	36	2	(1) 按使用规范使用； (2) 安装操作规程操作
2	打磨切割作业	(1) 切割片破损； (2) 防护罩缺失； (3) 切割机前站人； (4) 切割打磨材料未固定牢	人身伤害	3	3	7	42	2	(1) 操作前检查切割片； (2) 检查防护罩； (3) 禁止在切割机前站人； (4) 紧固好材料，禁止手持操作
3	动火作业（气割、气焊）	(1) 附近有易燃易爆气体或易燃物； (2) 气管老化、漏气、打结，未使用氧气减压器和乙炔回火阀； (3) 气管与钢瓶接口没有固定； (4) 气体钢瓶没有固定； (5) 乙炔气瓶与氧气钢瓶距离太近； (6) 没有使用阻燃垫；	(1) 火灾； (2) 化学爆炸； (3) 人身伤害	1	3	40	120	3	(1) 执行安全措施，监护人到位； (2) 作业人员必须参加动火作业培训； (3) 检查气管有无破损，使用氧气减压器和乙炔回火阀； (4) 氧气瓶、乙炔瓶垂直放置并固定，距离不小于8m； (5) 做好防火隔离措施，如使用阻燃垫和警示标识，准备灭火器等； (6) 穿戴合适工作服、防护鞋、防护眼镜、面罩和安全带； (7) 交叉作业及时沟通和设置警示

续表

编号	作业步骤	危害因素	可能导致的后果	风险评价					控制措施
				L	E	C	D	风险程度	
3	动火作业（气割、气焊）	（7）割碴飞溅，没有使用阻燃垫； （8）没有穿戴或使用不合适的工作服、防护鞋、防护眼镜和面罩等； （9）交叉作业或登高作业	（1）火灾； （2）化学爆炸； （3）人身伤害	1	3	40	120	3	（1）执行安全措施，监护人到位； （2）作业人员必须参加动火作业培训； （3）检查气管有无破损，使用氧气减压器和乙炔回火阀； （4）氧气瓶、乙炔瓶垂直放置并固定，距离不小于8m； （5）做好防火隔离措施，如使用阻燃垫和警示标识，准备灭火器等； （6）穿戴合适工作服、防护鞋、防护眼镜、面罩和安全带等； （7）交叉作业及时沟通和设置警示
三		维修作业完毕							
1	车辆试车	（1）不具备资质的人员进行试车； （2）车辆未维修完毕运行； （3）车辆油料，冷却液未加注到位	（1）人身伤害/车辆损坏； （2）车辆损坏	1	3	7	21	2	试车前详细检查，确认符合运行条件方可运行
2	结束工作	（1）遗漏工器具； （2）现场遗留维修杂物； （3）不拆除临时用电	（1）触电； （2）人身伤害	1	3	15	45	2	（1）收齐检查工器具； （2）清扫检修现场； （3）拆除临时用电

编号	作业步骤	危害因素	可能导致的后果	风险评价					控制措施
				L	E	C	D	风险程度	
四	作业环境								
1	粉尘环境	(1) 车辆维护中产生粉尘； (2) 灰尘清理不当； (3) 呼吸系统保护不当	职业危害，导致呼吸系统疾病或眼睛伤害如肺脏功能减低、鼻/喉发炎、皮炎	1	6	7	42	2	(1) 佩戴防尘口罩、呼吸器等； (2) 定期进行粉尘监测； (3) 定期体检； (4) 及时清扫地面，清理积灰
五	以往发生的事件								
1	工具断裂	工具断裂伤人	人身伤害	1	6	3	18	1	使用前检查

28 输灰管路及附件检修

主要作业风险： 走错间隔、火灾和其他人身伤害和设备事故								控制措施： 办理工作票、确认检修阀门

编号	作业步骤	危害因素	可能导致的后果	风险评价					控制措施
				L	E	C	D	风险程度	
一			检修前准备						
1	确认安全措施执行完毕	(1) 走错间隔； (2) 关错阀门； (3) 阀门内漏或阀门未关到位	(1) 设备事故； (2) 人身伤害； (3) 环境污染	1	1	1	1	1	办理工作票，确认并执行安全措施
2	使用手动工具	(1) 手动工具如敲击工具锤头松脱、破损等； (2) 使用不合适工具，小工具准备不全或遗漏等	(1) 人身伤害； (2) 设备损坏	1	1	3	3	1	(1) 检查各类工具符合安全要求； (2) 检查锤头与锤柄连接牢固； (3) 使用工具包
3	使用电动工具	(1) 不熟悉和正确使用电动工具； (2) 电动工具不符合要求如电线破损、绝缘和接地不良； (3) 工具或工具易损件质量不良； (4) 电源无触电保护和工具设备无接地保护； (5) 不使用正确的劳动保护用品	(1) 触电； (2) 机械伤害； (3) 其他人身伤害	3	1	15	45	2	(1) 阅读工具说明书，学会正确使用； (2) 使用前检查电源线、接地和其他部件良好，经检验合格在有效期内； (3) 电源盘等必须使用漏电保护器； (4) 使用正确劳动防护用品如眼镜、面罩等

续表

编号	作业步骤	危害因素	可能导致的后果	风险评价					控制措施
				L	E	C	D	风险程度	
4	使用手拉葫芦等手动起吊工具	(1) 吊钩和卡扣损坏引起葫芦脱扣砸人; (2) 手拉葫芦、钢丝绳断裂; (3) 起吊物重心不稳或绑扎不当; (4) 物件过重超载	(1) 起重伤害; (2) 其他人身伤害	3	1	15	45	2	(1) 使用前检查手拉葫芦、钢丝绳吊扣等; (2) 戴防护手套、戴安全帽; (3) 吊物必须捆绑牢固,保持重心稳定; (4) 设专人指挥起吊,避免吊物下站人; (5) 设置隔离措施
二	检修								
1	输灰管道连接法兰螺栓及逆止阀拆卸	(1) 使用工具不当; (2) 工具滑脱; (3) 零部件遗失	(1) 人身伤害; (2) 设备损坏	1	1	3	3	1	(1) 使用合适手动工具; (2) 拆下的部件进行定制管理
2	输灰管道移位	(1) 手工搬运方法或搬运姿势、配合不当; (2) 用力不当或蛮干; (3) 没有穿戴或使用不合适的工作服、防护鞋	(1) 人机工程伤害; (2) 设备损坏	1	1	3	3	1	(1) 用正确姿势搬运; (2) 正确使用工机具
3	输灰管道单头吊起、清理内部积灰	(1) 吊装装置失灵; (2) 误操作; (3) 管道吊装移位过程中损坏地面; (4) 工具滑脱	(1) 人身伤害; (2) 设备损坏; (3) 其他伤害	1	1	15	15	1	(1) 严格执行《起重安全控制程序》培训有证者操作; (2) 精力集中,设围栏、监护人,无关人员不得入内; (3) 地面铺设橡胶板; (4) 用榔头敲打管道时不得戴手套

编号	作业步骤	危害因素	可能导致的后果	风险评价					控制措施
				L	E	C	D	风险程度	
4	输灰管道回装（输灰管道单头吊起、移位、螺栓及逆止阀拆卸过程）	见输灰管道单头吊起、移位、螺栓及止回阀拆卸							
5	节流孔板清理	(1) 使用工具不当； (2) 工具滑脱； (3) 零部件遗失	(1) 人身伤害； (2) 设备损坏	1	1	3	3	1	(1) 使用合适手动工具； (2) 拆下的部件进行定制管理
6	流化阀拆除	(1) 使用工具不当； (2) 工具滑脱； (3) 零部件遗失	(1) 人身伤害； (2) 设备损坏	1	1	3	3	1	(1) 使用合适手动工具； (2) 拆下的部件进行定制管理
7	平衡阀拆卸	(1) 使用工具不当； (2) 工具滑脱； (3) 零部件遗失	(1) 人身伤害； (2) 设备损坏	1	1	3	3	1	(1) 使用合适手动工具； (2) 拆下的部件进行定制管理
8	平衡阀解体	(1) 使用工具不当； (2) 仓泵或落料管温度高烫伤人身； (3) 拆卸工具或方法不当损害配件	(1) 人机工程伤害； (2) 设备损坏	1	1	3	3	1	(1) 正确使用工机具； (2) 带好劳动保护用品； (3) 易损件应轻拿轻放
9	平衡阀回装（平衡阀解体逆过程）								

续表

编号	作业步骤	危害因素	可能导致的后果	风险评价					控制措施
				L	E	C	D	风险程度	
三	完工恢复								
1	整体试转	(1) 走错间隔； (2) 误操作； (3) 有泄漏点漏气漏灰	(1) 设备事故； (2) 人身伤害； (3) 污染环境	1	1	3	3	1	(1) 终结工作票； (2) 确认恢复安全措施； (3) 及时消除漏点

29　双向皮带机检修

主要作业风险： 走错间隔、灼伤、火灾和其他人身伤害和设备事故	控制措施： （1）办理工作票、确认检修开关、验电、上锁挂牌； （2）使用绝缘手套、绝缘鞋、面罩和防电弧服； （3）吊装前检查吊装器具、禁止站在吊件下； （4）如动火需开动火工作票、使用阻燃垫布、专人监护

编号	作业步骤	危害因素	可能导致的后果	风险评价 L	E	C	D	风险程度	控制措施
一		检修前准备							
1	确认安全措施执行完毕	（1）拉错开关、走错间隔； （2）关错阀门； （3）阀门内漏或阀门未关到位； （4）捞渣机内部存水过多	（1）设备事故； （2）人身伤害； （3）环境污染	6	1	1	6	1	办理工作票，确认并执行安全措施
2	使用手动工具	（1）手动工具如敲击工具锤头松脱、破损等； （2）使用不合适工具，小工具准备不全或遗漏等	（1）人身伤害； （2）设备损坏	6	1	3	18	1	（1）检查各类工具符合安全要求； （2）检查锤头与锤柄连接牢固； （3）使用工具包
3	使用电动工具	（1）不熟悉和正确使用电动工具； （2）电动工具不符合要求如电线破损、绝缘和接地不良；	（1）触电； （2）机械伤害； （3）其他人身伤害	6	1	15	90	3	（1）阅读工具说明书，学会正确使用； （2）使用前检查电源线、接地和其他部件良好，经检验合格在有效期内； （3）电源盘等必须使用漏电保护器； （4）使用正确劳动防护用品如眼镜、面罩等

续表

编号	作业步骤	危害因素	可能导致的后果	风险评价					控制措施
				L	E	C	D	风险程度	
3	使用电动工具	（3）工具或工具易损件质量不良；（4）电源无触电保护和工具设备无接地保护；（5）不使用正确的劳动保护用品	（1）触电；（2）机械伤害；（3）其他人身伤害	6	1	15	90	3	（1）阅读工具说明书，学会正确使用；（2）使用前检查电源线、接地和其他部件良好，经检验合格在有效期内；（3）电源盘等必须使用漏电保护器；（4）使用正确劳动防护用品如眼镜、面罩等
4	使用手拉葫芦等手动起吊工具	（1）吊钩和卡扣损坏引起葫芦脱扣砸人；（2）手拉葫芦、钢丝绳断裂；（3）起吊物重心不稳或绑扎不当；（4）物件过重超载	（1）起重伤害；（2）其他人身伤害	6	1	15	90	3	（1）使用前检查手拉葫芦、钢丝绳吊扣等；（2）戴防护手套、安全帽；（3）吊物必须捆绑牢固，保持重心稳定；（4）设专人指挥起吊，避免吊物下站人；（5）设置隔离措施
5	布置场地	（1）工具摆放凌乱；（2）场地选择不当；（3）场地条件不足（照明等）	（1）人身伤害；（2）影响人员通行	6	1	1	6	1	（1）严格执行定制管理要求；（2）进场前进行确认检查；（3）正确使用工器具
二	检修								
1	皮带拆卸、移位	（1）刀具划伤；（2）吊装装置失灵；	（1）人身伤害；（2）设备损坏；（3）起重伤害	6	1	15	90	3	（1）正确使用工器具；（2）严格执行《起重安全控制程序》培训有证者操作；

续表

编号	作业步骤	危害因素	可能导致的后果	风险评价					控制措施
				L	E	C	D	风险程度	
1	皮带拆卸、移位	（3）吊钩和卡扣损坏引起葫芦脱扣砸人； （4）起吊物重心不稳或绑扎不当； （5）物件过重超载	（1）人身伤害； （2）设备损坏； （3）起重伤害	6	1	15	90	3	（3）工作时指挥、信号正确； （4）精力集中，设围栏、监护人，无关人员不得入内
2	电动滚筒、导向滚筒拆卸、移位	（1）使用工具不当； （2）吊装装置失灵； （3）误操作	（1）人身伤害； （2）设备损坏	6	1	15	90	3	（1）严格执行《起重安全控制程序》培训有证者操作； （2）工作时指挥、信号正确； （3）精力集中，设围栏、监护人，无关人员不得入内
3	电动滚筒解体	（1）使用工具不当； （2）工具滑脱； （3）零部件遗失、错位	（1）人身伤害； （2）设备损坏； （3）影响工作进度	6	1	1	6	1	（1）使用手动工具安全绳； （2）拆前做好标记； （3）拆下的部件进行定制管理
4	托滚拆卸	使用工具不当	（1）人身伤害； （2）设备损坏	6	1	1	6	1	正确使用工器具
5	清扫器拆卸更换	（1）使用工具不当； （2）工具滑脱； （3）零部件遗失； （4）刀具划伤	（1）人身伤害； （2）设备损坏	6	1	1	6	1	（1）使用手动工具安全绳； （2）正确使用工器具
6	电动滚筒、导向滚筒回装（滚筒解体、移位、拆卸逆过程）								

365

编号	作业步骤	危害因素	可能导致的后果	风险评价					控制措施
				L	E	C	D	风险程度	
7	托滚更换回装	使用工具不当	(1) 人身伤害； (2) 设备损坏	6	1	1	6	1	正确使用工器具
8	皮带更换、回装	(1) 刀具划伤； (2) 吊装装置失灵	(1) 人身伤害； (2) 设备损坏	6	1	1	6	1	(1) 正确使用工器具； (2) 严格执行《起重安全控制程序》培训有证者操作； (3) 工作时指挥、信号正确； (4) 精力集中，设围栏、监护人，无关人员不得入内
三	完工恢复								
1	整体试转	(1) 走错间隔； (2) 误操作； (3) 转动设备碰伤人身； (4) 转动设备局部卡涩	(1) 设备事故； (2) 人身伤害	6	1	15	90	3	(1) 不得误碰转动部位； (2) 观察转动部位
四	作业环境								
1	电动滚筒油箱清扫，润滑油更换	润滑油污染	污染环境	1	1	7	7	1	(1) 换下的润滑油及清洗零件后的煤油必须放入废油桶； (2) 不得随意倾倒
2	粉尘环境	(1) 上方飞灰、保温棉散落，灰尘清理不当； (2) 呼吸系统保护不当	职业危害，导致呼吸系统疾病或眼睛伤害如肺脏功能减低、鼻/喉发炎、皮炎	1	1	7	7	1	佩戴合格防尘口罩、呼吸器等

30 碎渣机检修

主要作业风险： 走错间隔、灼伤、火灾和其他人身伤害和设备事故	控制措施： （1）办理工作票、确认检修开关、验电、上锁挂牌； （2）使用绝缘手套、绝缘鞋、面罩和防电弧服； （3）吊装前检查吊装器具、禁止站在吊件下； （4）如动火需开动火工作票、使用阻燃垫布、专人监护

编号	作业步骤	危害因素	可能导致的后果	风险评价					控制措施
				L	E	C	D	风险程度	
一		检修前准备							
1	确认安全措施执行完毕	（1）拉错开关、走错间隔； （2）关错阀门； （3）阀门内漏或阀门未关到位； （4）捞渣机内部存水过多	（1）设备事故； （2）人身伤害； （3）环境污染	6	1	1	6	1	办理工作票，确认并执行安全措施
2	使用手动工具	（1）手动工具如敲击工具锤头松脱、破损等； （2）使用不合适工具，小工具准备不全或遗漏等	（1）人身伤害； （2）设备损坏	6	1	3	18	1	（1）检查各类工具符合安全要求； （2）检查锤头与锤柄连接牢固； （3）使用工具包
3	使用手拉葫芦等手动起吊工具	（1）吊钩和卡扣损坏引起葫芦脱扣砸人； （2）手拉葫芦、钢丝绳断裂；	（1）起重伤害； （2）其他人身伤害	3	1	15	45	2	（1）使用前检查手拉葫芦、钢丝绳吊扣等； （2）戴防护手套、安全帽；

续表

编号	作业步骤	危害因素	可能导致的后果	风险评价					控制措施
				L	E	C	D	风险程度	
3	使用手拉葫芦等手动起吊工具	(3) 起吊物重心不稳或绑扎不当； (4) 物件过重超载	(1) 起重伤害； (2) 其他人身伤害	3	1	15	45	2	(3) 吊物必须捆绑牢固，保持重心稳定； (4) 设专人指挥起吊，避免吊物下站人； (5) 设置隔离措施
4	布置场地	(1) 工具摆放凌乱； (2) 场地选择不当； (3) 场地条件不足（照明等）	(1) 人身伤害； (2) 影响人员通行	6	1	1	6	1	(1) 严格执行定制管理要求； (2) 进场前进行确认检查； (3) 正确使用工器具
二	检修								
1	链条及齿轮拆卸	(1) 用力不当或蛮干； (2) 使用工具不当； (3) 工具滑脱； (4) 零部件遗失、错位	(1) 人身伤害； (2) 设备损坏； (3) 影响工作进度	6	1	1	6	1	(1) 使用手动工具安全绳； (2) 拆前做好标记； (3) 拆下的部件进行定制管理
2	轴承拆卸更换	(1) 使用工具不当； (2) 零部件遗失、错位	(1) 人机工程伤害； (2) 设备损坏	6	1	1	6	1	(1) 拆下的部件进行定制管理； (2) 正确使用工机具
3	减速机靠背轮拆卸	(1) 使用工具不当； (2) 工具滑脱； (3) 零部件遗失、错位	(1) 人身伤害； (2) 设备损坏； (3) 影响工作进度	6	1	1	6	1	(1) 使用手动工具安全绳； (2) 拆前做好标记； (3) 拆下的部件进行定制管理

续表

编号	作业步骤	危害因素	可能导致的后果	L	E	C	D	风险程度	控制措施
4	减速机移位、解体	(1) 起吊物重心不稳或绑扎不当；(2) 使用工具不当；(3) 零部件遗失、错位	(1) 起重伤害；(2) 人机工程伤害；(3) 设备损坏；(4) 影响工作进度	6	1	3	18	1	(1) 正确使用机工具；(2) 拆前做好标记；(3) 拆下的部件进行定制管理
5	减速机回装	见减速机移位、解体							
6	整体回装	见减速机移位；减速机靠背轮拆卸；链条及齿轮拆卸							
三	完工恢复								
1	整体试转	(1) 走错间隔；(2) 误操作；(3) 转动设备碰伤人身；(4) 转动设备局部卡涩	(1) 设备事故；(2) 人身伤害	6	1	15	90	3	(1) 不得误碰转动部位；(2) 观察转动部位
四	作业环境								
1	轴承室清扫，润滑油更换	润滑油污染	污染环境	1	1	7	7	1	(1) 换下的润滑油及清洗零件后的煤油必须放入废油桶；(2) 不得随意倾倒

31　锁器给料机检修

主要作业风险：走错间隔、火灾和其他人身伤害和设备事故	控制措施： (1) 办理工作票、确认检修开关、验电、上锁挂牌； (2) 吊装前检查吊装器具、禁止站在吊件下； (3) 如动火需使用阻燃垫布

编号	作业步骤	危害因素	可能导致的后果	L	E	C	D	风险程度	控制措施
一		检修前准备							
1	确认安全措施执行完毕	(1) 拉错开关、走错间隔； (2) 关错阀门； (3) 阀门内漏或阀门未关到位	(1) 设备事故； (2) 人身伤害； (3) 环境污染	1	1	1	1	1	办理工作票，确认并执行安全措施
2	使用手动工具	(1) 手动工具如敲击工具锤头松脱、破损等； (2) 使用不合适工具，小工具准备不全或遗漏等	(1) 人身伤害； (2) 设备损坏	1	1	3	3	1	(1) 检查各类工具符合安全要求； (2) 检查锤头与锤柄连接牢固； (3) 使用工具包
3	动火作业（气割）	(1) 附近有易燃易爆气体或易燃物； (2) 气管老化、漏气、打结，未使用氧气减压器和乙炔回火阀；	(1) 火灾； (2) 化学爆炸； (3) 人身伤害	3	1	3	9	1	(1) 办理动火作业票，执行安全措施，监护人到位； (2) 作业人员必须参加动火作业培训； (3) 检查气管有无破损，使用氧气减压器和乙炔回火阀；

编号	作业步骤	危害因素	可能导致的后果	风险评价					控制措施
				L	*E*	*C*	*D*	风险程度	
3	动火作业（气割）	（3）气管与钢瓶接口没有固定； （4）气体钢瓶没有固定； （5）乙炔气瓶与氧气钢瓶距离太近； （6）没有使用阻燃垫； （7）割碴飞溅，没有使用阻燃垫； （8）没有穿戴或使用不合适的工作服、防护鞋、防护眼镜和面罩等； （9）交叉作业或登高作业	（1）火灾； （2）化学爆炸； （3）人身伤害	3	1	3	9	1	（4）氧气瓶、乙炔气瓶垂直放置并固定，距离不小于8m； （5）做好防火隔离措施，如使用阻燃垫和警示标识，准备灭火器等； （6）穿戴合适工作服、防护鞋、防护眼镜、面罩和安全带等
4	使用电动工具	（1）不熟悉和正确使用电动工具； （2）电动工具不符合要求如电线破损、绝缘和接地不良； （3）工具或工具易损件质量不良； （4）电源无触电保护和工具设备无接地保护； （5）不使用正确的劳动保护用品	（1）触电； （2）机械伤害； （3）其他人身伤害	3	1	15	45	2	（1）阅读工具说明书，学会正确使用； （2）使用前检查电源线、接地和其他部件良好，经检验合格在有效期内； （3）电源盘等必须使用漏电保护器； （4）使用正确劳动防护用品如眼镜、面罩等

编号	作业步骤	危害因素	可能导致的后果	风险评价				风险程度	控制措施
				L	E	C	D		
5	使用手拉葫芦等手动起吊工具	（1）吊钩和卡扣损坏引起葫芦脱扣砸人； （2）手拉葫芦、钢丝绳断裂； （3）起吊物重心不稳或绑扎不当； （4）物件过重超载	（1）起重伤害； （2）其他人身伤害	3	1	15	45	2	（1）使用前检查手拉葫芦、钢丝绳吊扣等； （2）戴防护手套、安全帽； （3）吊物必须捆绑牢固，保持重心稳定； （4）设专人指挥起吊，避免吊物下站人； （5）设置隔离措施
6	布置场地	（1）工具摆放凌乱； （2）场地选择不当； （3）场地条件不足（照明等）	（1）人身伤害； （2）影响人员通行	1	1	1	1	1	（1）严格执行定制管理要求； （2）进场前进行确认检查； （3）正确使用工器具
二	检修								
1	上部短节拆除	（1）动火作业（气割）； （2）吊钩和卡扣损坏脱扣砸人； （3）钢丝绳毛刺或断裂； （4）手摇机构故障； （5）起吊物重心不稳或绑扎不当； （6）物件过重超载。检查手摇机构	（1）人身伤害； （2）火灾； （3）机械伤害	1	1	3	3	1	（1）使用前检查手摇机构、钢丝绳吊扣等； （2）戴防护手套、安全帽； （3）吊物必须捆绑牢固，保持重心稳定； （4）设专人指挥起吊，避免吊物下站人； （5）设置隔离措施

续表

编号	作业步骤	危害因素	可能导致的后果	风险评价					控制措施
				L	E	C	D	风险程度	
2	给料机移位	(1) 吊钩和卡扣损坏脱扣砸人； (2) 钢丝绳毛刺或断裂； (3) 手摇机构故障； (4) 起吊物重心不稳或绑扎不当； (5) 物件过重超载。检查手摇机构； (6) 吊装置失灵； (7) 误操作	(1) 人机工程伤害； (2) 设备损坏	3	1	1	3	1	(1) 使用前检查手摇机构、钢丝绳吊扣等； (2) 戴防护手套、安全帽； (3) 吊物必须捆绑牢固，保持重心稳定； (4) 设专人指挥起吊，避免吊物下站人； (5) 设置隔离措施
3	给料机链条拆卸	(1) 使用工具不当； (2) 工具、链条滑脱	(1) 人身伤害； (2) 设备损坏	3	1	1	3	1	(1) 使用手动工具安全绳； (2) 拆下的部件进行定制管理
4	减速机拆卸	(1) 使用工具不当； (2) 工具滑脱； (3) 零部件遗失、错位	(1) 人身伤害； (2) 设备损坏； (3) 影响工作进度	3	1	1	3	1	(1) 使用手动工具安全绳； (2) 拆前做好标记； (3) 拆下的部件进行定制管理
5	减速机解体	(1) 卸拉用品损坏； (2) 使用工具不当； (3) 工具滑脱； (4) 零部件遗失； (5) 润滑油洒落地面	(1) 人身伤害； (2) 设备损坏； (3) 环境污染	3	1	1	3	1	(1) 使用手动工具安全绳； (2) 拆前做好标记； (3) 润滑油可靠接入装油容器内
6	给料机解体	(1) 卸拉用品损坏； (2) 使用工具不当；	(1) 人身伤害； (2) 设备损坏	3	1	1	3	1	(1) 使用手动工具安全绳； (2) 拆前做好标记

续表

编号	作业步骤	危害因素	可能导致的后果	风险评价					控制措施
				L	E	C	D	风险程度	
6	给料机解体	(3) 工具滑脱; (4) 零部件遗失	(1) 人身伤害; (2) 设备损坏	3	1	1	3	1	(1) 使用手动工具安全绳; (2) 拆前做好标记
7	给料机回装（解体逆过程）								
8	整体回装（整台设备拆卸、解体逆过程）								
三	完工恢复								
1	整体试转	(1) 走错间隔; (2) 误操作; (3) 转动设备碰伤人身; (4) 转动设备局部卡涩	(1) 设备事故; (2) 人身伤害	3	1	7	21	2	(1) 终结工作票; (2) 确认恢复安全措施; (3) 观察转动部位，发现卡涩及时停车
四	作业环境								
1	减速机内部清扫，润滑油更换	润滑油污染环境	污染环境	1	1	7	7	1	(1) 换下的润滑油及清洗零件后的煤油必须放入废油桶; (2) 不得随意倾倒

32 调湿灰搅拌机检修

主要作业风险： 走错间隔、他人身伤害和设备伤害				控制措施： (1) 办理工作票、确认检修开关、验电、上锁挂牌； (2) 防止设备转动措施						

编号	作业步骤	危害因素	可能导致的后果	风险评价					控制措施
				L	E	C	D	风险程度	
一		检修前准备							
1	确认安全措施执行完毕	(1) 拉错开关、走错间隔； (2) 关错阀门； (3) 阀门内漏或阀门未关到位	(1) 设备事故； (2) 人身伤害； (3) 环境污染	1	0.5	15	7.5	1	办理工作票，确认并执行安全措施
2	使用手动工具	(1) 手动工具如敲击工具锤头松脱、破损等； (2) 使用不合适工具，小工具准备不全或遗漏等	(1) 人身伤害； (2) 设备损坏	3	0.5	1	1.5	1	(1) 检查各类工具符合安全要求； (2) 检查锤头与锤柄连接牢固； (3) 使用工具包
3	使用电动工具	(1) 不熟悉和正确使用电动工具； (2) 电动工具不符合要求如电线破损、绝缘和接地不良； (3) 工具或工具易损件质量不良；	(1) 触电； (2) 机械伤害； (3) 其他人身伤害	3	0.5	15	22.5	2	(1) 阅读工具说明书，学会正确使用； (2) 使用前检查电源线、接地和其他部件良好，经检验合格在有效期内； (3) 电源盘等必须使用漏电保护器； (4) 使用正确劳动防护用品如眼镜、面罩等

编号	作业步骤	危害因素	可能导致的后果	L	E	C	D	风险程度	控制措施
3	使用电动工具	（4）电源无触电保护和工具设备无接地保护； （5）不使用正确的劳动保护用品	（1）触电； （2）机械伤害； （3）其他人身伤害	3	0.5	15	22.5	2	（1）阅读工具说明书，学会正确使用； （2）使用前检查电源线、接地和其他部件良好，经检验合格在有效期内； （3）电源盘等必须使用漏电保护器； （4）使用正确劳动防护用品如眼镜、面罩等
4	布置场地	（1）工具摆放凌乱； （2）场地选择不当； （3）场地条件不足（照明等）	（1）人身伤害； （2）影响人员通行	3	0.5	3	4.5	1	（1）严格执行定制管理要求； （2）进场前进行确认检查； （3）正确使用工器具
二	检修								
1	链条罩壳拆卸	（1）使用工具不当； （2）工具滑脱	人身伤害	3	0.5	1	1.5	1	（1）使用手动工具安全绳； （2）正确使用安全带，
2	搅拌机链条拆卸	（1）使用工具不当； （2）工具、链条滑脱	（1）人身伤害； （2）设备损坏	3	0.5	1	1.5	1	（1）使用手动工具安全绳； （2）拆下的部件进行定制管理
3	减速机拆卸	（1）使用工具不当； （2）工具滑脱； （3）零部件遗失、错位	（1）人身伤害； （2）设备损坏； （3）影响工作进度	3	0.5	1	1.5	1	（1）使用手动工具安全绳； （2）拆前做好标记； （3）拆下的部件进行定制管理
4	减速机解体	（1）卸拉用品损坏； （2）使用工具不当； （3）工具滑脱； （4）零部件遗失； （5）润滑油洒落地面	（1）人身伤害； （2）设备损坏； （3）环境污染	3	0.5	1	1.5	1	（1）使用手动工具安全绳； （2）拆前做好标记； （3）润滑油可靠接入装油容器内

续表

编号	作业步骤	危害因素	可能导致的后果	风险评价					控制措施
				L	E	C	D	风险程度	
5	液力耦合器拆卸	(1) 使用工具不当; (2) 工具滑脱; (3) 零部件遗失	(1) 人身伤害; (2) 设备损坏	3	0.5	7	10.5	1	(1) 使用手动工具安全绳; (2) 拆前做好标记; (3) 拆下的部件进行定制管理
6	液力耦合器回装	(1) 使用工具不当; (2) 工具滑脱	(1) 人身伤害; (2) 设备损坏	3	0.5	7	10.5	1	使用手动工具安全绳
7	减速机解体	(1) 使用工具不当; (2) 工具滑脱; (3) 润滑油洒落地面	(1) 人身伤害; (2) 设备损坏; (3) 环境污染	3	0.5	1	1.5	1	(1) 使用手动工具安全绳; (2) 加注润滑油时使用漏斗
8	搅拌机叶片拆卸	(1) 使用工具不当; (2) 工具滑脱; (3) 人员在搅拌机内部时设备转动	(1) 人身伤害; (2) 设备损坏	3	0.5	15	22.5	2	(1) 使用手动工具安全绳; (2) 做好防止设备转动措施
9	搅拌机叶片回装	(1) 使用工具不当; (2) 工具滑脱; (3) 人员在搅拌机内部时设备转动	(1) 人身伤害; (2) 设备损坏	3	0.5	15	22.5	2	(1) 使用手动工具安全绳; (2) 做好防止设备转动措施
10	搅拌机链条、罩壳回装（链条、罩壳拆卸逆过程）								

续表

编号	作业步骤	危害因素	可能导致的后果	风险评价					控制措施
				L	E	C	D	风险程度	
三	完工恢复								
1	试运	(1) 工作票交给运行值班员； (2) 走错间隔； (3) 误操作； (4) 搅拌机倒转	设备损坏	3	0.5	1	1.5	1	(1) 终结工作票； (2) 确认恢复安全措施； (3) 及时消除漏点； (4) 确保标准加油量
四	作业环境								
1	减速机清洗、链条清洗，润滑油更换	润滑油污染环境	污染环境	3	0.5	1	1.5	1	(1) 换下的润滑油及清洗零件后的煤油必须放入废油桶； (2) 不得随意倾倒

33 溢流水池底阀检修

主要作业风险： 走错间隔、和其他人身伤害和设备事故	控制措施： （1）办理工作票、确认检修开关、验电、上锁挂牌； （2）使用绝缘手套、绝缘鞋、面罩和防电弧服； （3）吊装前检查吊装器具、禁止站在吊件下； （4）如动火需开动火工作票、使用阻燃垫布、专人监护

编号	作业步骤	危害因素	可能导致的后果	风险评价					控制措施
				L	*E*	*C*	*D*	风险程度	
一	检修前准备								
1	确认安全措施执行完毕	（1）拉错开关、走错间隔； （2）关错阀门； （3）阀门内漏或阀门未关到位； （4）捞渣机内部存水过多	（1）设备事故； （2）人身伤害； （3）环境污染	1	1	1	1	1	办理工作票，确认并执行安全措施
2	使用手动工具	（1）手动工具如敲击工具锤头松脱、破损等； （2）使用不合适工具，小工具准备不全或遗漏等	（1）人身伤害； （2）设备损坏	1	1	3	3	1	（1）检查各类工具符合安全要求； （2）检查锤头与锤柄连接牢固； （3）使用工具包
3	使用电动工具	（1）不熟悉和正确使用电动工具； （2）电动工具不符合要求如电线破损、绝缘和接地不良；	（1）触电； （2）机械伤害； （3）其他人身伤害	3	1	15	45	2	（1）阅读工具说明书，学会正确使用； （2）使用前检查电源线、接地和其他部件良好，经检验合格在有效期内； （3）电源盘等必须使用漏电保护器； （4）使用正确劳动防护用品如眼镜、面罩等

编号	作业步骤	危害因素	可能导致的后果	风险评价					控制措施
				L	E	C	D	风险程度	
3	使用电动工具	(3) 工具或工具易损件质量不良； (4) 电源无触电保护和工具设备无接地保护； (5) 不使用正确的劳动保护用品	(1) 触电； (2) 机械伤害； (3) 其他人身伤害	3	1	15	45	2	(1) 阅读工具说明书，学会正确使用； (2) 使用前检查电源线、接地和其他部件良好，经检验合格在有效期内； (3) 电源盘等必须使用漏电保护器； (4) 使用正确劳动防护用品如眼镜、面罩等
4	使用手拉葫芦等手动起吊工具	(1) 吊钩和卡扣损坏引起葫芦脱扣砸人； (2) 手拉葫芦、钢丝绳断裂； (3) 起吊物重心不稳或绑扎不当； (4) 物件过重超载	(1) 起重伤害； (2) 其他人身伤害	3	1	15	45	2	(1) 使用前检查手拉葫芦、钢丝绳吊扣等； (2) 戴防护手套、安全帽； (3) 吊物必须捆绑牢固，保持重心稳定； (4) 设专人指挥起吊，避免吊物下站人； (5) 设置隔离措施
5	布置场地	(1) 工具摆放凌乱； (2) 场地选择不当； (3) 场地条件不足（照明等）	(1) 人身伤害； (2) 影响人员通行	1	1	1	1	1	(1) 严格执行定制管理要求； (2) 进场前进行确认检查； (3) 正确使用工器具
二			检修						
1	抽水	使用工具不当	(1) 人身伤害； (2) 触电； (3) 影响工作进度	6	1	1	6	1	使用前检查电源线、接地和其他部件良好，经检验合格在有效期内

续表

编号	作业步骤	危害因素	可能导致的后果	风险评价					控制措施
				L	E	C	D	风险程度	
2	清理泥渣	(1) 用力不当或蛮干； (2) 使用工具不当； (3) 泥渣过重超载； (4) 光线不足； (5) 卸拉用品损坏	(1) 人机工程伤害； (2) 人身伤害； (3) 起重伤害	6	1	1	6	1	(1) 设专人指挥起吊，避免吊物下站； (2) 正确使用工机具； (3) 增加照明设备； (4) 吊物必须捆绑牢固，保持重心稳定
3	底阀检查、拆卸、回装	(1) 使用工具不当； (2) 零部件遗失、错位； (3) 物件过重超载； (4) 起吊物重心不稳或绑扎不当	(1) 人身伤害； (2) 设备损坏； (3) 影响工作进度； (4) 起重伤害	6	1	1	6	1	(1) 拆前做好标记； (2) 拆下的部件进行定制管理； (3) 使用前检查手拉葫芦、钢丝绳吊扣等； (4) 戴防护手套、安全帽
三	完工恢复								
2	整体试转	(1) 走错间隔； (2) 误操作； (3) 转动设备碰伤人身； (4) 转动设备局部卡涩	(1) 设备事故； (2) 人身伤害	6	1	15	90	3	(1) 不得误碰转动部位； (2) 观察转动部位
四	作业环境								
1	清理淤泥	泥渣污染	污染环境	1	1	7	7	1	(1) 清理完工后，现场地面剩余泥渣清扫； (2) 不得随意倾倒

34 溢流水池清理

主要作业风险:	控制措施:
(1) 使用不充分或不合适防护用品造成滑跌绊跌、碰撞、落物伤害等; (2) 高处落物; (3) 设备漏电; (4) 池内空气不足或存在有毒气体	(1) 正确佩戴安全帽、安全帽、防尘口罩、耳塞、手套,穿工作鞋等,规范着装; (2) 禁止将料斗直接往池内仍; (3) 使用前验电; (4) 使用排风扇加强内部通风

编号	作业步骤	危害因素	可能导致的后果	风险评价					控制措施
				L	E	C	D	风险程度	
一			准备工作						
1	准备合适的工器具	(1) 拿错或使用错误工具; (2) 照明不足造成绊倒、摔伤等; (3) 水泵、电动卷扬机设备漏电	(1) 人身伤害; (2) 设备故障	3	2	7	42	2	(1) 专人管理工器具; (2) 提供足够的照明设施; (3) 使用前通过电工进行验电
2	准备合适的防护用品(如安全帽、防尘口罩、手套、工作鞋)	(1) 使用不充分或不适防护用品造成滑跌绊跌、碰撞、落物伤害等; (2) 高处落物; (3) 设备漏电	(1) 人身伤害; (2) 其他伤害; (3) 触电	6	1	7	42	2	(1) 正确佩戴安全帽、安全帽、防尘口罩、耳塞、手套,穿工作鞋等,规范着装; (2) 注意安全,戴好安全帽; (3) 使用前验电
3	准备应急药品	未配备应急药品或配备不全	(1) 人身伤害; (2) 其他伤害	3	2	7	35	2	配备足量适用的应急的药品

续表

编号	作业步骤	危害因素	可能导致的后果	L	E	C	D	风险程度	控制措施
4	对工作票进行核对校验	工作票执行不到位，有人私自合闸	(1) 人身伤害；(2) 设备损坏	3	2	1	6	1	悬挂禁止合闸，有人作业的工作牌
二			清理过程						
1	人员进入池内作业	(1) 上下直梯时滑落；(2) 接渣斗跌落；(3) 高处落物	(1) 人身伤害；(2) 物体打击	3	2	15	90	3	正确佩戴好劳动防护用品
2	作业环境	(1) 池内混有有毒气体；(2) 空气不流通；(3) 卷扬机操作人员坐姿不合适；(4) 装载机接渣时上坎道作业	(1) 人员中毒；(2) 窒息；(3) 车辆伤害；(4) 设备损坏	3	1	15	45	3	(1) 对池内空气进行小动物实验；(2) 使用鼓风机加强通风；(3) 严格控制车速
3	水泵、卷扬机作业	(1) 漏电；(2) 支架倒塌；(3) 误操作	(1) 人身伤害；(2) 设备损坏	1	2	15	30	2	(1) 将支架牢固的定位；(2) 使用前验电；(3) 严格按照操作规程
4	装载机接渣作业	(1) 将渣斗推入池内；(2) 将渣斗弄洒	(1) 人身伤害；(2) 设备损坏	1	2	7	14	1	划出规定区域，禁止装载机超范围作业
三			结束作业						
1	设备管理	未将工器具及时回收入库	设备损坏	3	2	1	6	1	安排专人对工器具进行管理
2	清洗作业	未将地面泥浆冲洗干净	环境污染	3	2	1	6	1	由班长监督将场地冲洗干净

35　渣仓检修

主要作业风险： 走错间隔、灼伤、火灾、起重伤害和其他人身伤害和设备事故	控制措施： (1) 办理工作票、确认检修开关、验电、上锁挂牌； (2) 使用绝缘手套、绝缘鞋、面罩和防电弧服； (3) 吊装前检查吊装器具、禁止站在吊件下； (4) 如动火需开动火工作票、使用阻燃垫布、专人监护

编号	作业步骤	危害因素	可能导致的后果	风险评价					控制措施
				L	E	C	D	风险程度	
一		检修前准备							
1	确认安全措施执行完毕	(1) 拉错开关、走错间隔； (2) 关错阀门； (3) 阀门内漏或阀门未关到位； (4) 捞渣机内部存水过多	(1) 设备事故； (2) 人身伤害； (3) 环境污染	6	1	1	6	1	办理工作票，确认并执行安全措施
2	使用手动工具	(1) 手动工具如敲击工具锤头松脱、破损等； (2) 使用不合适工具，小工具准备不全或遗漏等	(1) 人身伤害； (2) 设备损坏	6	1	3	18	1	(1) 检查各类工具符合安全要求； (2) 检查锤头与锤柄连接牢固； (3) 使用工具包
3	动火作业（气割）	(1) 附近有易燃易爆气体或易燃物； (2) 气管老化、漏气、打结，未使用氧气减压器和乙炔回火阀；	(1) 火灾； (2) 化学爆炸； (3) 人身伤害	3	1	3	9	1	(1) 办理动火作业票，执行安全措施，监护人到位； (2) 作业人员必须参加动火作业培训；

编号	作业步骤	危害因素	可能导致的后果	风险评价					控制措施
				L	E	C	D	风险程度	
3	动火作业（气割）	（3）气管与钢瓶接口没有固定； （4）气体钢瓶没有固定； （5）乙炔气瓶与氧气钢瓶距离太近； （6）没有使用阻燃垫； （7）割碴飞溅，没有使用阻燃垫； （8）没有穿戴或使用不合适的工作服、防护鞋、防护眼镜和面罩等； （9）交叉作业或登高作业	（1）火灾； （2）化学爆炸； （3）人身伤害	3	1	3	9	1	（3）检查气管有无破损，使用氧气减压器和乙炔回火阀； （4）氧气瓶、乙炔瓶垂直放置并固定，距离不小于8m； （5）做好防火隔离措施，如使用阻燃垫和警示标识，准备灭火器等； （6）穿戴合适工作服、防护鞋、防护眼镜、面罩和安全带等
4	使用电动工具	（1）不熟悉和正确使用电动工具； （2）电动工具不符合要求如电线破损、绝缘和接地不良； （3）工具或工具易损件质量不良； （4）电源无触电保护和工具设备无接地保护； （5）不使用正确的劳动保护用品	（1）触电； （2）机械伤害； （3）其他人身伤害	3	1	15	45	2	（1）阅读工具说明书，学会正确使用； （2）使用前检查电源线、接地和其他部件良好，经检验合格在有效期内； （3）电源盘等必须使用漏电保护器； （4）使用正确劳动防护用品如眼镜、面罩等

编号	作业步骤	危害因素	可能导致的后果	风险评价					控制措施
				L	E	C	D	风险程度	
5	使用手拉葫芦等手动起吊工具	(1) 吊钩和卡扣损坏引起葫芦脱扣砸人; (2) 手拉葫芦、钢丝绳断裂; (3) 起吊物重心不稳或绑扎不当; (4) 物件过重超载	(1) 起重伤害; (2) 其他人身伤害	3	1	15	45	2	(1) 使用前检查手拉葫芦、钢丝绳吊扣等; (2) 戴防护手套、安全帽; (3) 吊物必须捆绑牢固,保持重心稳定; (4) 设专人指挥起吊,避免吊物下站人; (5) 设置隔离措施
6	布置场地	(1) 工具摆放凌乱; (2) 场地选择不当; (3) 场地条件不足(照明等)	(1) 人身伤害; (2) 影响人员通行	6	1	1	6	1	(1) 严格执行定制管理要求; (2) 进场前进行确认检查; (3) 正确使用工器具
二		检修							
1	反冲洗管路、疏水板拆卸清理、疏通	(1) 使用工具不当; (2) 工具滑脱; (3) 零部件遗失、错位; (4) 用力不当或蛮干	(1) 人身伤害; (2) 设备损坏; (3) 影响工作进度; (4) 人机工程伤害	6	1	1	6	1	(1) 使用手动工具安全绳; (2) 拆前做好标记; (3) 拆下的部件进行定制管理
2	排渣斗拆卸	(1) 使用工具不当; (2) 工具滑脱; (3) 零部件遗失、错位;	(1) 人身伤害; (2) 设备损坏; (3) 起重伤害	6	1	3	18	1	(1) 拆前做好标记; (2) 拆下的部件进行定制管理;

编号	作业步骤	危害因素	可能导致的后果	风险评价					控制措施
				L	*E*	*C*	*D*	风险程度	
2	排渣斗拆卸	（4）手拉葫芦、钢丝绳断裂； （5）起吊物重心不稳或绑扎不当	（1）人身伤害； （2）设备损坏； （3）起重伤害	6	1	3	18	1	（3）使用前检查手拉葫芦、钢丝绳吊扣等； （4）戴防护手套、安全帽； （5）吊物必须捆绑牢固，保持重心稳定
3	排渣门滑轮检查更换	（1）用力不当或蛮干； （2）使用工具不当； （3）零部件遗失、错位； （4）高处坠落	（1）人机工程伤害； （2）设备损坏； （3）人身伤害	6	1	1	6	1	（1）拆下的部件进行定制管理； （2）正确使用工机具； （3）系好安全带、戴好安全帽
4	排渣门汽缸解体	（1）使用工具不当； （2）零部件遗失、错位； （3）卸拉用品损坏； （4）物件过重超载； （5）起吊物重心不稳或绑扎不当	（1）人身伤害； （2）设备损坏； （3）影响工作进度； （4）起重伤害	6	1	1	6	1	（1）拆前做好标记； （2）拆下的部件进行定制管理； （3）使用前检查手拉葫芦、钢丝绳吊扣等； （4）戴防护手套、安全帽； （5）吊物必须捆绑牢固，保持重心稳定
5	整体回装	见排渣斗拆卸、反冲洗管路、疏水板拆卸							
三	完工恢复								
1	整体试转	（1）走错间隔； （2）误操作； （3）转动设备碰伤人身； （4）转动设备局部卡涩	（1）设备事故； （2）人身伤害	6	1	15	90	3	（1）不得误碰转动部位； （2）观察转动部位

续表

编号	作业步骤	危害因素	可能导致的后果	风险评价					控制措施
				L	E	C	D	风险程度	
四		作业环境							
1	渣仓内部煤渣清理	灰渣飞溅	污染环境	1	1	7	7	1	(1) 戴好防尘口罩; (2) 不得随意倾倒

36 渣水系统检修

主要作业风险： 高处危害、物体打击、起重伤害、人身伤害和设备事故	控制措施： (1) 办理工作票、确认检修开关、验电、上锁挂牌； (2) 使用绝缘手套、绝缘鞋、面罩和防电弧服； (3) 吊装前检查吊装器具、禁止站在吊件下； (4) 如动火需开动火工作票、使用阻燃垫布、专人监护

编号	作业步骤	危害因素	可能导致的后果	风险评价					控制措施
				L	E	C	D	风险程度	
一			检修前准备						
1	确认安全措施执行完毕	(1) 拉错开关、走错间隔； (2) 关错阀门； (3) 阀门内漏或阀门未关到位	(1) 设备事故； (2) 人身伤害； (3) 环境污染	6	1	1	6	1	办理工作票，确认并执行安全措施
2	使用手动工具	(1) 手动工具如敲击工具锤头松脱、破损等； (2) 使用不合适工具，小工具准备不全或遗漏等	(1) 人身伤害； (2) 设备损坏	6	1	3	18	1	(1) 检查各类工具符合安全要求； (2) 检查锤头与锤柄连接牢固； (3) 使用工具包
3	使用电动工具	(1) 不熟悉和正确使用电动工具； (2) 电动工具不符合要求如电线破损、绝缘和接地不良；	(1) 触电； (2) 机械伤害； (3) 其他人身伤害	3	1	15	45	2	(1) 阅读工具说明书，学会正确使用； (2) 使用前检查电源线、接地和其他部件良好，经检验合格在有效期内； (3) 电源盘等必须使用漏电保护器； (4) 使用正确劳动防护用品如眼镜、面罩等

续表

编号	作业步骤	危害因素	可能导致的后果	风险评价					控制措施
				L	E	C	D	风险程度	
3	使用电动工具	(3) 工具或工具易损件质量不良； (4) 电源无触电保护和工具设备无接地保护； (5) 不使用正确的劳动保护用品	(1) 触电； (2) 机械伤害； (3) 其他人身伤害	3	1	15	45	2	(1) 阅读工具说明书，学会正确使用； (2) 使用前检查电源线、接地和其他部件良好，经检验合格在有效期内； (3) 电源盘等必须使用漏电保护器； (4) 使用正确劳动防护用品如眼镜、面罩等
4	使用手拉葫芦等手动起吊工具	(1) 吊钩和卡扣损坏引起葫芦脱扣砸人； (2) 手拉葫芦、钢丝绳断裂； (3) 起吊物重心不稳或绑扎不当； (4) 物件过重超载	(1) 起重伤害； (2) 其他人身伤害	3	1	15	45	2	(1) 使用前检查手拉葫芦、钢丝绳吊扣等； (2) 戴防护手套、安全帽； (3) 吊物必须捆绑牢固，保持重心稳定； (4) 设专人指挥起吊，避免吊物下站人； (5) 设置隔离措施
5	布置场地	(1) 工具摆放凌乱； (2) 场地选择不当； (3) 场地条件不足（照明等）	(1) 人身伤害； (2) 影响人员通行	6	1	1	6	1	(1) 严格执行定制管理要求； (2) 进场前进行确认检查； (3) 正确使用工器具
二	检修								
1	浓缩装置拆卸回装	(1) 使用工具不当； (2) 起吊物重心不稳或绑扎不当； (3) 物件过重超载	(1) 人身伤害； (2) 设备损坏； (3) 高处危害	6	1	1	6	1	(1) 使用前检查手拉葫芦、钢丝绳吊扣等； (2) 戴防护手套、安全帽； (3) 吊物必须捆绑牢固，保持重心稳定

续表

编号	作业步骤	危害因素	可能导致的后果	风险评价					控制措施
				L	E	C	D	风险程度	
2	靠背轮分离	(1) 使用工具不当; (2) 工具滑脱; (3) 零部件遗失、错位	(1) 人身伤害; (2) 设备损坏; (3) 影响工作进度	6	1	1	6	1	(1) 使用手动工具安全绳; (2) 拆前做好标记; (3) 拆下的部件进行定制管理
3	进出口膨胀节拆卸	(1) 用力不当或蛮干; (2) 使用工具不当; (3) 零部件遗失、错位	(1) 人机工程伤害; (2) 设备损坏	6	1	1	6	1	(1) 拆下的部件进行定制管理; (2) 正确使用工机具
4	水泵解体: (泵壳拆卸、叶轮拆卸、轴承拆卸)	(1) 使用工具不当; (2) 零部件遗失、错位; (3) 卸拉用品损坏; (4) 物件过重超载; (5) 起吊物重心不稳或绑扎不当	(1) 人身伤害; (2) 设备损坏; (3) 影响工作进度; (4) 起重伤害	6	1	1	6	1	(1) 拆前做好标记; (2) 拆下的部件进行定制管理; (3) 使用前检查手拉葫芦、钢丝绳吊扣等; (4) 戴防护手套、安全帽; (5) 吊物必须捆绑牢固,保持重心稳定
5	轴承、轴承室清洗	使用煤油清洗轴承时周围有明火	火灾	0.1	1	15	1.5	1	清洗轴承时严禁烟火
6	叶轮清理	(1) 使用工具不当; (2) 渣垢飞溅	(1) 人身伤害; (2) 设备损坏	6	1	1	6	1	(1) 戴好个人防护用品; (2) 正确使用机工具
7	水泵回装 (水泵解体逆过程)								

续表

编号	作业步骤	危害因素	可能导致的后果	风险评价					控制措施
				L	E	C	D	风险程度	
8	进出口膨胀节更换回装	(1) 使用工具不当; (2) 起吊物重心不稳或绑扎不当; (3) 物件过重超载	(1) 人身伤害; (2) 设备损坏; (3) 高处危害	6	1	1	6	1	(1) 使用前检查手拉葫芦、钢丝绳吊扣等; (2) 戴防护手套、安全帽; (3) 吊物必须捆绑牢固,保持重心稳定
9	靠背轮连接	使用工具不当	(1) 人身伤害; (2) 设备损坏	6	1	1	6	1	正确使用配套工具
10	积渣清理	用力不当或蛮干	设备损坏	6	1	1	6	1	(1) 系好安全带; (2) 正确使用工机具
11	转耙机靠背轮拆卸	(1) 用力不当或蛮干; (2) 使用工具不当; (3) 零部件遗失、错位	(1) 人机工程伤害; (2) 设备损坏	6	1	1	6	1	(1) 拆下的部件进行定制管理; (2) 正确使用工机具
12	减速机拆卸	(1) 使用工具不当; (2) 工具滑脱; (3) 零部件遗失、错位	(1) 人身伤害; (2) 设备损坏; (3) 影响工作进度	6	1	1	6	1	(1) 使用手动工具安全绳; (2) 拆前做好标记; (3) 拆下的部件进行定制管理
13	减速机解体	(1) 卸拉用品损坏; (2) 使用工具不当; (3) 工具滑脱; (4) 零部件遗失; (5) 润滑油洒落地面	(1) 人身伤害; (2) 设备损坏; (3) 环境污染	6	1	1	6	1	(1) 使用手动工具安全绳; (2) 拆前做好标记; (3) 润滑油可靠接入装油容器内

编号	作业步骤	危害因素	可能导致的后果	风险评价					控制措施
				L	E	C	D	风险程度	
14	提耙机拆卸、移位	(1) 使用工具不当； (2) 工具滑脱； (3) 零部件遗失、错位； (4) 润滑油洒落地面； (5) 起吊物重心不稳或绑扎不当； (6) 物件过重超载	(1) 人身伤害； (2) 设备损坏； (3) 环境污染	6	1	3	18	1	(1) 使用手动工具安全绳； (2) 拆前做好标记； (3) 拆下的部件进行定制管理； (4) 吊物必须捆绑牢固，保持重心稳定； (5) 设专人指挥起吊，避免吊物下站人； (6) 设置隔离措施
15	冲洗水管理拆卸	(1) 使用工具不当； (2) 工具滑脱； (3) 零部件遗失、错位	(1) 人身伤害； (2) 设备损坏	6	1	1	6	1	(1) 使用手动工具安全绳； (2) 拆前做好标记； (3) 拆下的部件进行定制管理
16	冲洗水管路移位、疏通、回装	(1) 使用工具不当； (2) 起吊物重心不稳或绑扎不当； (3) 物件过重超载	(1) 人身伤害； (2) 设备损坏； (3) 高处危害	6	1	1	6	1	(1) 使用前检查手拉葫芦、钢丝绳吊扣等； (2) 戴防护手套、安全帽； (3) 吊物必须捆绑牢固，保持重心稳定
17	减速机回装	见减速机解体							
18	整体回装	见提耙机拆卸、移位；减速机拆卸；转耙机靠背轮拆卸							

续表

编号	作业步骤	危害因素	可能导致的后果	风险评价					控制措施
				L	E	C	D	风险程度	
三		完工恢复							
1	整体试转	(1) 走错间隔; (2) 误操作; (3) 转动设备碰伤人身; (4) 转动设备局部卡涩	(1) 设备事故; (2) 人身伤害	6	1	15	90	3	(1) 不得误碰转动部位; (2) 观察转动部位
四		作业环境							
1	提耙机油箱室清扫,润滑油更换	润滑油污染	污染环境	1	1	7	7	1	(1) 换下的润滑油及清洗零件后的煤油必须放入废油桶; (2) 不得随意倾倒

37 装船布袋检修

主要作业风险： 走错间隔、他人身伤害和设备伤害				控制措施： (1) 办理工作票、确认检修开关、验电、上锁挂牌； (2) 严格执行综合码头管理制度，穿好救生衣					

编号	作业步骤	危害因素	可能导致的后果	风险评价					控制措施
				L	E	C	D	风险程度	
一		检修前准备							
1	确认安全措施执行完毕	(1) 拉错开关、走错间隔； (2) 关错阀门； (3) 阀门内漏或阀门未关到位	(1) 设备事故； (2) 人身伤害； (3) 环境污染	1	1	1	1	1	办理工作票，确认并执行安全措施
2	使用手动工具	(1) 手动工具如敲击工具锤头松脱、破损等； (2) 使用不合适工具，小工具准备不全或遗漏等	(1) 人身伤害； (2) 设备损坏	1	1	3	3	1	(1) 检查各类工具符合安全要求； (2) 检查锤头与锤柄连接牢固； (3) 使用工具包
3	使用电动工具	(1) 不熟悉和正确使用电动工具； (2) 电动工具不符合要求如电线破损、绝缘和接地不良； (3) 工具或工具易损件质量不良；	(1) 触电； (2) 机械伤害； (3) 其他人身伤害	3	1	15	45	2	(1) 阅读工具说明书，学会正确使用； (2) 使用前检查电源线、接地和其他部件良好，经检验合格在有效期内； (3) 电源盘等必须使用漏电保护器； (4) 使用正确劳动防护用品如眼镜、面罩等

编号	作业步骤	危害因素	可能导致的后果	风险评价					控制措施
				L	E	C	D	风险程度	
3	使用电动工具	（4）电源无触电保护和工具设备无接地保护； （5）不使用正确的劳动保护用品	（1）触电； （2）机械伤害； （3）其他人身伤害	3	1	15	45	2	（1）阅读工具说明书，学会正确使用； （2）使用前检查电源线、接地和其他部件良好，经检验合格在有效期内； （3）电源盘等必须使用漏电保护器； （4）使用正确劳动防护用品如眼镜、面罩等
4	综合码头检修作业	人员没有穿救生衣坠落海里	淹溺	1	3	15	45	2	检修人员综合码头作业必须穿好救生衣
二			检修						
1	钢丝绳拆卸	（1）使用工具不当； （2）工具滑脱； （3）人员坠落海里	（1）人身伤害； （2）高处危害	10	3	15	150	3	（1）使用手动工具安全绳； （2）正确使用安全带
2	布袋卸料头拆卸	（1）使用工具不当； （2）工具滑脱； （3）人员坠落海里	人机工程伤害	3	1	1	3	1	正确使用工机具
3	布袋拆卸	（1）使用工具不当； （2）工具滑脱； （3）两人手工搬运方法或搬运姿势、配合不当； （4）用力不当或蛮干	（1）人身伤害； （2）设备损坏； （3）影响工作进度	3	1	1	3	1	（1）使用手动工具安全绳； （2）用正确姿势搬运； （3）拆下的部件进行定制管理
4	布袋回装（布袋拆卸逆过程）								

编号	作业步骤	危害因素	可能导致的后果	风险评价					控制措施
				L	E	C	D	风险程度	
5	钢丝绳回装	(1) 使用工具不当； (2) 工具滑脱； (3) 人员坠落海里； (4) 误操作	(1) 人身伤害； (2) 设备损坏	10	3	15	150	3	(1) 使用手动工具安全绳； (2) 正确使用安全带； (3) 有运行人员操作钢丝绳收、放
三		完工恢复							
1	试运	(1) 工作票交给运行值班员； (2) 走错间隔； (3) 误操作； (4) 钢丝绳卡涩或长短不一	(1) 污染环境； (2) 设备损坏	10	3	1	30	2	(1) 终结工作票； (2) 确认恢复安全措施； (3) 及时消除漏点； (4) 确保标准加油量